수의사가 쓴
개의 사암침

수의사가 쓴
개의 사암침

김종수 | 김지연

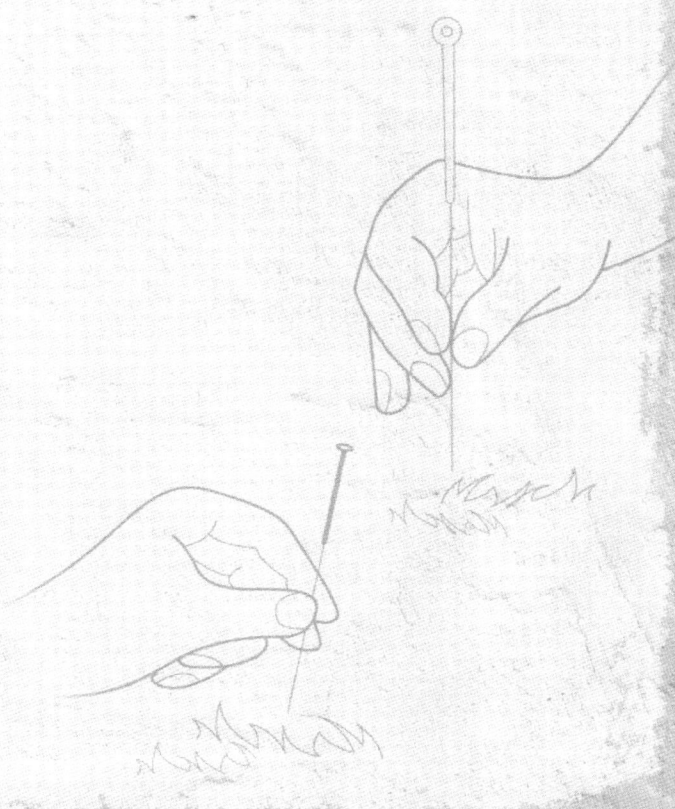

KSI 한국학술정보㈜

᎑ 머리말

    수의임상에서 바야흐로 대체의학의 바람이 불고 있다. 전통적인 침구 요법과 한약적용, 아로마요법, 동종요법 등의 방법들이 서양의학적 진단 과 치료로 쉽게 해결되지 않는 분야에서부터 하나씩 차곡차곡 적용되고 연구되고 있다.

    모든 것은 처음이 가장 힘들고 어려울 것이다. 침구요법도 대한민국 의 현대 수의임상에서는 적용된 지 그리 오래되지 않기 때문에 아직 가 야 할 길도 멀고, 그 효과에 대해 회의적인 반응 또한 많은 것이 사실 이다. 이 모든 책임은 침구를 비롯한 동양의학적인 치료방법에 관심을 가지고 실제로 적용하고 있는 임상수의사들이 져야 할 것이다. 우리의 지속적인 노력과 학문적인 성찰이 쌓여 그 성과를 보일 수 없다면, 침 구요법은 미지의 세계에서만 존재하는 허상이 될 것이다.

    서양의 수의사들이 쓴 침구학 책이 번역되어 역수입된 것을 본 적이 있을 것이다. 물론 원래 동양에서 시작된 것을 서양에서 받아들여서 오 히려 눈에 띄는 발전을 이룬 경우가 비단 침구요법에만 해당되는 것은 아닐 것이다. 다만, 침구학이 서양으로 전해지면서 한자문화권의 글이 얼마나 정확하게 전달되었는지, 수천 년간 동양철학적인 사고와 행습을 저절로 몸에 익히면서 쌓아온 그 함축적인 의미들을 속 깊은 것까지 얼 마나 번역할 수 있었는지는 의문이다. 침구요법의 국제화와 세계화를 위해서는 어느 정도 필요한 부분이 있을 것이지만, 서양식으로 도식화 되고 체계화된 내용을 침구요법에 관심 있는 수의사들이 그대로 받아들 이게 되면, 그것만이 전부인 것처럼 여길 수도 있다는 생각이 들어 답답하기도 했다.

수년 전, 처음으로 침구요법을 본격적으로 공부해 보려 맘을 먹었을 때, 도대체 무엇부터 시작해야 하는지 참으로 난감했다. 수의침구에 대한 책들이 번역본을 포함해서 몇 권 있었지만, 이럴 땐 이렇게 하라는 내용만 있을 뿐, 왜 그렇게 해야 하는지를 말해 주는 책이 없었다. 게다가 실제로 필자가 적용하여 효과를 경험해 보지 못했으니, 침구요법에 대한 확신도 없는 상태에서 이론적인 궁금증을 해결하지 않고서 침구요법을 적용하기가 두려웠던 것도 사실이다.

그때 한 선배님의 소개로 금오 김홍경 선생님의 동양의학혁명을 만나게 됐다. 처음 듣는 내용들에다가 난무하는 한문으로 페이지 넘기기가 쉽지 않았지만, 옥편을 뒤지는 시간이 책 읽는 시간보다 더 많아도 뭔가가 있긴 있구나 하는 생각에 마음이 들떴다. 사암침의 존재를 그렇게 알고 난 후에도 그 내용을 이해하는 건 정말 힘들었고, 물론 지금도 이해 못하는 부분이 훨씬 더 많다. 총론과 각론을 몇 번씩 반복해서 읽고 난 후에야 겨우 사암침이란 이런 거구나 하는 생각이 들었다.

그 이후에도 사암침에 관련된 다른 책들이 눈에 보이면 구입해서 읽어보았고, 이제 어느 정도 됐겠거니 싶어서 실제로 사암침을 적용하다 보니, 이런 증후일 땐 이렇게 하면 되겠구나 하는 건 알겠는데 과연 이 경우가 그 경우인지를 판단하기 힘들 때가 너무 많았다. 그래서 이번엔 진단과 변증에 대한 공부를 시작했다. 어디 물어볼 데도 별로 없고, 수의사들을 위한 책도 없는 상태였기 때문에 또 다시 사람을 위한 책을 볼 수밖에 없었다.

진단과 변증에 대해 공부하다 보니, 장상학도 알아야 하고, 경락도 알아야 하고, 음양오행도 다시 공부해야 했다. 그러면 그럴수록 자꾸자꾸 꼬리에 꼬리를 무는 의문을 해결하기 위해서 오운육기와 주역에까지 손을 대야 했다. 점차로 다음 세상에 다시 태어나서까지 책을 봐도 끝이 없겠다는 생각이 들었다.

침구요법을 공부하려는 수의사들이 모두 필자와 똑같은 경우는 아닐 것이다. 하지만, 맘먹고 공부하려면 구비해야 할 책들도 많고, 그나마도 대부분이 수의사를 위한 책은 아니다. 물론, 요사이 침구요법을 연구하는 모임들을 통해 침구요법, 특히 체침에 대한 정보의 상호교류와 교육이 이루어지고 있는 것은 참으로 다행이라고 여겨진다. 하지만, 임상에서 사암침을 적용하는 경우는 거의 없는 것으로 알고 있기 때문에, 이 기회를 통해 많은 이들이 사암침을 알게 되고, 또 적용하게 되었으면 한다.

　처음에는 사암침을 적용하면서 사암침의 편리함과 우수성에 대해 알리고자 책을 쓰기 시작했으나, 누군가 이 책을 보게 되면 다른 책을 또 찾아봐야 하거나, 그 답답한 마음에 몇 장 안 가서 덮어버릴 수도 있겠구나 하는 생각이 들었다. 모든 것을 담는 것은 불가능하지만, 침구요법을 공부하면서 이 책이 옆에 두고 얼른 찾아볼 수 있는 참고 서적이 되었으면 하는 생각에 나름대로 기본부터 처방까지를 싣게 되었다. 그 내용이 협소하고, 어떤 이는 너무 어렵고, 어떤 이는 너무 쉬워서 의미가 없을 수도 있을 것이다. 하지만, 처음 공부하는 사람들을 위해 최대한 쉽게 쓰려 했고, 꼭 필요한 내용을 담으려 노력했다.

　아무쪼록, 많이 부족한 책이지만 처방만을 망라한 침구요법이 아닌, 바탕에서부터가 튼튼한 수의임상 침구요법이 정착되고, 그 안에서 사암침의 우수성을 몸소 체험하여 수의사암침이 자리잡는 데 이 책이 조그마한 도움이라도 줄 수 있기를 바란다.

　끝으로, 아이를 가져 편하지 않은 몸으로 이 책을 쓸 수 있게 용기를 주고 집필을 같이해 준 사랑하는 와이프 김지연 원장에게 진심으로 감사하며, 하늘에서 지켜보고 계실 망부 고 김창한 님께 이 책을 들어 바친다.

❧ 추천사

세계는 너무나 **빠르게** 변화되어 가고 있다. 여기에 맞추어 임상의학계도 크게 발전되어 가고 있다. 서양의학을 위주로 한 임상의학계도 서양의학만으로는 좋은 결과를 얻지 못할 경우에 많이 부딪히게 됨에 따라 이를 보완·대체하기 위해서 약초요법, 침술, 동종요법, 향기요법 등을 포함하는 보완 대체의학이 발전하기 시작하여 오늘날은 대단히 활발하게 연구·활용되고 있다.

우리나라 인의의 임상 분야도 보완·대체의학의 필요성을 인지하고 각 의과대학에서도 큰 관심을 갖고 적극적으로 연구와 임상 활용을 시도하고 있다. 그러나 수의과대학에서는 한방수의학을 제외한 다른 분야에 대해서는 거의 연구되지 않고 있어서 앞으로 빨리 도입되어야 할 것이다. 한편 임상 개업 수의사들이 오히려 동종요법, 향기요법 등의 보완·대체수의학에 많은 관심을 갖고 임상에 활용하고 있다.

이 책의 저자인 김종수, 김지연 원장은 한방 수의학 특히 수의사암침에 관심을 갖고 임상에 많이 활용하고 있었는데 이번에 『수의사가 쓴 개의 사암침(舍巖鍼)』이라는 책을 출판하게 되어 읽어볼 기회를 가졌다. 사암침은 우리나라에서 개발되어 활용되고 있는 침술이다. 더구나 동물에 대한 사암침은 전 세계 수의침구 분야에서 접할 수 없다. 이와 같은 개의 사암침을 편저하였음에 경의를 올리는 바이다.

이 책은 2편으로 나누어져 기술되어 있다. 1편에는 총론으로 한방 수의학의 기본개념을 간략하게 이해하기 쉽게 기술하여 동양철학을 근간으로 하는 동양의학의 개념을 쉽게 정돈할 수 있게 되어 있다. 2편에는

각론으로 사암침의 치료원칙과 질병에 따른 사암침 증례들을 기술하였
다. 임상증례는 그렇게 많이 기술되어 있지 않다. 그러나 관심 있는 임
상수의사들이 많이 활용하여 앞으로 보완한다면 수의임상에 좋은 길잡
이가 될 것이라고 믿는다.

　이에 임상수의사 및 수의과대학 학생들에게 추천하는 바이다.

2007년 8월 1일
서울대학교 명예교수
한국전통수의학회 고문 남 치주

생명을 가진 한 개체를 소우주라고 표현하기도 합니다. 그만큼 크다기보다는 작아 보이지만 너무 복잡하고 넓고 깊어서 이해하기가 힘들다는 이야기로 받아들이고 싶어집니다. 이런 소우주가 제대로 굴러가는 이치를 깨닫고 이해할 수 있을까 생각을 해보면 그저 불가능하다는 생각이 먼저 앞섭니다. 그러나 과학자들은 포기하지 않고 차근차근 자신의 정열을 불태우면서 하나 둘 그 신비를 풀어왔습니다.

이러한 과학의 분야 중에서 인간이나 동물의 생명에 대해 질적인 우위를 확보하면서 그 기간을 연장하고자 하는 의학 분야의 노력은 단연 돋보이는 업적 중의 하나일 것입니다. 그 중 짧은 기간 괄목할 만한 발전을 보인 분야가 서양의학입니다. 이는 접근 방법부터 과학적 재현성에 바탕을 두었으며 그 결과 엄청난 성장과 질적·양적 팽창을 보였습니다.

이에 반해 동양의학은 그 역사적 유구성이나 양적인 풍부함에도 불구하고 아직까지 어둠 속에서 빛을 발하지 못하고 연구와 발전의 시간을 기다리고 있는 실정입니다. 이런 측면에서 일선 임상 수의사가 실험실 여건이나 각종 도서 등 연구의 접근성이 어려운 가운데 각고의 고통을 감내하면서 이러한 체계적인 책을 출간하게 됨은 실로 놀라운 일이라 아니 할 수 없습니다.

동양의학에 대한 지식이 일천한 저로서는 총론을 읽어가다 어느 깊은 산속에서 길을 잃은 듯한 느낌을 받은 적도 있었습니다. 각론의 각 부분에서는 그 표현이 고어적이라 신세대 수의사들에게는 다소 의아해 할 것 같다는 생각도 들었지만 동양의학의 냄새가 물씬 풍기는 그런 표현으로 서양화가 아닌 동양화의 멋들어진 맛을 음미한다고 생각을 한다면 그리 거부감을 가지지 않고 읽어 내려갈 내용이라 여겨집니다.

지금까지 우리 수의학의 교육 내용이 다분히 서양의 발전된 체계적인 현대 수의학에 바탕을 둔 것을 받아들여 이 책 한 권으로 침구학이나 동양의학의 일부분은 무리 없이 이해하리라는 생각은 하지 않지만 새로운 분야에 대한 도전의식과 탐구정신이 더해진다면 이 책은 일선 임상에의 적용뿐만 아니라 향후 기초의학의 발전에도 충분히 기여할 수 있는 좋은 책이라고 생각합니다.

서양 속담에 "Science increases our power in proportion as it lowers our pride." 란 말이 있습니다. 이 훌륭한 체계적인 동양 수의학 서적 한 권이 우리를 조화로 이끌어 오만을 감쇄시키는 데 일조하기를 바라면서 대한민국 수의학계에 이 책을 감히 추천 드리고자 합니다.

2007년 8월 7일

건국대학교 수의과대학

면역학박사 류 영수 교수

❀ 목 차

총 론　17

사암침(舍岩鍼)이란 무엇인가?_18

음양론(陰陽論)_20

오행설(五行說)_24
　Ⅰ. 오행(五行)의 상생(相生)과 상극(相克)---28
　Ⅱ. 오행(五行)의 상승(相乘) 상모(相侮)---30

육기(六氣)_31

십이정경맥(十二正經脈)과 기경팔맥(奇經八脈)_33
　Ⅰ. 십이정경맥(十二正經脈)---34
　Ⅱ. 기경팔맥(奇經八脈)---35

오수혈(五兪穴)_37

보사법(補瀉法)_39
　Ⅰ. 영수보사(迎隨補瀉)---40
　Ⅱ. 호흡보사(呼吸補瀉)---40
　Ⅲ. 염전보사(捻轉補瀉)---41
　Ⅳ. 납지보사(納支補瀉)---43

사암침(舍岩鍼) 정격(正格)과 승격(勝格)_44
　Ⅰ. 허(虛)하면 보(補)하고 실(實)하면 사(瀉)하라.---44
　Ⅱ. 허즉보기모 실즉사기자(虛則補己母 實則瀉己子)---44
　Ⅲ. 허즉보기모 허즉사기관(虛則補己母 虛則瀉己官)---46
　Ⅳ. 실즉사기자 실즉보기관(實則瀉己子 實則補己官)---47

사암침(舍岩鍼)의 한열보사(寒熱補瀉)_49

사암침(舍岩鍼) 변격(變格)_52
 Ⅰ. 풍(風), 조(燥), 습(濕), 수(水), 화격(火格)---52
 Ⅱ. 사암침(舍岩鍼)의 열격(熱格) 한격(寒格)---56

장상학(臟象學)_59
 Ⅰ. 정(精), 신(神), 기(氣), 혈(血), 진액(津液)---60
 Ⅱ. 장부(臟腑)---68

진단(診斷)과 변증(辨證)_83
 Ⅰ. 진단(診斷)---84
 Ⅱ. 변증(辨證)---93

수의임상에서의 동양의학적 진단(診斷)과 변증(辨證)_148

각 론　　152

치료(治療)의 원칙(原則)_156

수태음폐경(手太陰肺經)_162
 Ⅰ. 폐정격(肺正格)---163
 Ⅱ. 폐승격(肺勝格)---169

수양명대장경(手陽明大腸經)_173
 Ⅰ. 대장정격(大腸正格)---174
 Ⅱ. 대장승격(大腸勝格)---179

족양명위경(足陽明胃經)_180
 Ⅰ. 위정격(胃正格)---181
 Ⅱ. 위승격(胃勝格)---187

족태음비경(足太陰脾經)_189
 Ⅰ. 비정격(脾正格)---190

Ⅱ. 비승격(脾勝格)---197

수소음심경(手少陰心經)_198
Ⅰ. 심정격(心正格)---199
Ⅱ. 심승격(心勝格)---202

수태양소장경(手太陽小臟經)_205
Ⅰ. 소장정격(小腸正格)---206
Ⅱ. 소장승격(小腸勝格)---208

족태양방광경(足太陽膀胱經)_209
Ⅰ. 방광정격(膀胱正格)---211
Ⅱ. 방광승격(膀胱勝格)---212

족소음신경(足少陰腎經)_213
Ⅰ. 신정격(腎正格)---214
Ⅱ. 신승격(腎勝格)---219

수궐음심포경(手厥陰心包經)_220
Ⅰ. 심포정격(心包正格)---221
Ⅱ. 심포승격(心包勝格)---222

수소양삼초경(手少陽三焦經)_222
Ⅰ. 삼초정격(三焦正格)---223
Ⅱ. 삼초승격(三焦勝格)---224

족소양담경(足少陽膽經)_225
Ⅰ. 담정격(膽正格)---226
Ⅱ. 담승격(膽勝格)---227

족궐음간경(足厥陰肝經)_228
Ⅰ. 간정격(肝正格)---229
Ⅱ. 간승격(肝勝格)---233

질병에 따른 사암침(舍岩鍼) 적용_234
구토(嘔吐)_236
설사(泄瀉)_243

변비(便秘)_246

파보바이러스 장염_247

식욕부진(食慾不振)_249

치과질환(齒科疾患)_251

정신질환(精神疾患)_253

피부질환(皮膚疾患)_256

비뇨기계질환(泌尿器系疾患)_262

요통(腰痛)_266

안면마비(顔面痲痺)_273

관절질환(關節疾患)_274

호흡기질환(呼吸器疾患)_275

안과질환(眼科疾患)_279

주요참고서적_285

부   록: 용어해설_287

총 론

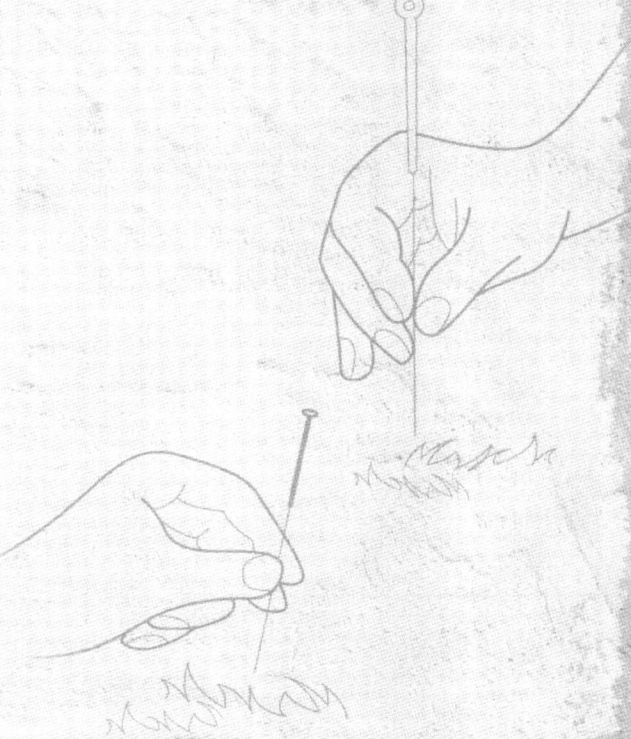

사암침(舍岩鍼)이란 무엇인가?

사암도인침구요결(舍岩道人鍼灸要訣)로부터 알려진 사암침(舍岩鍼)의 창시자가 누구인지, 언제 만들어졌는지에 대해서는 논란이 많다. 조선시대 사명당의 제자였던 황정학이라는 분이 토굴 속에서 오랜 연구 끝에 창안하고, 스스로를 사암도인(舍岩道人)이라 불렀다고 하여 그것이 전해진 것이 사암침(舍岩鍼)이라는 주장과, 사명당 자신이 바로 사암도인(舍岩道人)이라는 주장도 있고, 중국의 황제 헌원 이전에 한반도에서 이미 창시되어 있던 이론을 황제가 가져가 황제내경의 근간으로 삼았다는 주장도 있다. 어느 것이 맞는지는 그 당시에 살지 않았던 우리가 알 수 없는 일이다. 그것보다는 사암침(舍岩鍼)이 지금 우리 손에 있다는 것이 더 중요하다 할 수 있겠다.

사암도인(舍岩道人)의 저서라고 전해지는 필사본이 여럿 있다. 이 필사본들은 전해지는 과정에서 서로 약간씩 다른 부분이 있으나 대체로 유사하다. 그중에서 사암도인침구요결(舍岩道人鍼灸要訣)에는 병증(病證)에 대한 사암도인(舍岩道人)의 진단(診斷)과 침처방(鍼處方), 약처방(藥處方)이 들어 있으며 실제로 치료한 치험례(治驗例)도 실려 있다. 제목에 침구(鍼灸)가 같이 들어 있으나, 뜸을 처방한 것은 침처방(鍼處方)과 병행한 두 가지 처방(處方)밖에는 없다. 오히려 약처방(藥處方)은 대부분 같이 들어 있다. 또한 특히나 치험례(治驗例)의 부분에서는 사암도인(舍岩道人)이 직접 처방하지 않았을 수도 있는 내용들도 보인다. 이는 필사본으로 전해지는 과정에서 필사하는 이가 가감(加減)을 했을 것으로 추정될 수 있을 것이다. 여러 필사본의 내용이 약간씩 다른 것도 같은 이유가 아닐까 생각해 본다.

구한말 이후로 현재에 이르기까지 사암침(舍岩鍼)의 적통계승, 재발굴 등으로 주장 또는 알려진 분들이 여러분 있다. 맥진(脈診)을 중시해서 사암침(舍岩鍼)에 도입하신 분도 있고, 선가(禪家)의 가르침과 육기(六氣)의 중요성을 인식하여 새로운 방식으로 사암침(舍岩鍼)을 해석함으로써 마음침이라 불릴 만한 처방들을 보이신 분도 있고, 종교를 중심으로 신앙과 연결하여 사암침(舍岩鍼)을 연구하시는 분들도 있다. 최근의 책으로는 사암침구정전(舍岩鍼灸正傳)이 눈에 띄는데, 가전(家傳)의 필사본과 비방을 소개하고, 특히 사암도인침구요결(舍岩道人鍼灸要訣)과는 다른 한열보사법(寒熱補瀉法)을 열격(熱格)과 한격(寒格)으로 소개하고 있다. 그 외에도 정말 많은 사암침(舍岩鍼)의 연구단체들이 있다. 물론, 사람의 경우에서이다.

동물의 경우에는 각자의 임상현장에서 실제로 적용하시는 분들이 있는지조차 알 수 없는 상황이며, 체침(體鍼)적용도 올바른 동양의학적 방법에 의해 이루어지고 있는지 의문이다. 바로 관심 있는 우리 임상 수의사들이 연구하고 공부하고 해결해야 할 부분이다.

사암침(舍岩鍼)은 십이정경맥(十二正經脈)의 오수혈(五兪穴)을 이용한다. 그러나 이 60개의 혈을 외우고, 각 질병에 대한 처방(處方)을 외워서 사암침(舍岩鍼)을 그대로 적용하는 것은 매우 위험한 일이 아닐 수 없다. 간혹 처방(處方)이 적당해서 효과를 보는 경우도 물론 있을 수 있겠지만, 단순암기식의 처방은 아픈 곳에 침을 찌르는 아시침(阿是鍼)과 다를 게 없다고 생각된다. 물론 아시침(阿是鍼)의 효과를 폄하(貶下)하는 것은 아니나, 비단 사암침(舍岩鍼)에서뿐 아니라 어느

침법(鍼法)을 사용하든지 가장 중요한 것은 진단(診斷)과 변증(辨證)이라고 생각된다. 진단(診斷)과 변증(辨證)이 정확하게 이루어진다면, 처방(處方)은 어려울 것이 없이 거저 얻는 것이나 다름없다. 올바른 진단(診斷)과 변증(辨證)에 이르기 위해서는 동양의학적인 사고를 익혀 몸에 배게 해야 할 것이다. 그러기 위해서는 동양의학의 근간이 되는 동양철학의 시작부터 한 번 훑어볼 필요가 있다고 생각하여 이제부터 고리타분하다고 느낄 수 있는 음양오행(陰陽五行)에 대해서 이야기하려고 한다.

✦ 음양론(陰陽論)

음양론(陰陽論)은 오행설(五行說)과 더불어 동양의학뿐 아니라 동양철학의 가장 근본이 되는 이론이며 그 깊이는 헤아리기 어려울 정도로 심오하고 복잡하며, 오운육기(五運六氣)와 역경(易經)에 대한 이해 또한 필요한 부분이기는 하지만 모래알 같은 세월이 필요한 공부라고 할수 있다. 따라서 이 부분에 대한 내용은 그 요약만을 이야기하려고 한다.

모든 사물과 현상에는 서로 상반되는 두 가지의 측면이 존재한다는 것이 음양론(陰陽論)의 요점이다. 안과 밖, 좌와 우, 위와 아래, 더위와 추위, 밤과 낮 등이 바로 그 예가 될 수 있다. 음양(陰陽)의 존재는 사람에서나 동물에서나 마찬가지이다. 장부(臟腑)도 음(陰)인 장(臟)과 양(陽)인 부(腑)로 나뉘고, 경맥(經脈)도 음경(陰經)과 양경(陽經)으로 나뉘며, 병증(病證)에도 음증(陰證)이 있고 양증(陽證)이 있다.

그렇다면, 음양(陰陽)의 시작은 무엇일까? 자, 이제 우린 그 음양(陰陽)의 시작을 알아보기 위하여 머나먼 시간여행을 통해 태초의 시대로 돌아간다.

아무 움직임도 없다. 아무 변화도 없다. 그저 그 자리에 뭔가가 있는 듯도 하고 없는 듯도 하다. 정말 혼돈스러운 이 상태를 무극(無極)이라 한다. 이

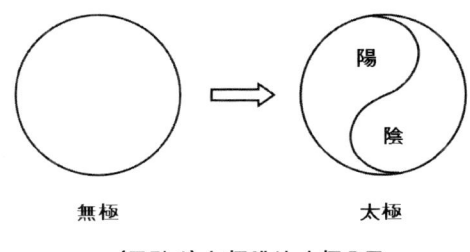

無極　　太極

(그림 1) 無極에서 太極으로

(理)는 있으나 기(氣)는 없는 상태, 즉 물질은 존재하나 에너지가 없어 어떠한 형태의 운동도 이루어지지 않는 세상의 출발 이전 상태이다. 무극(無極)은 시작 이전의 상태이기도 하지만, 종말 이후의 상태이기도 하다. 무극(無極)은 천국일 수도 있고, 해탈(解脫)의 경지일 수도 있다.

모든 것은 무극(無極)에서 시작해서 무극(無極)으로 돌아간다. 무극(無極)에 기(氣)가 더해지면 운동이 시작된다. 그것이 정형화된 운동이든 무작위의 운동이든, 모이고 흩어지며, 다시 또 다른 상대들과 모이고 또 흩어짐을 반복한다. 이것이 태극(太極)이다. 움직임이 있는 상태, 바로 이 세상의 시작이며, 생명의 시작인 것이다. 태극(太極)의 상태가 되어 움직임이 있으면, 곧바로 서로 상반되는 음양(陰陽)이 발생한다. 좌로 뛰는 놈이 있으면 우로 뛰는 놈이 있고, 빛이 있으면 어둠이 있고, 모이는 놈이 있으면 흩어지는 놈이 있게 마련이니, 태극(太極)의 시작과 동시에 음양(陰陽)이 생겨나는 것이다. 음양(陰陽)은 다시 사상(四象)으로, 주역팔괘(周易八卦)와 육십사괘(六十四卦)로 분화하고, 결국에는 삼라만상(森羅萬象)이 된다. 태극(太極) 안에는 그 시작과 동시에 이 모든 것들이 함께하게 되는 것이니, 태극(太極)은 그 자체로 도(道)이며, 삶이며, 시

작과 종말이며, 이 세상인 것이다.

음(陰)과 양(陽)은 서로 상반(相反)된다. 물과 불, 밤과 낮, 여자와 남자, 땅과 하늘, 어머니와 아버지 등, 얼핏 적대적이면서 완전히 반대의 개념으로 받아들일 수 있으나, 어느 한쪽이 존재하지 않는다면 반대쪽도 존재할 수 없는 상대적인 개념인 것이다. 또한 음(陰)과 양(陽)은 서로 공존공생(共存共生)한다. 음(陰)이 극(極)에 달하면 양(陽)이 발생하고, 양(陽)이 극(極)에 달하면 다시 음(陰)이 발생하며, 음(陰)이 변하여 양(陽)이 되고, 양(陽)이 변하여 음(陰)이 되는 적당한 견제와 적당한 도움으로 서로 평형을 유지하는 관계인 것이다.

음(陰)에는 음(陰)만 있지 않고, 양(陽) 또한 양(陽)만을 가지고 있지 않으니, 음중음(陰中陰)이 있고, 음중양(陰中陽)이 있으며, 양중음(陽中陰)이 있고, 양중양(陽中陽)이 있다. 차가운 것을

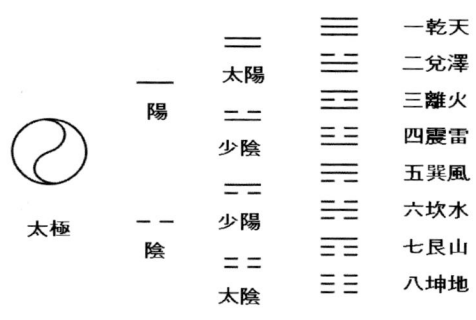

(그림 2) 太極의 분화

뜨거운 것에 비교할 때 음(陰)이라 볼 수 있으나, 영하 1도의 차가움과 영하 100도의 차가움은 또 달라서 둘을 비교하면 영하 100도가 음(陰)이고, 영하 1도가 양(陽)이 될 수 있다. 이렇게 음양(陰陽)이 다시 변하여 음중음(陰中陰), 음중양(陰中陽), 양중음(陽中陰), 양중양(陽中陽)의 넷이 되는 것을 사상(四象)이라 하며, 이를 일컬어 태음(太陰 또는 노음(老陰)), 소양(少陽), 소음(少陰), 태양(太陽 또는 노양(老陽))이라 한다. 이렇게 이분법으로 다시 한 번 더 변하면 팔괘(八卦), 또 한 번 더 변하면 육십사괘(六十四卦)가 되고, 거기서 계속

더 변하고 변하여 삼라만상(森羅萬象)이 되는 것이다.

　삼음삼양(三陰三陽)이 있다. 음양(陰陽)을 이분법으로 나누지 않고, 각각 태중소(太中小)의 셋으로 나눠서 여섯이 되고 이를 다시 둘로 나눠 열둘이 되어, 열두 시진(時辰)이 되고, 열두 달이 되며, 십이지지(十二地支)와 부합하게 된다. 삼음삼양(三陰三陽)의 여섯은 육기(六氣)와 부합하며 또한 육경(六經)과 부합하여, 이를 수족(手足)의 둘로 다시 나누면 십이정경맥(十二正經脈)이 되는 것이다. 삼음(三陰)은 그 태중소(太中小)에 따라 태음(太陰), 소음(少陰), 궐음(厥陰)이 되고, 삼양(三陽)은 양명(陽明), 태양(太陽), 소양(少陽)이 된다. 이 삼음삼양(三陰三陽)의 내용은 동양의학을 이해하는 데 절대 빼놓을 수 없는 부분이기에 앞으로 자주 접하게 될 것이다.

　이제까지 음양론(陰陽論)에 대해 간략히 알아보았다. 그런데 동양철학은 이분법의 음양론(陰陽論)에서 그치지 않고, 다시 오분법의 오행설(五行說)이 등장하게 된다. 점점 더 복잡해짐에 따라 머리가 아파 올 수도 있겠지만, 차근히 연구하다 보면 서서히 이해하게 될 것이다.

〈표 1〉 음양배속표(陰陽配屬表)

음(陰)	양(陽)	음(陰)	양(陽)	음(陰)	양(陽)
지(地)	천(天)	물(水)	불(火)	탁(濁)	청(淸)
여(女)	남(男)	북서(北西)	남동(南東)	노(老)	소(少)
한(寒)	열(熱)	내(內)	외(外)	혈(血)	기(氣)
저(低)	고(高)	강(降)	승(昇)	짝수(偶)	홀수(奇)
우(右)	좌(左)	입(入)	출(出)	장(臟)	부(腑)
하(下)	상(上)	침(沈)	부(浮)	복(腹)	배(背)
암(暗)	명(明)	지(遲)	삭(數)	악(惡)	선(善)
야(夜)	주(晝)	습(濕)	조(燥)	리(裏)	표(表)
추동(秋冬)	춘하(春夏)	퇴(退)	진(進)	정(靜)	동(動)

🍃 오행설(五行說)

오행(五行)이란 목(木), 화(火), 토(土), 금(金), 수(水)의 다섯 가지 기본 요소의 움직임을 말한다. 태극(太極)이 음양(陰陽)을 낳고, 음양 (陰陽)은 오행(五行)의 움직임에 따라 그 모습을 달리하게 된다. 즉 물질과 현상을 둘로 나누지 않고 다섯으로 나눠서 그 성질에 따라 물질과 현상을 배속시켜, 그 다섯의 모임과 흩어짐의 운동으로 우주의 모든 것을 해석하려 한 이론이다. 물론, 겨우 다섯을 가지고 모든 현상이

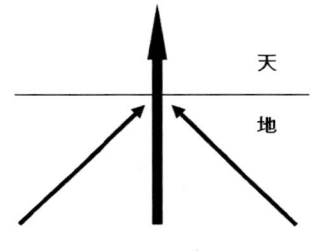

(그림 3) 木의 發散, 上昇작용

설명될 수는 없을 것이나, 그 다섯을 기본으로 하여 그들의 움직임에 따라 모든 현상을 이해하려 했다고 볼 수 있다.

목(木)은 봄의 기운이다. 생명의 시작이며 씨앗이 발아하여 흙을 뚫고 올라가는 형상이다. 양의 극(極)으로 치닫기 위해 한 발을 떼어 화(火)로 상승(上昇), 발산(發散)하는 단계이다. 장부(臟腑)로는 간담 (肝膽)이 이에 해당되며, 방위(方位)는 동(東), 색은 청색(靑色), 맛은 신맛(酸味)에 해당된다.

목(木)은 모든 것의 시작이며 태동(胎動)이기 때문에 생(生)을 주관한다.

화(火)는 여름의 기운이다. 성장(成長)과 분열(分裂)의 단계인 것이다. 양(陽)이 가장 왕성한 시기로, 강력한 기운으로 사방으로 뿜어지게 된다. 또한 양(陽)의 극(極)에서는 이음(二陰)이 발생하며 이것이 양(陽)에서 음(陰)으로 넘어가게 되는 시작인 것이다. 일양(一陽)은 음

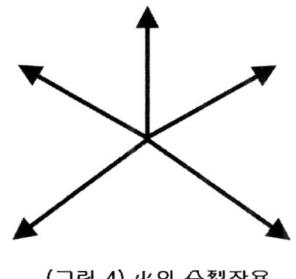

(그림 4) 火의 分裂작용

(陰)의 극(極)에서 발생하며, 이음(二陰)은 양(陽)의 극(極)에서 발생하므로 일(一)은 양(陽)의 생수(生數)라고 하고 이(二)는 음(陰)의 생수(生數)라고 한다. 장부(臟腑)로는 심소장(心小腸)이 이에 해당되며, 방위(方位)는 남(南), 색은 적색(赤色), 맛은 쓴맛(苦味)에 해당된다. 물론, 심포(心包)와 삼초(三焦)도 화(火)에 해당한다. 군화(君火)와 상화(相火)는 지구의 화(火)와 태양의 화(火), 인간의 화(火)와 자연의 화(火), 내면의 화(火)와 외부의 화(火), 심화(心火)와 신화(腎火) 등으로 이야기되면서 아직도 논란이 되고 있다. 운기학에 있어서의 군화(君火)는 기(氣)가 있어 육기(六氣)에 포함되나, 운(運)은 없어 오운(五運)에는 들지 않는다. 군화(君火)는 심(心)의 불이며 군주(君主)의 불이어서 중심에서 주체적으로 끓어오르는 불이며, 상화(相火)는 심포(心包)의 불이며, 바깥에서 도와주는 불이라는 정도로 일단 이해해 두자.

화(火)는 왕성한 성장의 시기이므로 장(長)을 주관한다.

금(金)은 가을의 기운으로, 열매를 익히고 수렴(收斂), 결실(結實)하게 하는 단계이며, 무겁고 찬 음(陰)의 기운이 시작되는 단계이다. 양(陽)의 시대에서 상승(上昇), 발산(發散), 분열(分裂)하여 이루어지는 생명의 성장을 이제는 그만 억제하고 안으로 모아서 그 결과물을 얻어 수확하게 되는 시기인 것이다. 장부(臟腑)로는 폐대장(肺大腸)이 해당되며, 방위(方位)는 서(西), 색은 백색(白色), 맛은

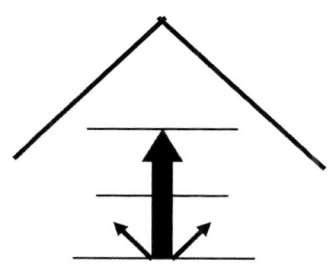

(그림 5) 金의 收斂작용

매운맛(辛味)이다.

금(金)은 거두는 시기이므로 수(收)를 주관한다.

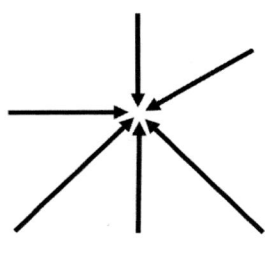

(그림 6) 水의 凝集작용

수(水)는 한랭(寒冷), 저장(貯藏), 하강(下降)하는 겨울의 기운이다. 생명이 한 생(生)을 마감하고 다음의 출발을 위해 웅크리고 준비하는 시기이며, 음(陰)의 극(極)을 이루면서 또한 일양(一陽)이 시작하는 시기인 것이다. 이때의 생명들은 겨울잠을 자거나, 가을에 얻어진 수확물들이 저장되거나, 그 낟알과 열매들이 다시 땅으로 들어가 다시 돌아올 봄의 목(木)기운을 기다리게 되는 것이다. 장부(臟腑)로는 신방광(腎膀胱)이 해당되며, 방위(方位)는 북(北), 색은 흑색(黑色), 맛은 짠맛(鹹味)이다.

수(水)는 농축(濃縮), 응집(凝集)되는 시기이므로 장(藏)을 주관한다.

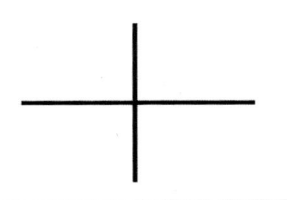

(그림 7) 土는 十과 一로 破字되며, 一은 시작의 수이고 十은 완성의 수이므로 造化시켜 완성으로 향하는 五行이다.

토(土)는 조화(造化)로운 기운으로 늦여름(長夏)에 해당된다. 토(土)는 목(木), 화(火), 금(金), 수(水)의 성질을 모두 포함하면서, 한편 그 어느 곳에도 속하지 않는다. 봄, 여름의 양(陽)에서 가을, 겨울의 음(陰)으로 넘어가는 시기에 조화(造化)의 토(土)가 그 변화를 돕는다. 뿐만 아니라 토는 목(木)에서 화(火), 화(火)에서 금(金), 금(金)에서 수(水), 수(水)에서 다시 목(木)으로 돌아가는 모든 변화에 작용하는 촉매(觸媒)와 같은 존재이다. 결국 토(土)는 중앙(中央)에 서서 모든 것을 조절하는 오행(五行)인 것이다. 생명이 살아감에 있어서 가장 중요한 음식의 소화와 섭취를 담당하는 장부(臟腑)를 토(土)에 배당해 놓은 이유가 바로 그것이다. 장부(臟腑)로는 비위(脾胃)가 해당되며, 방위(方位)는 중앙(中央), 색은 황색(黃色), 맛은 단맛(甘味)이다.

토(土)는 중심에 서서 모든 조화(造化)에 관계하므로 화(化)를 주관한다.

(표 2) 오행배속표(五行配屬表)

구 분	목(木)	화(火)	토(土)	금(金)	수(水)
방위(方位)	동(東)	남(南)	중앙(中央)	서(西)	북(北)
계절(季節)	봄(春)	여름(夏)	늦여름(長夏)	가을(秋)	겨울(冬)
장부(臟腑)	간담(肝膽)	심소장(心小腸), 심포삼초(心包三焦)	비위(脾胃)	폐대장(肺大腸)	신방광(腎膀胱)
기후(氣候)	풍(風)	열(熱)	습(濕)	조(燥)	한(寒)
색(色)	청(靑)	적(赤)	황(黃)	백(白)	흑(黑)
수(數)	3, 8	2, 7	5, 10	4, 9	1, 6
가축(家畜)	닭(鷄)	양(羊)	소(牛)	말(馬)	돼지(豚)
곡식(穀食)	보리(麥)	기장(黍)	피(稷)	벼(禾)	콩(豆)
과일(果)	오얏(李)	살구(杏)	대추(棗)	복숭아(桃)	밤(栗)
맛(味)	신맛(酸)	쓴맛(苦)	단맛(甘)	매운맛(辛)	짠맛(鹹)
냄새(臭)	누린내(臊)	탄내(焦)	향내(香)	비린내(腥)	썩은 내(腐)
관(官)	눈(目)	혀(舌)	입(口)	코(鼻)	귀(耳)
칠정(七情)	분노, 놀라움(怒, 驚)	기쁨(喜)	생각(思)	슬픔, 우울함(悲, 憂)	두려움(恐)
액(液)	눈물(淚)	땀(汗)	군침(涎)	콧물(涕)	침(唾)
체(體)	근육(筋)	맥박(脈)	기육(肌肉)	피모(皮毛)	뼈(骨)
상(常)	인(仁)	예(禮)	신(信)	의(義)	지(智)
장(藏)	혈(血)	맥(脈)	영(營)	기(氣)	정(情)
천간(天干)	갑을(甲乙)	병정(丙丁)	무기(戊己)	경신(庚辛)	임계(壬癸)
지지(地支)	인묘(寅卯)	사오(巳午)	진술축미(辰戌丑未)	신유(申酉)	해자(亥子)
화(華)	손톱(爪)	얼굴(面)	입술(脣)	솜털(毛)	머리털(髮)

Ⅰ. 오행(五行)의 상생(相生)과 상극(相克)

오행(五行)은 그냥 자기 스스로만 생겼다가 없어지고, 모였다가 흩어지는 것이 아니라 서로 다른 오행(五行)에 영향을 미치게 되는데, 다른 오행을 도와주기도 하고, 또 적당히 짓누르기도 한다. 서로 간에 키워주기도 하고 자제시키기도 하면서 맞물려 돌아가는 것이다.

1. 오행(五行)의 상생(相生)

오행(五行)의 상생(相生) 은 모자(母子)관계로 이해할 수 있는데, 이는 어미가 자식에게 해 주는 것처럼 자식을 키우기 위해 자식의 모자란 점을 보충해 주는 작용이다. 목생화(木生火)이니 나

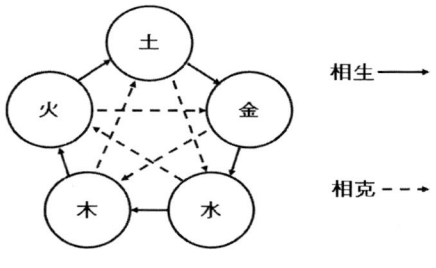

(그림 8) 五行의 相生과 相克

무가 타서 불이 일고, 화생토(火生土)이니 불이 꺼지면 재가 남고, 토생금(土生金)이니 쇠는 땅속에서 나오고, 금생수(金生水)이니 쇠는 녹아 물이 되고, 수생목(水生木)이니 물은 나무를 키운다. 장부(臟腑)에서도 같은 이치로 간목(肝木)은 심화(心火)를 키우고, 심화(心火)는 비토(脾土)를 도우며, 비토(脾土)는 폐금(肺金)을 영양(營養)하고, 폐금(肺金)은 신수(腎水)를 생(生)하며, 신수(腎水)는 다시 간목(肝木)을 자라게 한다.

이렇듯, 오행(五行)의 상생작용(相生作用)은 장부(臟腑)에 그대로 적용되어, 어느 한 장부에 문제가 생겨 자식을 생(生)하지 못하게 되

면, 그 자식이 약해지게 되는 것이며, 그 어미도 약해진 자식을 위해 힘겨운 노력을 기울이게 되니 어미 또한 약해지게 되는 것이다.

2. 오행(五行)의 상극(相克)

오행(五行)의 상극(相克)은 얼핏 생각하기에 극(克)의 의미를 완전히 쳐내거나, 살 수 없도록 강하게 압박하는 것으로 느낄 수 있다. 그러나 극(克) 또한 극중생(克中生)이라 하여, 상생(相生)과 함께 정상적인 생리기전이며 정상적인 생명활동인 것이다. 즉 너무 튀지 않게 적당히 어르고 뺨치며 절제시켜서 태과(太過)하여 넘치지 못하게 살포시 눌러 주는 작용이다. 어미가 자식에게 한없이 도움을 주고 뒷바라지한다면, 엄한 아비는 그 자식이 어긋나지 않고 잘 클 수 있도록 자제시키면서 올바른 길로 나아가도록 지도하는 것과 같다. 이렇게 극(克)을 당하는 오행(五行) 입장에서 극(克)을 하는 오행(五行)을 관(官)이라고도 부른다. 관(官)은 관리(官吏)를 의미하며, 경찰이 치안과 평화 유지를 위해 자유를 넘어선 방종을 막아 평온한 삶을 살 수 있게 하는 것과 같다고 볼 수 있다. 목극토(木克土)이니 나무뿌리는 흙을 뚫고, 토극수(土克水)이니 흙은 물길을 막아서며, 수극화(水克火)이니 물은 불을 끄고, 화극금(火克金)이니 불은 쇠를 녹이며, 금극목(金克木)이니 쇠도끼는 나무를 쳐낸다. 장부(臟腑)에서도 간목(肝木)은 비토(脾土)를 견제하며, 비토(脾土)는 신수(腎水)를 억누르고, 신수(腎水)는 심화(心火)를 조절하며, 심화(心火)는 폐금(肺金)을 억제하고, 폐금(肺金)은 다시 간목(肝木)을 자제시킨다.

오행(五行)의 상극(相克) 또한 상생(相生)과 마찬가지로 어느 한 장부에 문제가 생겨 적당히 억제하지 못하면, 정상적인 극(克)을 당하지 못한 오행(五行)이 필요 이상으로 성(盛)하게 되어 자신을 극(克)하는 오행

(五行)을 오히려 역으로 치거나, 적당히 극(克)해야 할 오행(五行)을 너무 심하게 치게 되어, 비정상적인 병리상태를 만들게 된다.

위에서 본 바와 같이 상생(相生)과 상극(相克)은 순리대로 흘러가게 하기 위한 도움과 제약이며, 이러한 정상적인 규칙이 깨지게 되면 세상은 혼란에 빠지게 되는 것과 마찬가지로 장부 또한 병증(病證)을 보이게 되며, 어느 한 장부(臟腑)가 쇠약(衰弱)하거나 성왕(盛旺)하게 되면 자기 혼자만 속앓이하고 끝나는 것이 아니라, 생극(生克)에 관련된 인접 오행(五行)까지 줄줄이 영향을 받게 되어 한 부분에 병이 생기면 결국엔 온몸이 다 망가지게 되는 것이다.

Ⅱ. 오행(五行)의 상승(相乘) 상모(相侮)

상극(相克)의 관계 중에 비정상적인 병리상태의 상극(相克)을 의미하는 상승(相乘)과 상모(相侮)가 있다. 상승(相乘)은 어느 한 오행(五行)이 쇠약(衰弱)하여 관(官)의 상극(相克)작용으로 인해 더욱더 쇠약해지는 상태를 말한다. 그렇지 않아도 아픈 놈을 더 줘 패서 만신창이로 만드는 것이다. 목극토(木克土)인데, 토(土)가 쇠약하면 이틈을 타 목(木)이 토(土)를 극(克)하는 작용이 강해져서 토(土)가 이를 극복하지 못하고 더욱 쇠약해지는 것이다. 장부(臟腑)에서도 비토(脾土)가 허약하면 간목(肝木)이 비토(脾土)를 극(克)하는 작용으로 인해 비토(脾土)가 더욱 정신 못 차리게 된다.

상모(相侮)는 반대로 어느 한 오행(五行)이 강성(强盛)해져서 관(官)하는 오행(五行)이 제대로 억제할 수 없는 상황으로, 오히려 반대로 관(官)을 극(克)하게 된다. 자식이 장성해서 머리가 커지고 나니 연로한 아버지를 우습게 보는 경우가 되는 것이다. 목극토(木克土)인데, 토(土)가 강성(强盛)하면, 목(木)이 토(土)를 극(克)하지 못하고 오히려 토(土)가 목(木)을 극(克)하게 되는 것이다. 장부(臟腑)에서도 비토(脾土)가 강해지면 간목(肝木)이 비토(脾土)를 억제하지 못하며, 반대로 비토(脾土)가 간목(肝木)을 쳐서 간목(肝木)이 약해지게 된다.

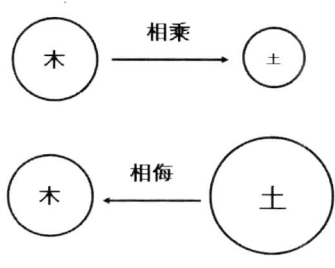

(그림 9) 五行의 相乘과 相侮

　이렇게 병리적 상태의 상승(相乘)과 상모(相侮)작용은 인접 장부(臟腑)에 영향을 미쳐서, 한 장부(臟腑)의 허실(虛實)로 인해 다른 장부(臟腑)가 연달아 피해를 보게 되므로, 우리가 병증(病證)의 진단(診斷)에 임할 때는 이러한 이치를 잘 따져 어디서부터 시작되어 어떻게 진행된 상태인지를 잘 판단해야 한다.

🦋 육기(六氣)

　육기(六氣)란 말 그대로 여섯 가지 기운(氣運), 여섯 가지 기후(氣候)를 일컫는다. 오운육기학(五運六氣學)에서는 땅에서 발생하는 목(木), 화(火), 토(土), 금(金), 수(水)의 다섯 가지 운(運)을 오운(五運)이라 하고, 하늘에서 변화하는 풍(風), 한(寒), 서(暑), 습(濕), 조

(燥), 화(火)의 여섯 가지 기후(氣候)를 육기(六氣)라 하여, 간지(干支)와 부합하여 해마다, 계절마다, 달마다, 날마다의 변화를 예측하고, 그 변화에 따르는 몸의 반응을 따져, 질병의 예측과 치료에 응용하였다. 사암도인침구요결(舍岩道人鍼灸要訣)에도 천지운기문(天地運氣門)이 있어 오운육기(五運六氣)를 응용하는 부분이 있으나, 여기에서는 그 방대한 오운육기학(五運六氣學)을 다 다루지 못하고, 실제 병증(病證)의 외인(外因)이 되는 육음(六淫), 즉 육기(六氣)에 대해서만 다루려 한다.

땅에는 유형(有形)의 오행(五行)이 있고, 하늘에는 무형(無形)의 육기(六氣)가 있어, 무형(無形)의 육기(六氣)는 느낄 수는 있으나 보거나 만질 수는 없으며, 이 둘은 본래 같은 것이다. 하늘의 풍기(風氣)는 땅의 목(木)으로 변하고, 한기(寒氣)는 수(水)로, 서기

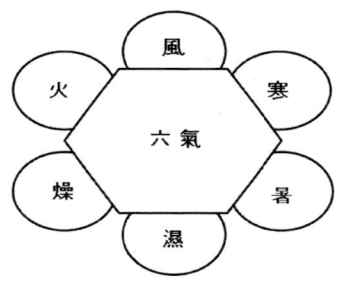

(그림 10) 六氣의 구성

(暑氣)와 화기(火氣)는 화(火)로, 습기(濕氣)는 토(土)로, 조기(燥氣)는 금(金)으로 각각 변하여 형(形)을 갖추게 된다. 육기(六氣)는 여섯이고 오행(五行)은 다섯으로, 육기(六氣) 중의 서기(暑氣)와 화기(火氣)는 같은 화(火)로 변하며, 그 쓰임에 있어서 군화(君火)와 상화(相火)로 나뉘게 된다.

이렇듯, 육기(六氣)가 만물에 작용하게 되면, 만물은 그에 따라 상응하는 상태를 나타내게 되는데, 그 상태를 삼음삼양(三陰三陽)으로 보았다. 그래서 육기(六氣)와 삼음삼양(三陰三陽)은 서로 부합되게 되니, 궐음(厥陰)은 풍기(風氣)와, 소음(少陰)은 서기(暑氣)와, 태음(太陰)은 습기(濕氣)와, 태양(太陽)은 한기(寒氣)와, 양명(陽明)은 조기(燥氣)와, 소

양(少陽)은 화기(火氣)와 부합한다. 그리하여 궐음풍목(厥陰風木), 소음군화(少陰君火), 태음습토(太陰濕土), 태양한수(太陽寒水), 양명조금(陽明燥金), 소양상화(少陽相火)로 표현하게 된다.

삼음삼양(三陰三陽)은 또 육경(六經)과 조합되며 수족(手足)으로 나뉘어 십이정경맥(十二正經脈)이 된다. 십이정경맥(十二正經脈)은 각각 다른 오행(五行)과 육기(六氣)가 조합되어 경맥(經脈)의 특성을 대변하게 된다.

육기(六氣)는 본(本)이며 체(體)가 되고, 삼음삼양(三陰三陽)은 표(標)이며 용(用)이 된다. 체(體)와 용(用)은 속과 겉이며, 근본과 쓰임이며, 원칙과 사용법으로 주역(周易)과 운기학(運氣學)에서 빼놓을 수 없는 기본이다. 수학의 정의(定義)와 공식(公式)쯤으로 이해하면 쉬울 법한데, 정의(定義)는 이미 그렇다고 알려진 것이고, 공식(公式)은 정의(定義)를 바탕으로 실제로 사용하기 위해 만들어진 것이다.

십이정경맥(十二正經脈)과 기경팔맥(奇經八脈)

맥(脈)은 체내의 기혈(氣穴)이 소통(疏通)되는 통로이다. 맥(脈)은 경맥(經脈)과 낙맥(絡脈)으로 나뉘는데 이를 합하여 경락(經絡)이라 칭한다. 경맥(經脈)은 기혈소통(氣穴疏通)의 큰 줄기이며 주로 세로 방향으로 형성되고, 낙맥(絡脈)은 큰 줄기에서 갈라진 곁가지이며 주로 가로 방향으로 형성된다. 경맥(經脈)은 장부(臟腑)에 속하면서 수족(手足)으로 나누어진 열두 개의 십이정경맥(十二正經脈)과 십이정경맥(十二正經脈)

에서 갈라져 다시 십이정경맥(十二正經脈)으로 들어가는 십이경별(十二
經別), 장부(臟腑)에 속하지 않는 기경팔맥(奇經八脈)으로 나뉜다. 낙맥
(絡脈)은 경맥(經脈)에서 갈라진 열다섯 개의 큰 분지(分枝)인 십오낙맥
(十五絡脈)과 십오낙맥(十五絡脈)에서 갈라진 작은 분지(分枝)인 낙맥
(絡脈), 낙맥(絡脈)에서 갈라진 손락(孫絡), 낙맥(絡脈) 중에 체표에 떠
오르는 부락(浮絡)과 피부 표면의 모세혈관으로 이야기되는 혈락(血絡)
이 있다. 또한 외부로는 십이경근(十二經筋)과 십이피부(十二皮膚)로 이
어져서 각 근육(筋肉)과 피부(皮膚)를 흐르게 된다. 이 중에 실제로 많
이 사용되기 때문에 꼭 알아두어야 할 것이 십이정경맥(十二正經脈)과
기경팔맥(奇經八脈) 중의 임맥(任脈)과 독맥(督脈)이다.

(그림 11) 경락(經絡)의 구성

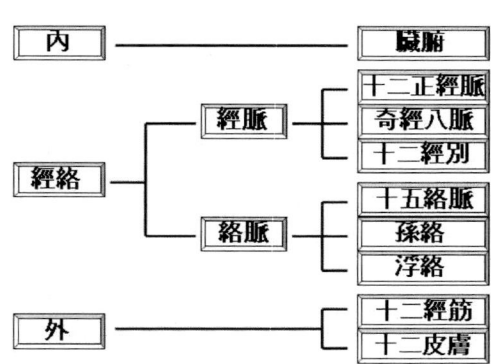

Ⅰ. 십이정경맥(十二正經脈)

십이정경맥(十二正經脈)은 육장육부(六臟六腑)와 상응하면서 몸의 안
과 겉, 전중후(前中後)를 나눠 순행(循行)하게 된다. 각각의 경맥은 고유

의 순행로(循行路)를 가지고 있으나, 그 순행로(循行路)만으로 그치지 않고 다른 경맥(經脈)과 연결(絡)되어 온몸을 흐르게 된다. 십이정경맥(十二正經脈)은 수삼음경(手三陰經), 수삼양경(手三陽經), 족삼음경(足三陰經), 족삼양경(足三陽經)으로 나뉘는데, 수삼음경(手三陰經)과 수삼양경(手三陽經)은 전지(前肢)의 말단에서, 수삼양경(手三陽經)과 족삼양경(足三陽經)은 머리에서, 족삼양경(足三陽經)과 족삼음경(足三陰經)은 후지(後肢)의 말단에서, 족삼음경(足三陰經)과 수삼음경(手三陰經)은 몸통에서 각각 연락하게 된다. 음경(陰經)은 폐(肺), 비(脾), 심(心), 신(腎), 심포(心包), 간(肝)의 육장(六臟)과 양경(陽經)은 대장(大腸), 위(胃), 소장(小腸), 방광(膀胱), 삼초(三焦), 담(膽)의 육부(六腑)와 상응하게 된다.

(그림 12) 십이정경맥(十二正經脈)의 연락

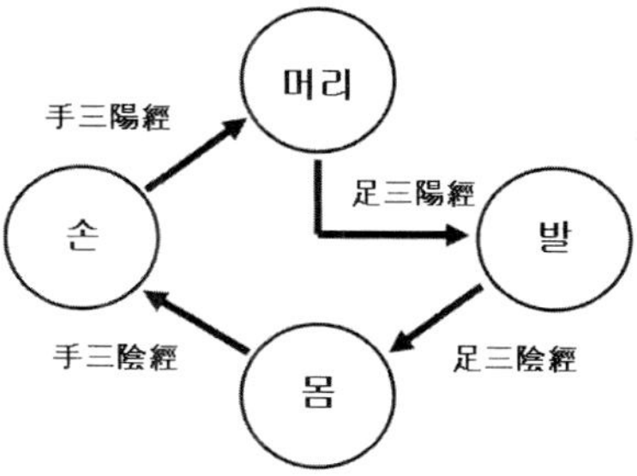

Ⅱ. 기경팔맥(奇經八脈)

기경팔맥(奇經八脈)은 임맥(任脈)과 독맥(督脈), 대맥(帶脈), 충맥(衝脈), 양유맥(陽維脈), 음유맥(陰維脈), 양교맥(陽蹻脈), 음교맥(陰蹻脈)

으로 구성되는데, 이 중에 임맥(任脈)과 독맥(督脈)만이 독자의 경혈(經穴)을 지니고 있으며, 나머지 맥들은 십이정경맥(十二正經脈)의 경혈(經穴)을 빌려 쓰게 된다. 독맥(督脈)은 항문 위의 장강(長强)혈에서 시작하여 등쪽정중선을 달려 머리를 지나 윗잇몸의 은교(齦交)혈에서 마치게 되는데, 여러 경맥 중 가장 극양(極陽)의 성질을 지니고 있다. 임맥(任脈)은 항문 아래 회음(會陰)혈에서 시작하여 배쪽정중선을 달려 아랫입술 밑의 승장(承漿)혈에서 마치게 되는데, 여러 경맥 중 가장 극음(極陰)의 성질을 지니고 있다.

　사암도인(舍岩道人)은 실제로 십이정경맥(十二正經脈)의 오수혈(五兪穴)과 함께 임독맥(任督脈)의 경혈(經穴)들도 자주 처방하였으니 임독맥(任督脈)에 대해서도 알아두어야 하겠다.

(그림 13) 경맥(經脈)의 순환

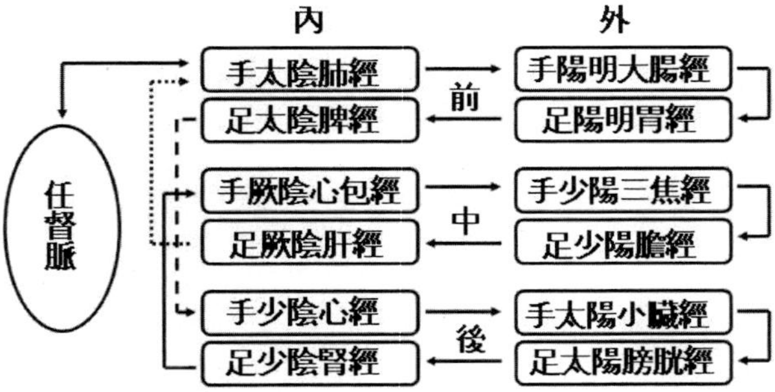

오수혈(五兪穴)

경맥(經脈)은 기혈(氣血)이 지나가는 통로라고 하였다. 이 경맥(經脈)이 체표(體表)에서 외부와 통하는 부분이 바로 경혈(經穴)이다. 경혈(經穴)은 주로 뼈와 뼈 사이, 근과 근 사이에 위치하며 기혈(氣血)이 모여 있는 곳으로, 외부와 통하고 있기 때문에 몸 밖에서 사기(邪氣)가 침입하는 장소이며, 몸 안의 이상을 밖으로 드러내는 곳이기도 하다.

십이정경맥(十二正經脈)과 기경팔맥(奇經八脈)에 360여 개의 경혈(經穴)이 있고, 그 외의 기혈(奇穴)들과 새로 발견되는 신혈(新穴)들이 속속 보고되고 있다. 이러한 수많은 경혈(經穴)들 중에 몇몇 특별한 경혈(經穴)들은 진단과 치료에 있어서 탁월한 효과를 발휘하여, 중요하게 여겨지고 있다. 흔히 알려진 특수혈에는 원혈(原穴), 락혈(絡穴), 극혈(隙穴), 오수혈(五兪穴), 팔회혈(八會穴), 팔맥교회혈(八脈交會穴), 하합혈(下合穴), 육총혈(六總穴), 배수혈(背兪穴), 복모혈(腹募穴) 등이 있다. 이 중에 사암침(舍岩鍼)에서는 십이정경맥(十二正經脈)의 다섯 가지 오행혈(五行穴)인 오수혈(五兪穴)을 취혈(取穴)하게 된다.

오수혈(五兪穴)은 사지말단에서 팔꿈치관절이나 무릎관절에까지 분포하는데, 말단에서부터 각각 정혈(井穴), 형혈(滎穴), 수혈(兪穴), 경혈(經穴), 합혈(合穴)이라 부른다. 정(井), 형(滎), 수(兪), 경(經), 합(合)혈은 각자 오행(五行)의 성질을 지니고 있으며, 음경(陰經)과 양경(陽經)에서 그 순서가 다르다. 음경(陰經)은 말단에서부터 목(木), 화(火), 토(土), 금(金), 수(水)의 순서이고, 양경(陽經)은 금(金), 수(水), 목(木), 화(火), 토(土)의 순서이다.

〈표 3〉 십이정경맥(十二正經脈)의 오수혈(五俞穴)

구 분	井(木, 金)	滎(火, 水)	俞(土, 木)	經(金, 火)	合(水, 土)
手太陰肺經	少商	魚際	太淵	經渠	尺澤
手陽明大腸經	商陽	二間	三間	陽谿	曲池
足陽明胃經	厲兌	內庭	陷谷	解谿	足三里
足太陰脾經	隱白	大都	太白	商丘	陰陵泉
手少陰心經	少衝	少府	神門	靈道	少海
手太陽小腸經	少澤	前谷	後谿	陽谷	小海
足太陽膀胱經	至陰	通谷	束骨	崑崙	委中
足少陰腎經	湧泉	然谷	太谿	復溜	陰谷
手厥陰心包經	中衝	勞宮	大陵	間使	曲澤
手少陽三焦經	關衝	液門	中渚	支溝	天井
足少陽膽經	竅陰	俠谿	臨泣	陽補	陽陵泉
足厥陰肝經	大敦	行間	太衝	中封	曲泉

오수혈(五俞穴)의 이름은 경기(經氣)의 흐름을 물에 비유하여 지어졌는데, 정혈(井穴)은 경기(經氣)가 나오는 곳으로, 샘과 같은 모양이다. 형혈(滎穴)은 땅 밑의 샘에서 나온 물이 고이는 곳으로, 경기(經氣)가 흘러넘치기 이전의 모양이다. 수혈(俞穴)은 물이 흐르기 시작하는 곳으로, 경기(經氣)가 시냇물과 같이 흐르는 모양이다. 경혈(經穴)은 물이 모여 강줄기를 이루는 곳으로, 경기(經氣)가 크게 모여 흐르는 강물과 같은 모양이다. 합혈(合穴)은 모든 물이 합류하여 바다를 이루는 곳으로, 경기(經氣)가 모여져서 바다를 이루고, 다시 내부로 들어가는 모양이다.

체침(體鍼)에서 정혈(井穴)은 응급질환에 주로 사용하며, 사혈(瀉血)의 경혈(經穴)이기도 하다. 형혈(滎穴)은 열증(熱證)에 취혈(取穴)하며, 수혈(俞穴)은 관절질환, 경혈(經穴)은 한증(寒證)에, 합혈(合穴)은 만성질환에 사용한다.

보사법(補瀉法)

보사(補瀉)에 대해서는 참으로 논란이 많다. 실제로 사람에서 침술을 펼치는 한의사, 침구사들도 보사법(補瀉法)을 중요하게 적용하는 사람이 있는가 하면, 보사(補瀉)에 대해 의문을 갖고 전혀 사용하지 않으면서 평보평사(平補平瀉)하는 사람도 있다. 또한 보사(補瀉)의 방법에 대해서도 이것이 맞는지, 저것이 맞는지 누구도 정확히 말하지 못한다.

사암침(舍岩鍼)은 보사법(補瀉法)을 빼고는 그 의미를 찾을 수 없는 침법(鍼法)이기 때문에 일단 보사(補瀉)의 의미를 이해하고 인정해야 한다. 다만, 그 방법론에 있어서, 사암도인(舍岩道人)이 사용했던 방법들과, 고래(古來)로부터 전해지는 방법들과, 새로이 개발되는 보사법(補瀉法)을 이해하고 연구하여 어떤 보사법(補瀉法)을 사용할 것인지는 각자의 몫으로 보인다.

보(補)란 허(虛)한 것을 보태주는 것이다. 부족한 것을 메워 주며, 약한 것을 도와주면서 정상으로 돌아가게 하는 작용이다. 사(瀉)란 실(實)한 것을 깎아주는 것이다. 넘치는 것을 덜어주며, 강한 것을 치면서 역시 정상으로 돌아가게 하는 작용이다. 모든 침요법(鍼療法)들이 실증(實證)이든, 허증(虛證)이든 정상적인 몸 상태로 스스로 돌아갈 수 있도록 돕는 작용을 하여, 같은 경혈(經穴)을 변비에도 쓰고, 설사에도 쓸 수 있는 것이긴 하지만, 보사법(補瀉法)은 이러한 침의 작용을 한층 더 강력하게 만드는 방법이다. 따라서 보사(補瀉)의 선택을 잘못 할 경우에는 평보평사(平補平瀉)한 것만 못하게 되는 경우도 발생할 수 있으니, 정확한 눈으로, 정확한 진단(診斷)과 변증(辨證)을 위한 노력을 기울여서 실수가 없도록 해야 할 것이다.

사암도인(舍岩道人)이 사용한 보사법(補瀉法)에는 한열보사(寒熱補瀉), 자모보사(子母補瀉)의 자타경보사(自他經補瀉), 영수보사(迎隨補瀉), 호흡보사(呼吸補瀉), 염전보사(捻轉補瀉), 납지보사(納支補瀉)가 있다. 이 중에서 한열보사(寒熱補瀉)와 자모자타경보사(子母自他經補瀉)에 대해서는 아래 사암침(舍岩鍼)의 정격(正格) 승격(勝格)에서 설명하였으니, 지금은 그 외의 보사법(補瀉法)에 대해서 살펴보자.

Ⅰ. 영수보사(迎隨補瀉)

영수보사(迎隨補瀉)는 경맥(經脈)의 흐름에 따라, 유주방향(流注方向)에 따라 보사(補瀉)를 행하는 방법으로, 영(迎)은 맞서다, 맞이한다는 의미로, 경맥(經脈)이 흐르는 반대방향으로 사자(斜刺)하여 사법(瀉法)이 되고, 수(隨)는 따르다, 좇다는 의미로, 경맥(經脈)이 흐르는 방향으로 사자(斜刺)하여 보법(補法)이 된다. 사자(斜刺)란 침을 경혈(經穴)에 직각으로 꽂지 않고, 45도 정도 기울여서 자침(刺鍼)하는 것을 말한다. 경맥의 흐름은 보통, 음경(陰經)은 뒷발 끝에서 뒷다리, 몸통, 머리, 앞다리, 앞발 끝으로 흐르며, 양경(陽經)은 앞발 끝에서 앞다리, 머리, 몸통, 뒷다리, 뒷발 끝으로 흐른다. 일반적으로 개에게 침을 놓을 때에도 어렵지 않게 적용할 수 있는 보사법(補瀉法)이다.

Ⅱ. 호흡보사(呼吸補瀉)

호흡보사(呼吸補瀉)는 환견(患犬)의 호흡(呼吸)에 맞춰서 침을 찌르고 빼는 방법이다. 숨을 내쉬는 호기(呼氣) 시에 자침(刺鍼)하고, 숨을 들이쉬는 흡기(吸氣) 시에 발침(拔鍼)하면 보법(補法)이 되며, 흡기(吸氣) 시에 자침(刺鍼)하고 호기(呼氣) 시에 발침(拔鍼)하면 사법(瀉法)이 된다. 사람보다 호흡수가 많고, 대체로 내원 시에 흥분하는 경우가 많아서, 일일이 호흡보사(呼吸補瀉)를 행하기가 쉽지는 않으나, 약간의 노력으로 적용할 수는 있다.

Ⅲ. 염전보사(捻轉補瀉)

염전보사(捻轉補瀉)는 침을 자침(刺鍼)한 후에 수기(手技)를 통해서 보사(補瀉)를 행하는 것을 말한다. 일반적으로 원보방사(圓補方瀉)라 하여 시계방향으로 회전시키면 보법(補法), 반시계방향으로 회전시키면 사법(瀉法)이라고도 하고, 보(補)할 때는 아홉 번(9는 陽의 成數이다), 사(瀉)할 때는 여섯 번(6은 陰의 成數이다)을 회전시키는 96보사법(補瀉法)도 알려져 있다. 그러나 사암도인(舍岩道人)은 염전(捻轉)의 횟수와는 관계없이 오전(午前), 오후(午後)에 따라서 좌우(左右)와 수족(手足), 음양경(陰陽經)에 따라 염전(捻轉)방향을 달리했다. 신경이 좀 쓰이는 보사법(補瀉法)이기는 하나, 시계만 옆에 있다면 쉽게 할 수 있는 방법이다. 다만, 우리나라는 일본의 동경시를 사용하기 때문에 30분 정도 실제보다 시계가 빨리 간다는 것만 명심하면 될 것이다. 사암침구정전(舍岩鍼灸正傳)에는 염전보사(捻轉補瀉)에 대해 달리 해석하고 있는데, 오전과 오후에 따라서만 달라지는 것이 아니고 남녀에 따라서도 염전방향을 달리하며, 임독맥(任督脈)의 염전보사(捻轉補瀉)도 함께 다루면서 염전 횟수도 중요시하여 그에 대한 설명을 하고 있다.

(표 4) 사암도인침구요결(舍岩道人鍼灸要訣) 염전보사표(舍岩道人捻轉補瀉表)[1]

구 분	午 前	午 後
左手陽經, 右手陰經	시계방향이 補	반시계방향이 補
右足陽經, 左足陰經	반시계방향이 瀉	시계방향이 瀉
左手陰經, 右手陽經	반시계방향이 補	시계방향이 補
右足陰經, 左足陽經	시계방향이 瀉	반시계방향이 瀉

(표 5) 사암침구정전(舍岩鍼灸正傳)의 음양경(陰陽經)과
임독맥(任督脈)의 자오염전방향(子午捻轉方向)[2]

여자오전과 남자오후		남자오전과 여자오후	
右手陽經, 左手陰經	右手陰經, 左手陽經	右手陽經, 左手陰經	右手陰經, 左手陽經
女子督脈	男子督脈	女子任脈	男子任脈
左回轉瀉, 右回轉補	右回轉瀉, 左回轉補	右回轉瀉, 左回轉補	左回轉瀉, 右回轉補
右足陽經, 左足陰經	右足陰經, 左足陽經	右足陽經, 左足陰經	右足陰經, 左足陽經
女子任脈	男子任脈	女子督脈	男子督脈
右回轉瀉, 左回轉補	左回轉瀉, 右回轉補	左回轉瀉, 右回轉補	右回轉瀉, 左回轉補

1) 國文譯註 舍岩道人鍼灸要訣 李泰浩 杏林書院.
2) 總論 舍岩鍼灸正傳 鄭昊泳 石林出版社.

Ⅳ. 납지보사(納支補瀉)

납지보사(納支補瀉)는 십이시진(十二時辰)과 십이정경맥(十二正經脈)을 부합시키는 방법으로, 각각 해당경맥의 기가 가장 왕성한 시진(時辰)에 그 자혈(子穴)을 취혈하면 사법(瀉法)이 되고, 그다음 시진(時辰)에 그 모혈(母穴)을 취혈하면 보법(補法)이 된다.

이상과 같은 보사법(補瀉法) 이외에도 수많은 보사(補瀉)의 방법들이 거론되고 있다. 이들 중 어느 방법을 택할 것인지는 전적으로 침을 놓는 이에게 달려 있다고 본다. 각자의 생각과 경험과 상황에 맞게 선택해서 적용하면서 더욱 연구하여 발전시켜야 할 것이다. 참고로 필자는 영수보사(迎隨補瀉)와 염전보사(捻轉補瀉)는 꼭 행하며, 호흡보사(呼吸補瀉)는 상황에 따라 선택한다.

(표 6) 십이시진보사표(十二時辰補瀉表)[3]

구 분	補	瀉
手太陰肺經	卯時에 母穴인 太淵	寅時에 子穴인 尺澤
手陽明大腸經	辰時에 母穴인 曲池	卯時에 子穴인 二間
足陽明胃經	巳時에 母穴인 解谿	辰時에 子穴인 厲兌
足太陰脾經	午時에 母穴인 大都	巳時에 子穴인 商丘
手少陰心經	未時에 母穴인 少衝	午時에 子穴인 神門
手太陽小腸經	申時에 母穴인 後谿	未時에 子穴인 小海
足太陽膀胱經	酉時에 母穴인 至陰	申時에 子穴인 束骨
足少陰腎經	戌時에 母穴인 復溜	酉時에 子穴인 湧泉
手厥陰心包經	亥時에 母穴인 中衝	戌時에 子穴인 大陵
手少陽三焦經	子時에 母穴인 中渚	亥時에 子穴인 天井
足少陽膽經	丑時에 母穴인 俠谿	子時에 子穴인 陽補
足厥陰肝經	寅時에 母穴인 曲泉	丑時에 子穴인 行間

✒ 사암침(舍岩鍼) 정격(正格)과 승격(勝格)

I. 허(虛)하면 보(補)하고 실(實)하면 사(瀉)하라.

이는 동양의학의 근간이라 할 수 있는 황제내경(皇帝內徑)으로부터 이어진 치료의 기본이다. 허(虛)하다는 것은 체내의 정상적인 생리활동과 병사로부터 보호작용을 할 수 있는 정기(正氣)가 부족하다는 의미이므로 보(補)한다는 것은 이 부족한 정기(正氣)를 더해 준다는 뜻이다. 실(實)하다는 것은 정기(正氣)가 실(實)한 것이 아니라, 병을 일으키는 사기(邪氣)가 많아졌다는 의미이므로 사(瀉)한다는 것은 이 넘치는 사기(邪氣)를 덜어낸다는 뜻이다. 비단 사암침(舍岩鍼)에서뿐만 아니라 모든 동양의학적인 치료의 근간이 되는 내용이다.

II. 허즉보기모 실즉사기자(虛則補己母 實則瀉己子)

허(虛)하면 보(補)해야 하는데 뭘 보(補)해야 하겠는가? 바로 자신과 어미를 보(補)해야 한다는 뜻이다. 어느 한 경락(經絡)이 허해서 발생한 질병의 치료는 그 경락(經絡)의 오수혈(五兪穴) 중에 자경(自經)과 같은 오행(五行)의 혈(穴)과 모경(母經)과 같은 오행(五行)의 혈(穴)을 보(補)해야 한다. 예를 들어, 간경(肝經)의 허증(虛證)이 있어 보(補)하려 한다면 간(肝)은 목(木)이므로 자기 자신, 즉 간경(肝經)의 목혈(木

---

3) 國文譯註 舍岩道人鍼灸要訣 李泰浩 杏林書院.

穴)인 대돈(大敦)을 보(補)하고, 수생목(水生木)이므로 어미, 즉 간경
(肝經)의 수혈(水穴)인 곡천(曲泉)을 보(補)해야 한다(大敦을 빼고 曲
泉만을 補하기도 한다).

반대로 실(實)하면 자신과 자식을 사(瀉)해야 한다. 즉 실증(實證)
이 있는 경락(經絡)의 오수혈(五兪穴) 중 자경(自經)과 같은 오행(五
行)의 혈(穴)과 자경(子經)과 같은 오행(五行)의 혈(穴)을 사(瀉)해야
한다. 예를 들어, 간경(肝經)의 실증(實證)이 있어 사(瀉)하려 한다면
자기 자신, 즉 간경(肝經)의 목혈(木穴)인 대돈(大敦)을 사(瀉)하고
목생화(木生火)이므로 자식, 즉 간경(肝經)의 화혈(火穴)인 행간(行
間)을 사(瀉)해야 한다(역시 大敦을 빼고 行間만을 瀉하기도 한다).

이는 오행(五行)의 상생관계(相生關係)를 이용한 취혈법(取穴法)으로
허(虛)하면 자신을 보(補)해서 자신의 정기(正氣)를 북돋고 또한 어미를
보(補)해서 더 큰 도움을 받겠다는 것이며, 실(實)하면 자신을 사(瀉)해
서 넘치는 사기(邪氣)를 덜어내고, 자식을 사(瀉)해서 부족해진 자식으로
인해 자신의 사기(邪氣)를 자식 쪽으로 보냄으로써 한층 더 덜어 내겠다
는 것이다.

이와 같이 모보자사(母補子瀉)의 원리를 이용한 것은 위의 자경보사
(自經補瀉)에서뿐 아니라, 타경(他經)의 오수혈(五兪穴)을 이용한 타경
보사(他經補瀉)에도 응용될 수 있다. 간경(肝經)의 허증(虛證)을 예로
들면, 모경(母經)의 모혈(母穴)인 신경(腎經)의 수혈(水穴), 즉 음곡(陰
谷)을 보(補)하고, 자경(自經)의 모혈(母穴)인 간경(肝經)의 수혈(水
穴), 즉 곡천(曲泉)을 보(補)하는 것이다. 실증(實證)의 경우에는 자경
(自經)의 자혈(子穴)인 간경(肝經)의 화혈(火穴), 즉 행간(行間)을 사
(瀉)하고, 자경(子經)의 자혈(子穴)인 심경(心經)의 화혈(火穴), 즉 소
부(少府)를 사(瀉)하게 된다.

이와 같이 보(補)하거나 사(瀉)할 시에 자경(自經)에서도 모혈(母穴)
과 자혈(子穴)을 취하고 자혈(自穴)을 선택하지 않는 것은, 이미 병증에
시달려 흔들리고 있는 자경(自經)을 건드리는 것보다는 상생(相生)의 원
리를 이용하여 어미와 자식을 보사(補瀉)함으로써, 자연스레 자경(自經)
의 보사(補瀉)가 이루어지게 함이라 볼 수 있겠다.

(그림 14) 모보자사(母補子瀉)의 원리

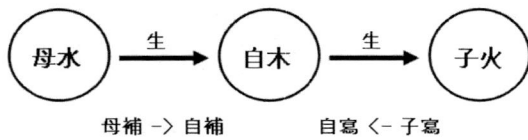

Ⅲ. 허즉보기모 허즉사기관(虛則補己母 虛則瀉己官)

사암침(舍岩鍼)의 독특한 보사관념(補瀉觀念)과 오행(五行)의 운용이
드러나는 부분이다. 허(虛)하면, 즉 자신과 어미를 보(補)하고, 다시 자신
과 관(官) 또는 적(賊)을 사(瀉)한다는 내용이다. 허(虛)할 때, 자신과 어
미를 보(補)하는 것은 이미 위에 설명한 대로 이해할 수 있으나, 자신과
관(官)을 사(瀉)하는 부분은 이전에 없던 사암침(舍岩鍼) 특유의 취혈
(取穴)이라 할 수 있겠다. 허즉사기관(虛則瀉己官)은, 허(虛)하면 자경
(自經)의 관혈(官穴)과 관경(官經)의 관혈(官穴)을 사(瀉)한다는 것이
다. 예를 들어 간(肝)의 허증(虛證)일 때, 자경(自經)의 관혈(官穴)인 간
경(肝經)의 금혈(金穴), 즉 중봉(中封)을 사(瀉)하고, 관경(官經)의 관혈

(官穴)인 폐경(肺經)의 금혈(金穴), 즉 경거(經渠)를 사(瀉)하는 것이다. 간목(肝木)이 허(虛)할 때, 목을 극(克)하는 금(金)이 바로 관(官)인데, 이 금(金)을 사(瀉)하면, 목(木)을 억제하는 기운이 줄어들게 되어 목(木)을 생(生)하는 것과 다름 아닌 의미가 되는 것이다. 이것이 바로 사암침(舍岩鍼)의 정격(正格)이다.

(그림 15) 사암침(舍岩鍼)의 취혈원리

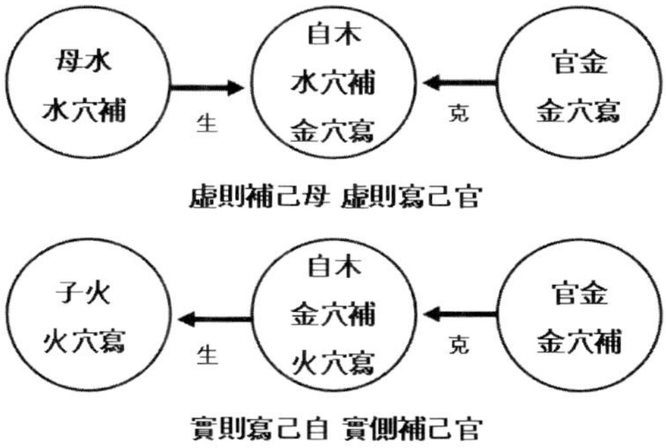

Ⅳ. 실즉사기자 실즉보기관(實則瀉己子 實則補己官)

실(實)하면, 즉 자신과 아들을 사(瀉)하고, 다시 자신과 관(官)을 보(補)한다는 내용이다. 역시 실(實)할 때 자신과 관(官)을 보(補)하는 내용 또한 독특한 사암침(舍岩鍼) 특유의 취혈(取穴)이다. 실즉보기관(實則補己官)은 실(實)하면 자경(自經)의 관혈(官穴)과 관경(官經)의 관혈(官穴)을 보(補)한다는 것이다. 예를 들어 간(肝)의 실증(實證)일 때, 자경(自經)의 관혈(官穴)인 간경(肝經)의 금혈(金穴), 즉 중봉(中封)을 보(補)하고, 관경(官經)의 관혈(官穴)인 폐경(肺經)의 금혈(金穴), 즉

48

경거(經渠)를 보(補)하는 것이다. 간목(肝木)이 실(實)할 때, 목(木)을 극(克)하는 금(金)을 보(補)하면, 바로 목(木)을 억제하는 기운이 강해져서 목(木)의 사기(邪氣)가 덜어지는 원리이다. 이것이 바로 사암침(舍岩鍼)의 승격(勝格)이다.

<표 7> 사암침(舍岩鍼) 정격(正格) 승격(勝格)[4]

경맥(經脈)	정격(正格)		승격(勝格)	
	보(補)	사(瀉)	보(補)	사(瀉)
手太陰肺經	太白, 太淵 (土의土, 金의土)	少府, 魚際 (火의火, 金의火)	少府, 魚際 (火의火, 金의火)	陰谷, 尺澤 (水의水, 金의水)
手陽明大臟經	足三里, 曲池 (土의土, 金의土)	陽谷, 陽谿 (火의火, 金의火)	陽谷, 陽谿 (火의火, 金의火)	通谷, 二間 (水의水, 金의水)
足陽明胃經	陽谷, 解谿 (火의火, 土의火)	臨泣, 陷谷 (木의木, 土의木)	臨泣, 陷谷 (木의木, 土의木)	商陽, 厲兌 (金의金, 土의金)
足太陰脾經	少府, 大都 (火의火, 土의火)	大敦, 隱白 (木의木, 土의木)	大敦, 隱白 (木의木, 土의木)	經渠, 商丘 (金의金, 土의金)
手少陰心經	大敦, 少衝 (木의木, 火의木)	陰谷, 少海 (水의水, 火의水)	陰谷, 少海 (水의水, 火의水)	太白, 神門 (土의土, 火의土)
手太陽少臟經	臨泣, 後谿 (木의木, 火의木)	通谷, 前谷 (水의水, 火의水)	通谷, 前谷 (水의水, 火의水)	足三里, 小海 (土의土, 火의土)
足太陽膀胱經	商陽, 至陰 (金의金, 水의金)	足三里, 委中 (土의土, 水의土)	足三里, 委中 (土의土, 水의土)	臨泣, 束骨 (木의木, 水의木)
足少陰腎經	經渠, 復溜 (金의金, 水의金)	太白, 太谿 (土의土, 水의土)	太白, 太谿 (土의土, 水의土)	大敦, 湧泉 (木의木, 水의木)
手厥陰心包經	大敦, 中衝 (木의木, 火의木)	陰谷, 曲澤 (水의水, 火의水)	陰谷, 曲澤 (水의水, 火의水)	太白, 大陵 (土의土, 火의土)
手少陽三焦經	臨泣, 中渚 (木의木, 火의木)	通谷, 液門 (水의水, 火의水)	通谷, 液門 (水의水, 火의水)	足三里, 天井 (土의土, 火의土)
足少陽膽經	通谷, 俠谿 (水의水, 木의水)	商陽, 竅陰 (金의金, 木의金)	商陽, 竅陰 (金의金, 木의金)	陽谷, 陽輔 (火의火, 木의火)
足厥陰肝經	陰谷, 曲泉 (水의水, 木의水)	經渠, 中封 (金의金, 木의金)	經渠, 中封 (金의金, 木의金)	少府, 行間 (火의火, 木의火)

---

4) 國文譯註 舍岩道人鍼灸要訣 李泰浩 杏林書院.

이와 같이 사암침(舍岩鍼)의 오수혈(五兪穴) 보사취혈(補瀉取穴)은
전통적인 오행(五行)의 상생취혈(相生取穴)에 더해 상극취혈(相克取穴)
을 보탬으로써, 특유의 취혈법(取穴法)을 택하여 이전에 있지 않은 새로
운 방식을 선보이게 된다. 후세에 자리한 우리들이 볼 때에, 이해하는 데
있어서 그럴 듯도 하고, 일리가 있다고 느끼면서 한편으로는 당연한
것으로 느끼며 '그거 뭐 알고 나니 별 거 아니군 ……'이라고 생각할
만하며 오히려 자연스러운 선택일 수도 있다. 그러나 언제나 쉬운 이
치를 먼저 깨닫고 먼저 펼치는 것이 선각자(先覺者)들의 뛰어남이 아
닐까 한다. 무엇이든지 남보다 한시라도 먼저 알았다는 것에 그 우수
함이 있을 것이다.

◢ 사암침(舍岩鍼)의 한열보사(寒熱補瀉)

사암도인(舍岩道人)은 전통적인 팔강변증(八綱辨證)에서 허실한열
(虛實寒熱)의 사강변증(四綱辨證)을 중요시하여 그에 따른 처방(處
方)을 내놓았다. 한증(寒證)이 있을 때 열(熱)을 내게 하는 처방(處
方)과 열증(熱證)이 있을 때 열(熱)을 내리게 하는 처방이 정격(正
格), 승격(勝格)과 더불어 사용되었다.

한증(寒證)의 경우에 열(熱)을 내기 위하여 화경(火經)의 화혈(火
穴)과 자경(自經)의 화혈(火穴)을 보(補)하고, 자경(自經)의 수혈(水
穴)과 수경(水經)의 수혈(水穴)을 사(瀉)하게 된다. 예를 들어, 간경

(肝經)의 한증(寒證)인 경우, 화경(火經)의 화혈(火穴)인 심경(心經)의 소부(少府)와 자경(自經)의 화혈(火穴)인 간경(肝經)의 행간(行間)을 보(補)하고, 자경(自經)의 수혈(水穴)인 간경(肝經)의 곡천(谷泉)과 수경(水經)의 수혈(水穴)인 신경(腎經)의 음곡(陰谷)을 사(瀉)하게 된다. 더운 화(火)를 보(補)하고 차가운 수(水)를 사(瀉)한다는 의미로 쉽게 이해할 수 있을 것이다.

반대로, 열증(熱證)의 경우에는 열(熱)을 내리기 위해 수경(水經)의 수혈(水穴)과 자경(自經)의 수혈(水穴)을 보(補)하고, 자경(自經)의 화혈(火穴)과 화경(火經)의 화혈(火穴)을 사(瀉)하게 된다. 간경(肝經)의 열증(熱證)인 경우, 수경(水經)의 수혈(水穴)인 신경(腎經)의 음곡(陰谷)과 자경(自經)의 수혈(水穴)인 간경(肝經)의 곡천(谷泉)을 보(補)하고, 자경(自經)의 화혈(火穴)인 간경(肝經)의 행간(行間)과 화경(火經)의 화혈(火穴)인 소부(少府)를 사(瀉)하게 된다.

실제로 사암도인(舍岩道人)은 간경열증(肝經熱證)에서 퇴열(退熱)을 위해 음곡(陰谷), 곡천(谷泉)을 보(補)하고, 태충(太衝)과 태백(太白)을 사(瀉)했다. 자경(自經)과 화경(火經)의 화혈(火穴)을 사(瀉)하는 대신에 자경(自經)과 토경(土經)의 토혈(土穴)을 사(瀉)하는 방법을 선택한 것이다. 그 외에도 토경(土經)을 이용한 처방(處方)들이 다수 보이는데, 이 부분에 대해서는 학자에 따라 논란의 여지가 있겠으나 잘 생각해 보면 이해할 수 있는 부분이 있을 것으로 보인다.

이와 같이 화혈(火穴)과 수혈(水穴)뿐 아니라 토혈(土穴)을 이용하여 한열보사(寒熱補瀉)를 구성한 내용이 보이는 부분은 오행(五行)과 육기(六氣), 그리고 장상학적인 측면을 고려하여 연구하면 각자 느끼는 부분이 있을 것이다. 다만, 사암침구정전(舍岩鍼灸正傳)에서는 이 부분에 대해 사암도인침구요결(舍岩道人鍼灸要訣)과는 다른 처방(處方)을 소개하고 있다.

(표 8) 사암침(舍岩鍼)의 한열보사(寒熱補瀉)5)

경맥(經脈)	발열(發熱, 熱格)		퇴열(退熱, 寒格)	
	補	瀉	補	瀉
手太陰肺經	少府, 魚際 (火의火, 金의火)	陰谷, 尺澤 (水의水, 金의水)	陰谷, 尺澤 (水의水, 金의水)	太白, 太淵 (土의土, 金의土)
手陽明大腸經	陽谷, 解谿 (火의火, 土의火)	通谷, 二間 (水의水, 金의水)	通谷, 二間 (水의水, 金의水)	陽谷, 解谿 (火의火, 土의火)
足陽明胃經	陽谷, 解谿 (火의火, 土의火)	通谷, 內庭 (水의水, 土의水)	通谷, 內庭 (水의水, 土의水)	委中, 足三里 (水의土, 土의土)
足太陰脾經	少府, 大都 (火의火, 土의火)	陰谷, 陰陵泉 (水의水, 土의水)	陰谷, 陰陵泉 (水의水, 土의水)	太谿, 太白 (水의土, 土의土)
手少陰心經	少府, 然谷 (火의火, 水의火)	陰谷, 少海 (水의水, 火의水)	陰谷, 少海 (水의水, 火의水)	少府, 然谷 (火의火, 水의火)
手太陽小腸經	陽谷, 崑崙 (火의火, 水의火)	通谷, 前谷 (水의水, 火의水)	通谷, 前谷 (水의水, 火의水)	足三里, 小海 (土의土, 火의土)
足太陽膀胱經	陽谷, 崑崙 (火의火, 水의火)	通谷, 前谷 (水의水, 火의水)	通谷, 前谷 (水의水, 火의水)	足三里, 委中 (土의土, 水의土)
足少陰腎經	少府, 然谷 (火의火, 水의火)	陰谷, 少海 (水의水, 火의水)	陰谷, 少海 (水의水, 火의水)	太白, 太谿 (土의土, 水의土)
手厥陰心包經	少府, 勞宮 (火의火, 水의火)	少海, 曲澤 (火의水, 水의水)	少海, 曲澤 (火의水, 水의水)	太白, 大陵 (土의土, 火의土)
手少陽三焦經	崑崙, 支溝 (水의火, 火의火)	通谷, 液門 (水의水, 火의水)	通谷, 液門 (水의水, 火의水)	崑崙, 支溝 (水의火, 火의火)
足少陽膽經	陽谷, 陽補 (火의火, 木의火)	通谷, 俠谿 (水의水, 木의水)	通谷, 俠谿 (水의水, 木의水)	委中, 陽陵泉 (水의土, 木의土)
足厥陰肝經	少府, 行間 (火의火, 木의火)	陰谷, 曲泉 (水의水, 木의水)	陰谷, 曲泉 (水의水, 木의水)	太白, 太衝 (土의土, 木의土)

---

5) 國文譯註 舍岩道人鍼灸要訣 李泰浩 杏林書院.

✦ 사암침(舍岩鍼) 변격(變格)

사암도인침구요결(舍岩道人鍼灸要訣)을 보면, 정격(正格)과 승격(勝格)만으로 이해될 수 없는 취혈(取穴)을 한 부분이 상당수 있다. 이는 사암도인(舍岩道人) 자신의 진단(診斷)에 의해 병증(病證)에 따라, 상황에 따라 변형된 취혈(取穴) 방법을 적용한 것이다. 이러한 변형에 대한 분석과 해석이 다각도로 연구되어 시중에 그 결과물들이 여럿 나와 있다. 이러한 변형의 운용에 대한 부분은 다분히 술자의 주관적인 선택일 수도 있기 때문에, 각자의 공부와 연구가 있길 바라며 일부 정형화된 몇 가지 변형에 대해 소개하려고 한다.

Ⅰ. 풍(風), 조(燥), 습(濕), 수(水), 화격(火格)

풍격(風格), 조격(燥格), 습격(濕格), 수격(水格), 화격(火格)은 사암도인침구요결(舍岩道人鍼灸要訣)에는 나오지 않는다. 후세인들이 오행의 생극원리(生克原理)를 이용하여 나름대로 구성하여 이름붙인 처방들이다. 중요한 것은 그 내용과 원리이지 이름이 아니기 때문에 어찌 불리던 그 운용의 방법을 꿰뚫는 것이 필요할 뿐이다.

(표 9-1) 사암침(舍岩鍼)의 風, 燥, 濕, 水, 火格

구 분		手太陰肺經	手陽明大臟經	足陽明胃經	足太陰脾經
風格	補	經渠(太白) (金의金, 土의土)	商陽(足三里) (金의金, 土의土)	商陽, 厲兌 (金의金, 土의金)	經渠, 商丘 (金의金, 土의金)
	瀉	大敦, 少商 (木의 木, 金의木)	臨泣, 三間 (木의木, 金의木)	臨泣, 陷谷 (木의木, 土의木)	大敦, 隱白 (木의木, 土의木)
燥格	補	少府, 魚際 (火의火, 金의火)	陽谷, 陽谿 (火의火, 金의火)	陽谷, 解谿 (火의火, 土의火)	少府, 大都 (火의火, 土의火)
	瀉	經渠(陰谷) (金의金, 水의水)	商陽(通谷) (金의金, 水의水)	商陽, 厲兌 (金의金, 土의金)	經渠, 商丘 (金의金, 土의金)
濕格	補	大敦, 少商 (木의木, 金의木)	臨泣, 三間 (木의木, 金의木)	臨泣, 陷谷 (木의木, 土의木)	大敦, 隱白 (木의木, 土의木)
	瀉	太白, 太淵 (土의土, 金의土)	足三里, 曲池 (土의土, 金의土)	足三里(商陽) (土의土, 金의金)	太白(經渠) (土의土, 金의金)
水格	補	太白, 太淵 (土의土, 金의土)	足三里, 曲池 (土의土, 金의土)	足三里(陽谷) (土의土, 火의火)	太白(少府) (土의土, 火의火)
	瀉	陰谷, 尺澤 (水의水, 金의水)	通谷, 二間 (水의水, 金의水)	通谷, 內庭 (水의水, 土의水)	陰谷, 陰陵泉 (水의水, 土의水)
火格	補	陰谷, 尺澤 (水의水, 金의水)	通谷, 二間 (水의水, 金의水)	通谷, 內庭 (水의水, 土의水)	陰谷, 陰陵泉 (水의水, 土의水)
	瀉	少府, 魚際 (火의火, 金의火)	陽谷, 陽谿 (火의火, 金의火)	陽谷, 解谿 (火의火, 土의火)	少府, 大都 (火의火, 土의火)

　풍격(風格)이란, 풍사(風邪)가 침입하여 병증(病證)을 일으킬 때 사용한다. 즉 풍(風)을 없애기 위한 처방(處方)이다. 그러기 위해서는 풍목(風木)을 사(瀉)해야 하므로, 목경(木經)의 목혈(木穴)과 자경(自經)의 목혈(木穴)을 사(瀉)한다. 그렇다면 무엇을 보(補)해야 하는가? 목(木)을 극(克)하는 금(金)을 보해서 목(木)의 힘을 더 빼주어야 한다. 금경(金經)의 금혈(金穴)과 자경(自經)의 금혈(金穴)을 보(補)하는 것이다. 간경(肝經)에 풍사(風邪)가 들었다면, 금경(金經)의 금혈(金穴)인 폐경(肺經)의 경거(經渠)와 자경(自經)의 금혈(金穴)인 간경(肝經)의 중봉

54

(中封)을 보(補)하고, 목경(木經)의 목혈(木穴)인 간경(肝經)의 대돈(大敦)을 사(瀉)해 주면 된다. 이런 경우에 자경(自經)이 또한 목경(木經)인 간경(肝經)이기 때문에, 혈(穴)은 3혈(穴)이 되는 것이나, 여기에 목생화(木生火)로 목(木)의 자(子)인 화경(火經), 즉 심경(心經)의 화혈(火穴)인 소부(少府)를 더 사(瀉)해 주기도 한다. 실즉사기자(實則瀉己子)의 운용이다.

(표 9-2) 사암침(舍岩鍼)의 風. 燥. 濕. 水. 火格

구 분		手少陰心經	手太陽小臟經	足太陽膀胱經	足少陰腎經
風格	補	經渠, 靈道 (金의金, 火의金)	商陽, 少澤 (金의金, 火의金)	商陽, 至陰 (金의金, 水의金)	經渠, 復溜 (金의金, 水의金)
	瀉	大敦, 少衝 (木의木, 火의木)	臨泣, 後谿 (木의木, 火의木)	臨泣, 束骨 (木의木, 水의木)	大敦, 湧泉 (木의木, 水의木)
燥格	補	少府(大敦) (火의火, 木의木)	陽谷(臨泣) (火의火, 木의木)	陽谷, 崑崙 (火의火, 水의火)	少府, 然谷 (火의火, 水의火)
	瀉	經渠, 靈道 (金의金, 火의金)	商陽, 少澤 (金의金, 火의金)	商陽, 至陰 (金의金, 水의金)	經渠, 復溜 (金의金, 水의金)
濕格	補	大敦, 少衝 (木의木, 火의木)	臨泣, 後谿 (木의木, 火의木)	臨泣, 束骨 (木의木, 水의木)	大敦, 湧泉 (木의木, 水의木)
	瀉	太白, 神門 (土의土, 火의土)	足三里, 小海 (土의土, 火의土)	足三里, 委中 (土의土, 水의土)	太白, 太谿 (土의土, 水의土)
水格	補	太白, 神門 (土의土, 火의土)	足三里, 小海 (土의土, 火의土)	足三里, 委中 (土의土, 水의土)	太白, 太谿 (土의土, 水의土)
	瀉	陰谷, 少海 (水의水, 火의水)	通谷, 前谷 (水의水, 火의水)	通谷(臨泣) (水의水, 木의木)	陰谷(大敦) (水의水, 木의木)
火格	補	陰谷, 少海 (水의水, 火의水)	通谷, 前谷 (水의水, 火의水)	通谷(商陽) (水의水, 金의金)	陰谷(經渠) (水의水, 金의金)
	瀉	少府(太白) (火의火, 土의土)	陽谷(足三里) (火의火, 土의土)	陽谷, 崑崙 (火의火, 水의火)	少府, 然谷 (火의火, 水의火)

　같은 방법으로 조격(燥格)은 조사(燥邪)를 억누르기 위해 금경(金經)의 금혈(金穴)과 자경(自經)의 금혈(金穴)을 사(瀉)하고, 화극금(火克金)이므로, 화경(火經)의 화혈(火穴)과 자경(自經)의 화혈(火穴)을 보(補)한다. 습격(濕格)은 습사(濕邪)를 내치기 위해 토경(土經)의 토혈(土穴)과 자경(自經)의 토혈(土穴)을 사(瀉)하고, 목극토(木克土)이므로, 목경(木經)의 목혈(木穴)과 자경(自經)의 목혈(木穴)을 보(補)한다. 수격(水격)은 수사(水邪)를 물리치기 위해 수경(水經)의 수혈(水穴)과 자경(自經)의 수혈(水穴)을 사(瀉)하고, 토극수(土克水)이므로, 토경(土經)의 토혈(土穴)과 자경(自經)의 토혈(土穴)을 보(補)한다. 화격(火格)은 화사(火邪)를 꺾기 위해 화경(火經)의 화혈(火穴)과 자경(自經)의 화혈(火穴)을 사(瀉)하고, 수극화(水克火)이므로 수경(水經)의 수혈(水穴)과 자경(自經)의 수혈(水穴)을 보(補)한다.

　수격(水格)과 화격(火格)은 한열보사(寒熱補瀉)를 놓고 비교했을 때, 별 차이가 없을 것으로 생각될 수도 있으나, 한기(寒氣)가 있어 이를 제거하는 것과, 물이 많아 이를 제거하는 것은 엄밀히 따지면 다른 것이고, 열기(熱氣)가 있어 이를 제거하는 것과 불이 많아 이를 제거하는 것도 마찬가지이다.

　위의 처방(處方)들에서 보(補)하거나 사(瀉)하는 혈(穴)이 겹치게 되어 3혈(穴)만 사용하게 되는 경우가 발생할 때는 3혈(穴)만 처방(處方)하거나, 간풍격(肝風格)의 예처럼 허즉보기모 실즉사기자(虛則補己母 實則瀉己子)를 응용하여 1혈(穴)을 더할 수 있다.

(표 9-3) 사암침(舍岩鍼)의 風, 燥, 濕, 水, 火格

구 분		手厥陰心包經	手少陽三焦經	足少陽膽經	足厥陰肝經
風格	補	經渠, 間使 (金의金, 火의金)	商陽, 關衝 (金의金, 火의金)	商陽, 竅陰 (金의金, 木의金)	經渠, 中衝 (金의金, 木의金)
	瀉	大敦, 中衝 (木의木, 火의木)	臨泣, 中渚 (木의木, 火의木)	臨泣(陽谷) (木의木, 火의火)	大敦(少府) (木의木, 火의火)
燥格	補	少府, 勞宮 (火의火, 火의火)	陽谷, 支溝 (火의火, 火의火)	陽谷, 陽補 (火의火, 木의火)	少府, 行間 (火의火, 木의火)
	瀉	經渠, 間使 (金의金, 火의金)	商陽, 關衝 (金의金, 火의金)	商陽, 竅陰 (金의金, 木의金)	經渠, 中衝 (金의金, 木의金)
濕格	補	大敦, 中衝 (木의木, 火의木)	臨泣, 中渚 (木의木, 火의木)	臨泣(通谷) (木의木, 水의水)	大敦(陰谷) (木의木, 水의水)
	瀉	太白, 大陵 (土의土, 火의土)	足三里, 天井 (土의土, 火의土)	足三里, 陽陵泉 (土의土, 木의土)	太白, 太衝 (土의土, 木의土)
水格	補	太白, 大陵 (土의土, 火의土)	足三里, 天井 (土의土, 火의土)	足三里, 陽陵泉 (土의土, 木의土)	太白, 太衝 (土의土, 木의土)
	瀉	陰谷, 曲澤 (水의水, 火의水)	通谷, 液門 (水의水, 火의水)	通谷, 俠谿 (水의水, 木의水)	陰谷, 曲泉 (水의水, 木의水)
火格	補	陰谷, 曲澤 (水의水, 火의水)	通谷, 液門 (水의水, 火의水)	通谷, 俠谿 (水의水, 木의水)	陰谷, 曲泉 (水의水, 木의水)
	瀉	少府, 勞宮 (火의火, 火의火)	陽谷, 支溝 (火의火, 火의火)	陽谷, 陽補 (火의火, 木의火)	少府, 行間 (火의火, 木의火)

II. 사암침(舍岩鍼)의 열격(熱格) 한격(寒格)

여기서 말하는 열격(熱格)이란 한열보사(寒熱補瀉)에서와 같이 열증(熱證)일 때 퇴열(退熱)을 위해 사용하는 것이 아니고, 한증(寒證)일 때 열(熱)하게 하는 처방(處方)이며, 한격(寒格) 또한 열증(熱證)일 때 한(寒)하게 하는 처방(處方)이므로, 처방(處方)의 이름으로 인해 헷갈리는 경우가 없어야겠다. 이 처방(處方)은 사암침구정전(舍岩鍼灸正傳)에 소

개된 내용으로 사암도인침구요결(舍岩道人鍼灸要訣)의 열격(熱格) 한격
(寒格)하고는 그 처방(處方)이 다르다.

열격(熱格)은 열(熱)을 내기 위해 화혈(火穴)을 보(補)하고, 수혈
(水穴)을 사(瀉)한다. 이는 위에서 언급한 한열보사(寒熱補瀉)와 같은
원리이나, 타경보사(他經補瀉)의 방법이 한열보사(寒熱補瀉)는 다르
다. 한증(寒證)이 있는 경락에서 자경(自經)의 화혈(火穴)을 보(補)하
는 것은 같으나, 화경(火經)의 화혈(火穴)을 보(補)하지 않고 모경(母
經)의 화혈(火穴)을 보(補)한다.

(표 10) 사암침(舍岩鍼)의 열격(熱格) 한격(寒格)[6]

구 분	열격(熱格)		한격(寒格)	
	보(補)	사(瀉)	보(補)	사(瀉)
手太陰肺經	大都, 魚際 (土의火, 金의火)	少海, 尺澤 (火의水, 金의水)	少海, 尺澤 (火의水, 金의水)	然谷, 魚際 (水의火, 金의火)
手陽明大臟經	解谿, 陽谿 (土의火, 金의火)	前谷, 二間 (火의水, 金의水)	前谷, 二間 (火의水, 金의水)	崑崙, 陽谿 (水의火, 金의火)
足陽明胃經	陽谷, 解谿 (火의火, 土의火)	俠谿, 內庭 (木의水, 土의水)	俠谿, 內庭 (木의水, 土의水)	陽谷, 解谿 (金의火, 土의火)
足太陰脾經	少府, 大都 (火의火, 土의火)	曲泉, 陰陵泉 (木의水, 土의水)	曲泉, 陰陵泉 (木의水, 土의水)	魚際, 大都 (金의火, 土의火)
手少陰心經	行間, 少府 (木의火, 火의火)	陰谷, 少海 (水의水, 火의水)	陰谷, 少海 (水의水, 火의水)	大都, 少府 (土의火, 火의火)
手太陽小臟經	陽補, 陽谷 (木의火, 火의火)	通谷, 前谷 (水의水, 火의水)	通谷, 前谷 (水의水, 火의水)	解谿, 陽谷 (土의火, 火의火)
足太陽膀胱經	陽谷, 崑崙 (火의火, 水의火)	內庭, 通谷 (土의水, 水의水)	內庭, 通谷 (土의水, 水의水)	陽補, 崑崙 (木의火, 水의火)
足少陰腎經	魚際, 然谷 (金의火, 水의火)	陰陵泉, 陰谷 (土의水, 水의水)	陰陵泉, 陰谷 (土의水, 水의水)	行間, 然谷 (木의火, 水의火)
手厥陰心包經	行間, 勞宮 (木의火, 火의火)	陰谷, 曲澤 (水의水, 火의水)	陰谷, 曲澤 (水의水, 火의水)	大都, 勞宮 (土의火, 火의火)

6) 總論 舍岩鍼灸正傳 鄭昊泳 石林出版社.

구 분	열격(熱格)		한격(寒格)	
	보(補)	사(瀉)	보(補)	사(瀉)
手少陽三焦經	陽補, 支溝 (木의火, 火의火)	通谷, 液門 (水의水, 火의水)	通谷, 液門 (水의水, 火의水)	解谿, 支溝 (土의火, 火의火)
足少陽膽經	崑崙, 陽補 (水의火, 木의火)	二間, 俠谿 (金의水, 木의水)	二間, 俠谿 (金의水, 木의水)	陽谷, 陽補 (火의火, 木의火)
足厥陰肝經	然谷, 行間 (水의火, 木의火)	尺澤, 曲泉 (金의水, 木의水)	尺澤, 曲泉 (金의水, 木의水)	少府, 行間 (火의火, 木의火)

사(瀉)하는 방법도 자경(自經)의 수혈(水穴)을 사(瀉)하는 것은 같으나, 수경(水經)의 수혈(水穴)을 사(瀉)하지 않고 관경(官經)의 수혈(水穴)을 사(瀉)한다. 간경(肝經)의 한증(寒證)인 경우에, 모경(母經)인 신경(腎經)의 화혈(火穴)인 연곡(然谷)과 자경(自經)의 화혈(火穴)인 행간(行間)을 보(補)하고, 자경(自經)의 수혈(水穴)인 곡천(曲泉)과 관경(官經)인 폐경(肺經)의 수혈(水穴)인 척택(尺澤)을 사(瀉)하는 것이다. 바로, 허즉보기모 허즉사기관(虛則補己母 虛則瀉己官)인 것이다.

한격(寒格)은 반대로 열(熱)을 내리기 위해 자경(自經)과 관경(官經)의 수혈(水穴)을 보(補)하고, 자경(自經)과 자경(子經)의 화혈(火穴)을 사(瀉)하게 된다. 간경(肝經)의 열증(熱證)인 경우에, 자경(自經)인 간경(肝經)의 수혈(水穴)인 곡천(曲泉)과 관경(官經)인 폐경(肺經)의 수혈(水穴)인 척택(尺澤)을 보(補)하고, 자경(自經)인 간경(肝經)의 화혈(火穴)인 행간(行間)과 자경(子經)인 심경(心經)의 화혈(火穴)인 소부(少府)를 사(瀉)하는 것이다. 이 역시 실즉사기자 실즉보기관(實則瀉己子 實則補己官)인 것이다.

이상과 같이 사암침(舍岩鍼)의 여러 변형들에 대해 알아보았다. 받아들이고 안 받아들이고는 전적으로 사용하는 사람들의 몫이다. 이 외에도 여러 가지 변형들이 더 있고, 이를 정리하고 도식화한 서적들이 이미 출판되어 있다. 중요한 것은 변형들을 달달 외워서 머릿속에 가지고 있는 것이 아니라, 변형이 만들어진 원리와 그보다 앞서 기본이 되는 정격(正格), 승격(勝格)의 원리를 이해하는 것이다. 꼭 틀에 박힌 정형(正形)과 변형(變形)만을 사용할 필요 또한 없다. 술자의 진단(診斷)과 변증(辨證)에 의해 올바른 판단으로 사암침(舍岩鍼)을 운용하면 될 것으로 보인다.

장상학(臟象學)

우리는 앞서 동양철학(東洋哲學)의 시작이라 할 수 있는 음양론(陰陽論)과 오행(五行), 육기(六氣)에 대해서 알아보았으며, 동양의학(東洋醫學)의 기본이라 할 수 있는 경맥(經脈)과 경혈(經穴)에 대해서도 살짝 살펴보았다. 또한 사암침(舍岩鍼)을 적용하기 위해 꼭 필요한 오수혈(五兪穴)과 보사법(補瀉法), 정격(正格), 승격(勝格)과 변격(變格)들에 대해서도 알아보았다. 이제 실제로 치료를 위한 취혈(取穴), 자침(刺鍼)을 하기 위해서 반드시 알아두어야 할 장상학(臟象學)에 대해서 이야기할 차례이다.

장상학(臟象學)은 서양의학에서 말하는 해부학(解剖學)과 생리학(生理學)을 포함하는 내용이다. 정(精), 신(神), 기(氣), 혈(血), 진액

(津液)의 생성과 대사, 육장육부(六臟六腑)의 기능과 생리활동에 대한 기초를 튼튼히 해야 올바른 진단(診斷)과 변증(辨證)에 이를 수 있다.

장(臟)과 부(腑)와 기항지부(奇恒之腑)의 생리활동과 병리변화는 육음(六淫), 오지(五志), 정(精), 신(神), 기(氣), 혈(血), 진액(津液)의 작용으로 인해, 오체(五體), 오관(五官), 구규(九竅), 오화(五華) 등에 의해 밖으로 표현된다. 우리는 이렇게 내부의 변화가 밖으로 드러나는 상(象)을 살펴 이표지리(以表知裏)로써, 몸 안쪽의 현상들과 변화를 알아챌 수 있게 되는 것이다.

Ⅰ. 정(精), 신(神), 기(氣), 혈(血), 진액(津液)

1. 정(精)

정(精)은 몸의 뿌리이다. 아비의 기(氣)와 어미의 혈(血)이 만나 태아(胎兒)로 탄생되기 이전에 먼저 정(精)이 있게 된다. 부모로부터 받은 이 선천지정(先天之精)은 생장(生長), 발육(發育)의 근본이 되며, 신(腎)에 쌓여 있게 된다. 선천지정(先天之精)은 한계가 있어서 계속 쓰기만 하면 결국은 고갈되게 된다. 그리하여 생후(生後)에 수곡(水穀)에 의해 생성(生成)되는 후천지정(後天之精)이 사용되는 선천지정(先天之精)을 보충하여 정상적인 생장(生長), 발육(發育), 생식(生殖)활동을 이루게 한다. 정(精)은 기(氣)와 혈(血)로 화생(化生)하여 몸의 신진대사를 올바르게 행할 수 있게 하며, 남는 기(氣)와 혈(血)은 다시 정(精)으로 신(腎)에 축적되어 다음의 쓰임을 준비하게 된다. 이렇듯, 정(精)은 몸의 물질적인 근본 에너지로써 작용하게 된다. 정(精)은 또한 넓은 의미로는 모든 정미(精微)한 물질을 가리키기도 한다. 정(精)은 남아서 병이 생기는 경우는 없으며 항상 부족할 때 문제가 발생한다. 정(精)은 음(陰) 중의 음(陰)이니 각 장부(臟腑)의 정(精)이 부족하게 되면 해당 장부(臟腑)의 음허증(陰虛證)으로 나타나게 된다.

(그림 16) 정(精)의 생성과 기능

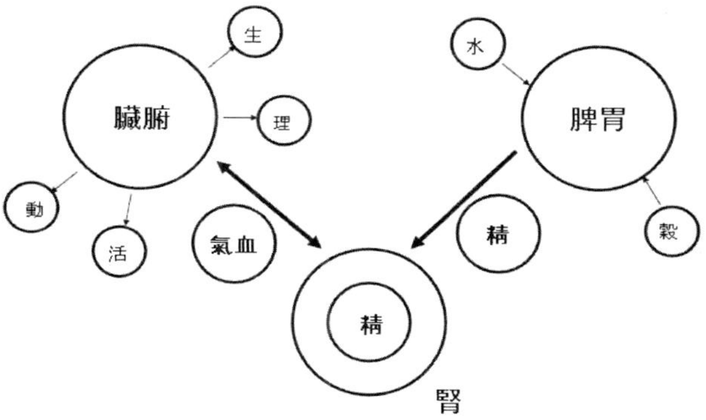

2. 신(神)

신(神)은 정신사유(精神思惟)의 근본이다. 정(精)이 물질의 근본으로 육체의 형(形)을 유지한다면, 신(神)은 그 육체적인 기초 위에서 사고(思考)와 감정(感情)을 조절하며 생명활동의 외부표현을 가능하게 한다. 신(神)은 양정상박위지신(兩精相搏謂之神)이라 하여 아비와 어미의 정(精)이 서로 부딪칠 때 발생하는 것이다. 즉 부모의 정(精)이 서로 만나 합해져 육체를 이루기 시작할 때 같이 발생하는 것이다. 신(神)은 또 오장(五臟)에 나누어 배속(配屬)되는데, 간(肝)은 혼(魂)을 저장하고, 심(心)은 신(神)의 집이며, 비(脾)는 의(意)를 담고, 폐(肺)는 백(魄)을 주관하며, 신(腎)은 지(志)를 끌어안는다. 그러나 오장(五臟)에 배속된 신(神)들은 모두 심(心)의 신(神)이 총괄하기 때문에 심(心)이 정신세계를 지배하는 장(臟)이 되는 것이다. 이 신(神)도 정(精)과 마찬가지로 그 자체가 실(實)해서 생기는 병증(病證)은 없고, 오직 허(虛)해서 생기는 병증(病證)만 있다. 오지칠정(五志七情)에 의한 감정변화와 그에 따른 병증(病證)이 사람에서는 많을 수 있으나, 동물에서도 사람처럼 다양하지는 않을지 몰라도 기본적인 몇 가지 감정과 생각들에서 기인하는 병증(病證)이 틀림없이 있을 것으로 생각된다.

(그림 17) 신(神)의 생성과 기능

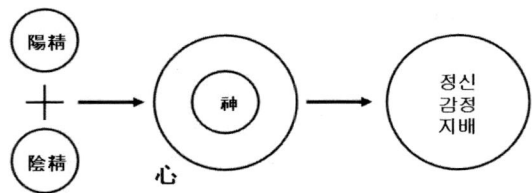

3. 기(氣)

기(氣), 혈(血), 진액(津液)은 장부(臟腑)와 경락(經絡) 등의 정상적인 생리활동에 의해 생성되어, 몸의 신진대사와 영양, 체온유지 등의 생명활동을 유지하게 하며, 물질의 정(精)과 정신의 신(神)의 사이에서 교량 역할을 하게 된다. 이제 좀 더 자세히 기(氣), 혈(血), 진액(津液)에 대해서 알아보자.

기(氣)란 무엇인가? 이에 대해선 정말로 많은 학설과 논란이 있을 것이다. 무극(無極)에서 태극(太極)이 발생할 때, 이(理)에 기(氣)가 더해지면 태극(太極)이 된다고 했다. 태극(太極)이 운동성을 갖게 하는 힘, 바로 그 에너지가 기(氣)일 것이다. 기(氣)는 바로 우주만물의 생장사멸(生長死滅)을 존재하게 하는 근본적인 역량으로, 소우주(小宇宙)인 생명체의 체내에서도 이 기(氣)는 생명활동의 원초적인 능력인 것이다. 체내의 기(氣)는 부모에게서 받은 선천지정(先天之精)이 화생(化生)된 선천지기(先天之氣), 출생 후에 수곡(水穀)으로부터 얻게 되는 수곡지기(水穀之氣)와 자연계의 청기(淸氣)로부터 생성되는 후천지기(後天之氣)가 있다. 선천지기(先天之氣)는 때가 되면 줄어들어 없어지게 되므로, 후천지기(後天之氣)의 적절한 보충이 없다면 그 생명을 다하게 될 것이다.

생후, 기(氣)의 생성은 수곡(水穀)이 입을 통해 위(胃)로 들어가서 위(胃)의 부숙(腐熟)과 비(脾)의 운화(運化)작용에 의해 수곡정미(水穀精微)로 탈바꿈되며, 이 수곡정미(水穀精微)는 폐(肺)로 전해져서 공기 중의 청기(淸氣)와 더해져서 종기(宗氣)로 변하게 된다. 종기(宗氣)는 흉중(胸中)의 전중(膻中)에 쌓여 있게 되며, 심(心)으로 전해져 맥(脈)을 타고 전신을 돌아다니며 혈(血)의 흐름과 함께하는 것과, 폐(肺)를 도와 호흡과 목소리, 언어능력을 발휘하는 두 가지 기능을 하게 된다.

중초(中焦)에서 생성된 수곡정미(水穀精微)는 또, 영기(營氣)와 위기(衛氣)로 나뉘어, 영기(營氣)는 맥(脈) 안으로 들어가 진액(津液)을 불러 혈(血)을 화생(化生)하고 맥(脈) 안을 흐르면서 전신에 영양을 공급하게 되며, 위기(衛氣)는 빠르고 날래서 맥(脈) 밖에서 진액(津液)을 타고 온몸을 돌아다니며 장부(臟腑)를 온후(溫煦)하고, 주리(腠理)를 여닫고, 피모(皮毛)를 윤택하게 하며 외부의 병사(病邪)를 막아서게 된다.

신(腎)의 정기(精氣)와 비위(脾胃)의 곡기(穀氣), 자연계의 청기(淸

氣)가 합해져서 생성된 것을 원기(元氣, 原氣) 또는 진기(眞氣)라고 하여 몸 안의 모든 생명활동을 유지하게 된다. 모든 기(氣)는 이 원기(元氣)로부터 발생하게 되어 그 위치와 기능에 따라 각 장부(臟腑)의 기(氣)가 되고, 경락(經絡)의 기(氣)가 되고, 종기(宗氣), 영기(營氣), 위기(衛氣)가 된다.

기(氣)는 승강출입(昇降出入)의 운동을 통해서, 혈(血)과 진액(津液)을 추동(推動)하고, 체내의 조직과 기관을 자극하여 정상적인 생리활동이 일어나게 한다. 기(氣)의 운동과 생리활동에 의해서 열(熱)을 발생시켜 체온을 유지하며 온후(溫煦)하게 한다. 혈(血)과 진액(津液)을 조절하여 체액의 수송과 배설을 적당하게 유지시키며 고섭(固攝)한다. 체내의 대사를 책임지는 기화(氣化)작용을 주도하여 스스로 운동하여 전화(轉化)하기도 한다. 외사(外邪)의 침입을 최일선에서 맞아, 이로부터 신체를 지키는 방어(防禦)작용을 한다. 음식물로부터 섭취된 정미물질(精微物質)을 전신에 보내게 함으로써 신체를 영양(營養)한다.

기(氣)는 부족하여 문제가 발생하는 기허(氣虛)와 승(昇), 강(降), 부(浮), 침(沈)의 운동이 막혀 문제가 발생하는 기체(氣滯), 기(氣)가 거꾸로 올라가는 기역(氣逆), 올라가지 못하고 밑으로 쏠리는 기함(氣陷)의 네 가지 병리적 상태를 가지고 있다. 기허(氣虛)일 경우에 원기(元氣)가 부족하게 되면 전신허약을 초래하지만, 각 장부(臟腑)의 기(氣)가 허(虛)해질 때는 그에 따른 특징적인 증후(證候)를 나타내게 된다. 기체(氣滯)는 소통되지 못하고 뭉쳐서 움직이지 않는 것인데 기체(氣滯)가 나타나는 경락(經絡)과 장부(臟腑)에 따라 특징적인 증후(證候)들이 나타나게 된다. 기역(氣逆)은 내려가야 할 것이 거꾸로 올라가는 경우인데 주로 하강(下降)을 주관하는 폐(肺)와 위(胃)의 기(氣)가 거꾸로 상역(上逆)하게 되며, 결국 기체(氣滯)가 있은 후에 기역(氣逆)이 나타나게 된다. 기함(氣陷)은 주로 상승(上昇)을 주관하는 비기(脾氣)의 허약으로 인해서 나타나게 되며 기(氣)가 힘이 없어 올라가지 못하는 것이므로 결국 기허(氣虛)로 인해 나타나게 된다.

(그림 18) 기(氣)의 생성과 기능

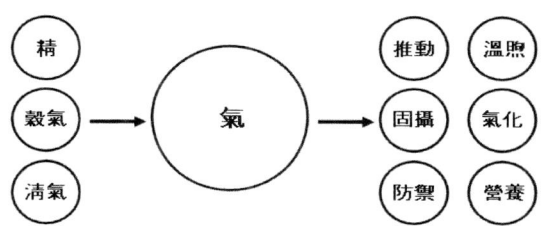

4. 혈(血)

혈(血)은 맥(脈)을 따라 전신을 순행하는 붉은 색의 액체이다. 중초(中焦)의 수곡정미(水穀精微)에 의해 생성된 영기(營氣)는 폐맥(肺脈)으로 들어가 진액(津液)을 끌어들여 붉은 혈(血)로 화생(化生)하게 된다. 또한 정(精)이 화생(化生)하여 혈(血)이 되기도 한다.

혈(血)은 기(氣)에 의해 얻어진 운동성으로 담고 있는 영양분을 전신에 보내고 윤택하게 한다. 이는 체내의 모든 조직과 기관을 모두 포함하며, 정신활동까지도 혈(血)의 영양을 받아 정상적으로 이루어지게 된다. 혈(血)은 심(心)의 추동(推動)으로 움직이게 되고, 쉬거나 잠을 잘 때는 간(肝)에 저장되며, 맥(脈) 밖으로 넘치지 않도록 비(脾)의 고섭(固攝)을 받아 맥(脈) 안에 머물 수 있다.

혈(血)의 생산이 부족하거나 실혈(失血)이 많으면 혈허(血虛)가 올

수 있고, 여러 가지 원인에 의해서 한곳에 혈(血)이 머물러 움직이지 않
게 되면 혈어(血瘀)가 되며, 열독(熱毒)이 침입하면 혈열(血熱)이 생길
수 있다.

(그림 19) 혈(血)의 생성과 기능

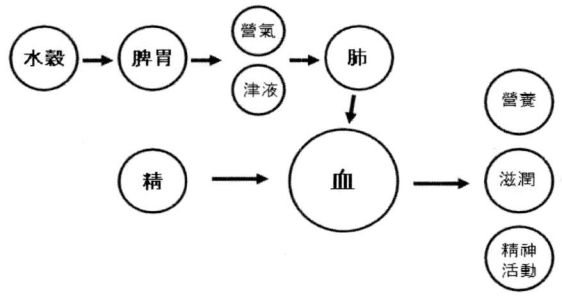

5. 진액(津液)

진액(津液)은 혈(血)을 제외한 모든 체액(體液)을 이르는 말로, 이 중
진(津)은 대장(大腸)이 주관하며 맑고, 유동성이 있으며, 피부, 근육, 공
규(孔竅)에 분포한다. 액(液)은 소장(小腸)이 주관하며 농후하고, 유동성
이 적으며, 뇌, 척수, 관절, 장부(臟腑) 등에 분포한다. 이들은 상호 전화
(轉化)하므로 통칭해서 진액(津液)이라 부른다. 진액(津液)은 위(胃),
소장(小腸), 대장(大腸)의 소화과정 중에 흡수되어 비(脾)의 운화작용
(運化作用)에 의해 생성되며, 수송과 대사는 비(脾)의 운화작용(運化作
用), 폐(肺)의 통조수도(通調水道), 선발숙강(宣發肅降), 신(腎)의 납기
(納氣), 기화(氣化), 개합(開闔) 작용 등에 의해, 삼초(三焦)를 통해 일
어나며, 방광(膀胱)과 폐(肺), 대장(大腸), 피부를 통해 배설된다.

　진액(津液)은 혈이 가지 않는 맥관 외부를 돌아다니며 전신을 자양(滋養)하고 위기(衛氣)의 매개체가 된다.

　진액(津液)의 이상은 진액(津液)의 손상되는 경우와 비정상적으로 뭉쳐서 흩어지지 않는 수액적취(水液積聚)가 있다. 진(津)이 손상되는 경우를 상진(傷津)이라 하고 액(液)이 손상되는 경우를 상음(傷陰) 또는 탈액(脫液)이라 한다. 상진(傷津)은 일시에 진액(津液)이 소실되어 급성으로 일어나는 비교적 약한 정도의 진액(津液)손상이고 탈액(脫液)은 만성의 병증(病證)으로 인해 몸 안의 음액(陰液)이 과도하게 소실된 경우로 병(病)이 이미 깊은 상태이다.

　수액적취(水液積聚)에는 담음(痰飮)과 수종(水腫)이 있는데, 저 둘의 원인은 폐(肺), 비(脾), 신(腎)의 수액대사 기능 이상에 있다. 수종(水腫)은 넓은 부위에 걸쳐서 수액(水液)이 저류되는 것이고, 담음(痰飮)은 수종(水腫)이 일정한 국소부위에 뭉쳤을 때 발생하게 된다.

(그림 20) 진액(津液)의 생성과 기능

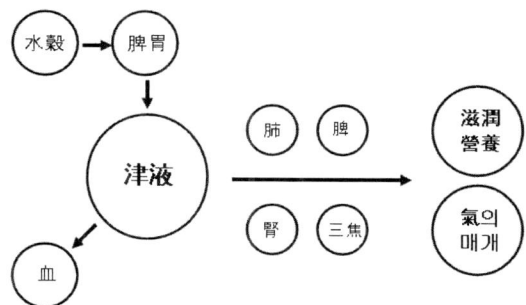

Ⅱ. 장부(臟腑)

육장육부(六臟六腑)와 기항지부(奇恒之腑)는 현대의학의 해부학적 개념을 넘어서, 생리기능과 정신사유(精神思惟)에 관계된 부분을 모두 포함한다. 이들은 각자의 작용과 기능은 물론, 다른 장부(臟腑), 오관구규(五官九竅) 등과 긴밀한 연락과 협조, 상응을 하여, 생리적, 병리적 변화에 따라 관계된 다른 장부(臟腑)에 영향을 미치게 된다.

1. 간(肝)

간(肝)은 소통(疏通)시키고 배설(排泄)시키는 소설(疏泄)작용을 통해 상승(上昇)을 주도하고 발산(發散)시킨다. 이로 인해 기(氣)가 울결(鬱結)되지 않고, 소화가 정상적으로 이루어지며, 정신이 평안해지는 것이다. 간(肝)의 소설(疏泄)이 정상적이지 못하면, 기기(氣機)가 제대로 흐르지 못해 기체(氣滯)를 발생시키며, 담즙(膽汁)의 분비도 원활하지 못하게 되고, 결국은 그 모든 것이 정신활동에 이상을 초래하게 된다.

(그림 21) 간(肝)의 기능

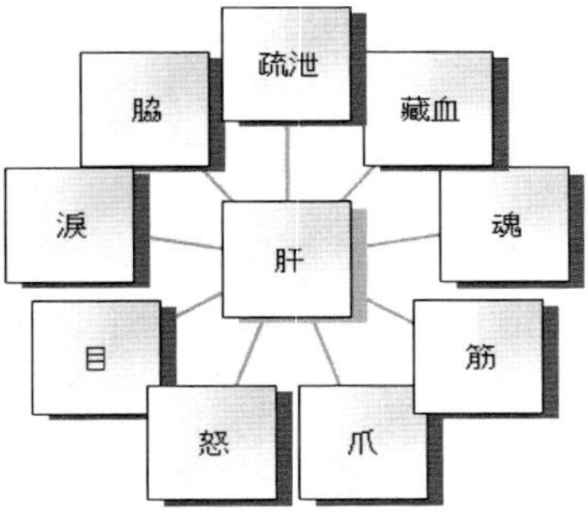

간(肝)은 혈(血)을 저장하여 낮에는 전신을 유양(濡養)하게 하고, 밤에는 여분의 혈(血)을 그 속에 가둔다. 간(肝)의 장혈(藏血)기능에 이상이 생기면 활동 시에 필요한 혈량(血量)을 공급할 수 없고, 출혈(出血) 등의 병증(病證)이 나타나게 된다.

간(肝)은 근(筋)을 주관하여 사지 관절의 움직임을 주도하고, 손, 발톱은 근(筋)의 여분으로 역시 간(肝)이 주관한다. 근(筋)과 손발톱을 정상적으로 유지하기 위해서는 간혈(肝血)이 부족해서는 안 된다. 여기서의 근(筋)은 살을 의미하는 것이 아니고 건(腱)이나 인대(靭帶), 근막(筋膜) 등을 의미한다.

간(肝)은 혼(魂)이 머무는 곳이며, 간혈(肝血)이 부족하면 혼(魂)이 오갈 데를 잃어 수면(睡眠)에 이상이 생기게 된다. 혼(魂)은 수신왕래자(隨神往來者)라 하여 정신사유(精神思惟)를 주관하는 신(神)을 졸졸 따라 움직이므로 간(肝)에 이상이 생기면 정신질환이 나타나게 된다.

간(肝)은 노(怒)를 주관하며 노(怒)가 지나치면 기를 끓어오르게 해서 간기(肝氣)가 위로 솟구친다 하여 노기상(怒氣上)이라 하였다. 간(肝)은 음(陰)보다는 양(陽)이 강한 장부(臟腑)로 음(陰)이 양(陽)을 억제하지 못해서 양(陽)이 넘쳐 위로 치솟는 증후(證候)가 잘 나타난다.

간(肝)은 눈으로 열리며 눈물은 간(肝)의 액(液)이 된다. 눈은 모든 경맥(經脈)이 모여 각 장부(臟腑)를 반영하지만 그 주체는 간(肝)이 되어 눈물로 흘러나온다.

간(肝)은 장군지관(將軍之官)이라 하여 모려(謨慮)가 나온다고 하였다. 모려(謨慮)란 깊은 생각을 뜻하는 것으로 한 나라의 장군(將軍)은 외세로부터 나라를 지키면서도 부하들의 희생을 최소화하기 위해 온갖 병법과 책략을 구상하여 한 번 더 생각하고 생각하는 것과 같다는 것이다. 다만, 이 모려(謨慮)가 너무 지나쳐서 생각만 하고 실행에 옮기지 못하면 병이 생기게 되는데 그래서 담(膽)의 결단(決斷)이 필요한 것이다.

2. 심(心)

심(心)은 혈맥(血脈)을 주관하여 혈(血)이 맥(脈)을 통해 전신으로 운행될 수 있도록 하는 원동력이 되며 이러한 심합맥(心合脈)은 맥진(脈診)의 근거가 된다. 비위(脾胃)에서 만들어진 수곡정미(水穀精微)는 혈(血)을 타고 전신으로 퍼지게 되므로 심(心)이 혈(血)을 추동(推動)하여 그 일을 하게 된다.

심(心)은 혀로 열리며 그 정화(精華)는 얼굴에 나타나므로 오미(五味)를 느끼는 미각과 언어, 안면의 색조로 심(心)의 상태를 알 수 있다.

심(心)은 군주지관(君主之官)이라 하여 신명(神明)이 나온다고 하였듯이 심(心)은 신(神)을 주관하여 오신(五神)의 수장(首長)이 머무는 곳이므로 모든 정신활동의 근본이 되며, 희(喜)를 주관하여 지나친 기쁨으로 인해 기가 흐트러져 심(心)이 상하기도 하는데 이를 희기완(喜氣緩)이라 한다.

심(心)의 액(液)은 땀으로, 땀은 혈(血)의 여분이다. 사람에서는 이 땀의 여부와 성상에 따라서 진단(診斷)에 도움을 받는 경우가 아주 많지만, 안타깝게도 개에서는 땀으로 무언가를 알아내는 것은 어렵다.

(그림 22) 심(心)의 기능

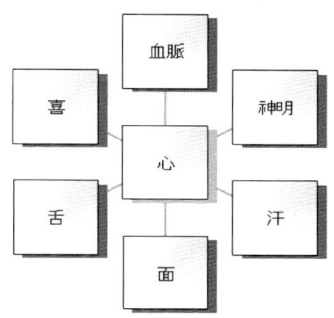

3. 비(脾)

비(脾)는 운화(運化)를 주관하여, 소화작용으로 정미물질(精微物質)의 생성하고, 수송, 대사를 주도하여 이로부터 기혈(氣血)이 생성되므로 비(脾)를 기혈화생(氣血化生)의 근원이라 한다. 또한 비(脾)는 수액(水液)의 생성과 운송, 배설에도 작용한다. 비(脾)는 서양의학에서 말하는 비장(脾臟)에 국한된 것이 아니고 췌장(膵臟)의 기능도 포함한다.

비기(脾氣)는 상승(上昇)을 주관하여 승청(昇清)작용을 하여 비위(脾胃)의 작용에 의해 얻어진 청기(清氣)를 위로 올려 보낸다.

비(脾)는 건조한 것을 좋아하고 습(濕)한 것을 싫어한다. 비(脾)는 스스로가 습(濕)을 품고 있기 때문에 사기(邪氣)로 작용하는 습(濕)을 제거하기 위해 노력하며 습(濕)이 쌓이게 되면 비(脾)의 기능이 실조(失調)된다.

(그림 23) 비(脾)의 기능

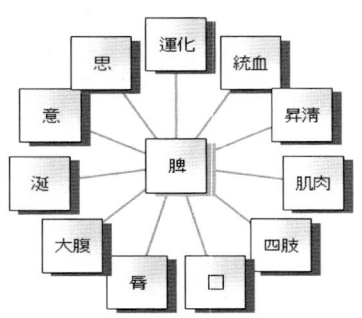

비(脾)는 혈(血)이 맥관(脈管) 내로 흐르도록 고섭(固攝)하는 작용을 하여 출혈을 막는다. 이를 비주통혈(脾主統血)이라 하는데 비기(脾氣)가 허약해지면 혈(血)이 맥(脈)을 벗어나 망행(妄行)하여 각종 출혈(出血)이 발생하게 된다.

비(脾)는 입으로 열리고 입술은 그 영화(榮華)를 나타내므로 비(脾)가 허약하면 입맛이 없고, 입술이 마르고, 입술의 색이 누렇게 된다.

비(脾)는 기육(肌肉)과 사지(四肢)를 주관하여 영양(營養)작용으로 몸을 튼튼히 한다. 비(脾)가 허약하면 사지(四肢)가 무력하고 살이 마르게 된다.

비(脾)는 의(意)를 주관하며, 사(思)를 주관하여 생각이 깊으면 기가 뭉치게 되므로 사기결(思氣結)이라 하였다.

비(脾)의 액(液)은 연(涎)으로, 타액 중에서 맑고 묽은 성분이며, 주로 이하선에서 분비되는 성분으로 소화를 돕는다.

비(脾)는 간의지관(諫議之官)이라 하여 지주(智周)가 나온다고 하였다. 곧고 굳은 절개를 가진 선비와 같은 장부(臟腑)로 그른 것을 보고 넘기지 못하여 두루 그 지혜로움을 펼쳐서 몸 안의 부정부패(水濕, 痰飮, 水腫, 瘀血 등)를 척결한다는 의미이다.

4. 폐(肺)

폐(肺)는 발산(發散)시키고 하강(下降)시키는 선발숙강(宣發肅降)을 주관하며, 폐조백맥(肺調百脈)이라 하여 통조수도(通調水道)의 작용을 한다. 폐조백맥(肺調百脈)이란 모든 맥이 폐(肺)로 모인다는 의미인데 그렇기 때문에 폐경(肺經)에 속한 촌구(寸口)에서 맥(脈)을 보는 것이며, 위(胃), 소장(小腸), 대장(大腸)에서 생성된 진액(津液)은 비(脾)의 운화(運化)로 폐(肺)로 보내져서 폐(肺)의 선발숙강(宣發肅降)에 의해 전신에 퍼지게 되므로 통조수도(通調水道)라 한다.

폐(肺)는 온몸의 기(氣)를 주관하며 호흡(呼吸)을 주관한다. 호흡(呼吸)에 의해 얻어진 천기(天氣)는 비(脾)의 곡기(穀氣), 신(腎)의 정기(精氣)와 합해져서 원기(元氣)를 이루게 되며, 몸 안의 탁기(濁氣)를 배출하게 된다.

폐(肺)는 코로 열리며 그 액(液)은 콧물(涕)이다. 따라서 폐(肺)의 기능이 저하되면 코가 막히거나 콧물이 나게 된다.

폐주피모(肺主皮毛)라 하여 피부와 솜털을 주관하여 피모(皮毛)의 이상은 폐(肺)의 병을 동반하는 경우가 많다. 또한 체표는 위기(衛氣)가 외사(外邪)의 침입을 막는 최전선이므로 폐(肺)는 외사(外邪)에 가장 먼저 노출되는 장부(臟腑)이다.

(그림 24) 폐(肺)의 기능

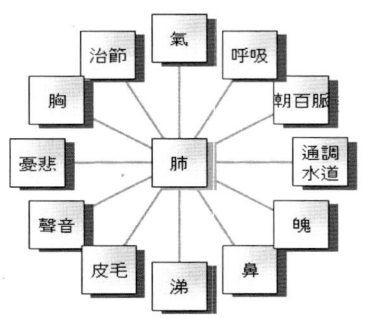

폐(肺)는 백(魄)을 주관하고 우(憂)와 비(悲)를 주관하여 근심은 기를 떨어뜨려서 우기함(憂氣陷)이라 하고, 슬픔은 기를 소모시키므로 비기소(悲氣消)라 하였다.

폐(肺)는 목소리를 주관하는데, 성음(聲音)은 심(心)이 주체가 되고, 신(腎)이 그 뿌리가 되며, 폐(肺)는 그 문이 된다.

폐(肺)는 상부지관(相傳之官)이라 하여 치절(治節)이 나온다고 하였다. 한 나라의 재상(宰相)과 같은 존재인 폐(肺)는 모든 맥(脈)을 관리하고, 수도(水道)를 조절하는 절도 있는 다스림이 있다는 것이다.

5. 신(腎)

신(腎)은 봉장(封藏)하여 정(精)을 저장하고 납기(納氣)를 주관한다. 신(腎)은 그 안에 정(精)을 가두어 저장하는데 이는 다른 장부(臟腑)에서 생성된 여분의 정(精)도 포함되며, 기(氣)를 끌어당겨 하초(下焦)로 내려오게 하는 작용을 하여 상초(上焦)의 폐(肺)와 중초(中焦)의 위(胃)가 하강(下降)시키는 데 도움을 주고 이를 촉진한다. 그리하여 신(腎)은 생장(生長), 발육(發育), 생식(生殖)을 주관하게 되고, 납기(納氣)에 의해 수액(水液)의 이동을 돕게 된다.

신양(腎陽)과 신음(腎陰)은 모든 음양(陰陽)의 근본으로 신(腎)이 허(虛)하면 모든 장부(臟腑)가 영향을 받고, 반대로 모든 장부(臟腑)의 병증(病證)이 깊어지면 신(腎)에 영향을 준다.

신(腎)은 골(骨)과 수(髓)를 주관하여 견고하게 한다. 신(腎)에 저장된 정(精)은 수(髓)를 생산하고, 수(髓)는 다시 골(骨)을 기르게 된다.

(그림 25) 신(腎)의 기능

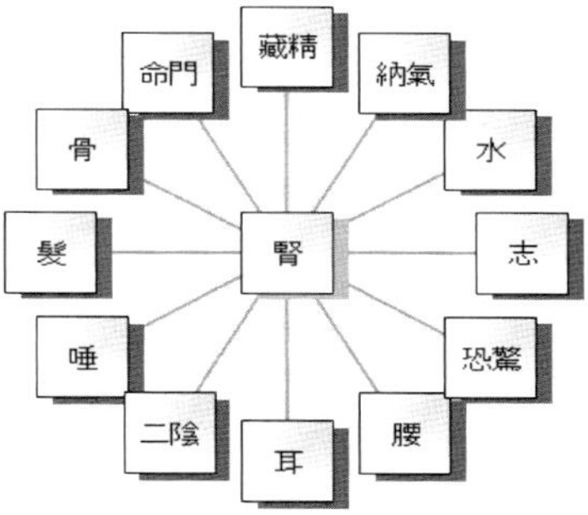

신(腎)은 물을 주관하여 모든 수액대사에 영향을 미친다. 납기(納氣)로 수액의 이동을 조절하고, 신양(腎陽)은 기화(氣化)작용을 통해서 수액대사(水液代謝)를 조절하며, 소변에서 정미물질(精微物質)을 재흡수하여 폐(肺)로 올려 보내며, 탁기(濁氣)는 방광(膀胱)으로 가서 신(腎)의 개합(開闔)에 의해 체외로 배출되게 된다.

신(腎)은 귀와 이음(二陰)으로 열리며, 그 정화는 발(髮)에 나타난다. 이음(二陰)은 전음(前陰)인 외부생식기(外部生殖器) 및 요도개구부(尿道開口部)와 후음(後陰)인 항문(肛門)을 의미하고 발(髮)은 머리털을 의미한다.

신은 지(志)를 주관하고 공(恐)과 경(驚)을 주관하여 두려움이 많으면 기(氣)가 아래로 내려가므로 공기하(恐氣下)라 하고, 놀라면 기가 어지러우므로 경기난(驚氣亂)이라 하였다.

신(腎)의 액은 타(唾)이며 타(唾)는 설하(舌下)에서 나오는 걸쭉한 침이다.

신(腎)과 명문(命門)은 관계가 깊다. 명문(命門)에 대해서는 논란이 정말 많지만, 생명의 문이라는 뜻에서 보듯이 신(腎)과는 뗄 수 없는 관계인 것은 분명하다. 명문(命門)은 양신(兩腎)의 사이라고 하는 주장도 있고, 좌신(左腎)이 신(腎)이고 우신(右腎)은 명문(命門)이라는 주장도 있다. 또한 명문상화(命門相火)가 바로 신양(腎陽)이라는 주장과 명문상화(命門相火)와 신양(腎陽)은 서로 다른 것이라는 주장도 있다. 하지만, 명문(命門)의 작용과 신양(腎陽), 신음(腎陰)의 작용은 서로 닮은 부분이 상당히 많다.

신(腎)은 작강지관(作强之官)이라 하여 기교(伎巧)가 나온다고 하였다. 신(腎)은 골(骨)과 수(髓)를 주관하므로 몸을 튼튼하고 강하게 만드는 장부(臟腑)이며, 뼈대가 튼튼해야 미세하고 정밀한 일을 할 수 있는 재주 또한 나올 수 있는 것이다.

6. 심포(心包)

심포(心包)는 포락(包絡) 또는 전중(膻中)이라 하여 논란이 많은 장부(臟腑)이다. 심낭(心囊)이라는 설도 있고, 무형유용(無形有用)의 장부라는 설도 있다. 심포(心包)는 군주(君主)인 심(心)을 보호하고, 심(心)의 명령을 대행하는 상화(相火)의 장부이다. 전중(膻中)은 신사지관(臣使之官)이라 하여 희락(喜樂)이 나온다고 했다. 왕명(王命)을 출납(出納)하는 신하(臣下)와 같은 또는 내관(內官)과 같은 장부(臟腑)로 왕을 보호하고 왕에게 기쁨과 즐거움을 준다는 의미이다.

(그림 26) 심포(心包)의 기능

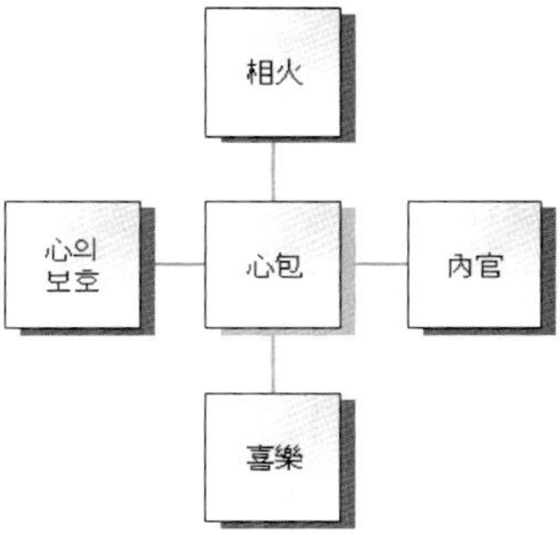

7. 담(膽)

담(膽)은 육부(六腑)에 속하지만 기항지부(奇恒之腑)에 속하기도 한다. 담(膽)은 저장하지 않고 배출을 하여 부(腑)와 같지만, 그 배출물이 탁기(濁氣)가 아닌 정화(精華)라는 것이 부(腑)와는 다르기 때문이다. 담(膽) 대신에 항문(肛門)을 육부(六腑)로 보기도 하였지만 담(膽)을 육부(六腑)로 보는 것이 정설이다.

담(膽)은 담즙(膽汁)을 저장하며 간(肝)의 소설(疏泄)작용에 의해 담즙분비를 조절한다. 간담(肝膽)은 표리(表裏)로 담(膽)은 간(肝)에 의해 조절되며 간(肝)을 따라 다닌다. 하지만, 담(膽)은 중정지관(中正之官)이라 하여 결단(決斷)이 나온다고 했듯이 모려(謨慮)로서 궁리한 끝에 치우치지 않게 결정하여 실행에 옮기는 것은 담(膽)이 하는 일이다.

(그림 27) 담(膽)의 기능

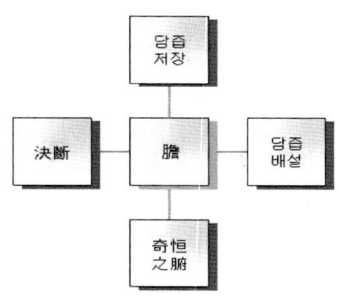

8. 소장(小腸)

　소장(小腸)은 위(胃)에서 넘어온 내용물들의 본격적인 소화를 담당하여 수성(受盛), 화물(化物)을 주관하며, 비별청탁(泌別淸濁)하여 청기(淸氣)와 수액(水液)은 비(脾)를 통해 전신으로 보내지며 탁기(濁氣)는 방광(膀胱)과 대장(大腸)으로 보내지게 된다. 위(胃)에서 초보적인 소화를 거친 음식물을 받아서 전화(轉化)시켜 수곡정미(水穀精微)를 화생(化生)하고 수액(水液), 즉 액(液)을 화생(化生)한다. 물론 비(脾)의 도움이 절실하며, 소장(小腸)이 액(液)을 주관한다는 것도 이 때문이다.

(그림 28) 소장(小腸)의 기능

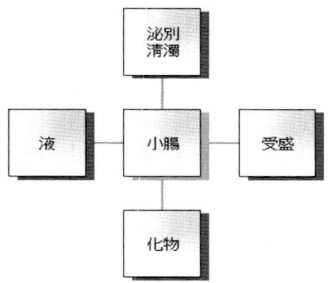

9. 위(胃)

위(胃)는 비(脾)와 더불어 음식물의 기초적인 소화를 담당하며, 하강(下降)을 주관하고, 비(脾)와는 반대로 건조한 것을 싫어하고 습(濕)을 좋아한다. 위(胃)는 음식물을 받아들여 수납(受納)하고, 이를 부숙(腐熟)하여 정미물질(精微物質)이 비(脾)로 보내지게 된다.

위(胃)는 창름지관(倉廩之官)이라 하여 오미(五味)가 나온다고 했다. 위는 수곡(水穀)의 바다라 하듯이 음식을 받아두는 창고와 같은 작용을 하며, 수곡(水穀)을 소화하여 그 땅의 기운인 오미(五味)를 뽑아낸다는 의미이다.

(그림 29) 위(胃)의 기능

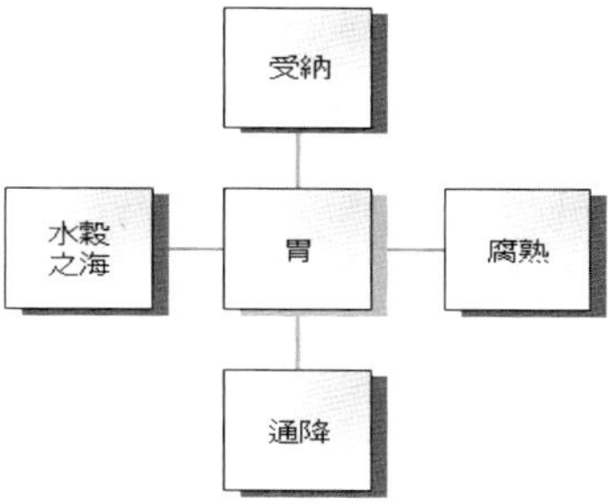

10. 대장(大腸)

대장(大腸)은 소장(小腸)에서 넘어온 탁한 찌꺼기에서 주로 수분흡수를 담당하고 그 나머지를 항문(肛門)을 통해 체외로 배출하는 전도조박(傳導糟粕)을 주관한다. 대장(大腸)은 전도지관(傳道之官)이라 하여 변화(變化)가 나온다고 했다. 조박(糟粕)을 항문(肛門)으로 보내며 남은 수액(水液)을 흡수하여 대장(大腸)이 진(津)을 주관하게 된다.

(그림 30) 대장(大腸)의 기능

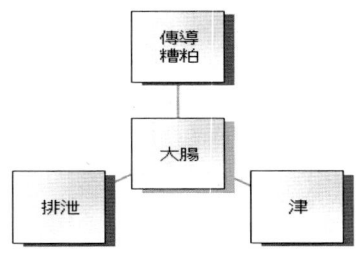

11. 방광(膀胱)

방광(膀胱)은 신(腎)의 기화(氣化)작용을 통해 저장된 소변을 체외로 배출하게 된다. 방광(膀胱)에 소변을 보내서 일정량을 저장하고 때가 되면 배출하게 하는 것은 신(腎)의 기화작용(氣化作用) 중에 고섭(固攝)과 통리(通利)작용인데, 열리는 것을 개(開), 닫히는 것을 합(闔)이라 하여 신(腎)의 개합(開闔)작용이라 한다.

방광(膀胱)은 주도지관(州都之官)이라 하여 진액(津液)을 저장한다 했다.

(그림 31) 방광(膀胱)의 기능

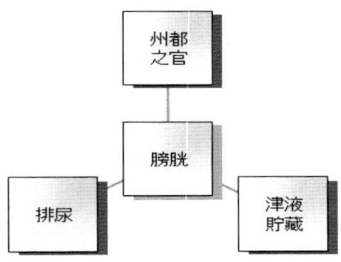

12. 삼초(三焦)

삼초(三焦)는 수액(水液)과 기(氣), 수곡정미(水穀精微)의 통로이다. 상, 중, 하로 나누어 상초(上焦)에는 횡격막 위쪽이 포함되며, 중초(中焦)에는 횡격막 이하 배꼽 이상이 포함되고, 하초(下焦)에는 배꼽 아래가 포함되나, 간(肝)은 간신동원(肝腎同原)이라 하여 하초(下焦)에 배속시킨다.

삼초(三焦)는 결독지관(決瀆之官)이라 하여 수도(水道)가 나온다고 했다. 도랑 안에 갇힌 물길을 터서 전신에 보내는 작용을 하므로 삼초(三焦)는 전신의 장부(臟腑)를 그 안에 포함하여 그 자체가 몸을 이루게 되는 것이다.

(그림 32) 삼초(三焦)의 기능

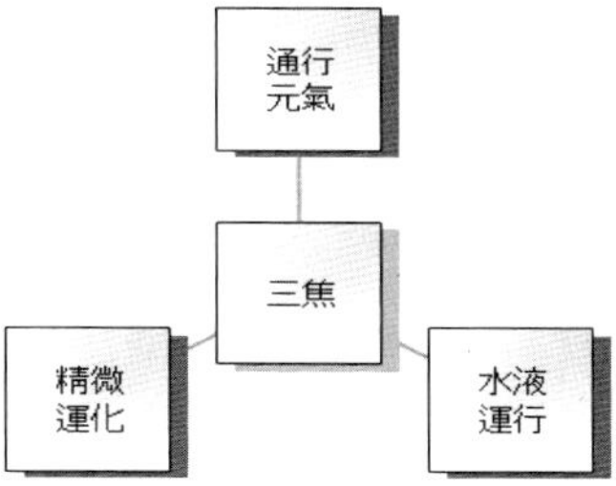

13. 기항지부(奇恒之腑)

이 외의 기항지부(奇恒之腑)로는 뇌(腦), 골(骨), 수(髓), 맥(脈), 여자포(女子胞), 음낭(陰囊)이 있다.

1) 뇌(腦)

뇌(腦)는 정신활동을 주관하며, 이는 심주신명(心主神明)에 의해 심(心)에 귀속되며, 뇌(腦)의 수(髓)는 신(腎)의 정(精)에서 만들어져 간(肝)의 소설(疏泄)에 의해 뇌(腦)로 가게 되므로 정신질환은 심(心), 간(肝), 신(腎)을 모두 고려해서 처방해야 한다.

2) 골(骨)

골(骨)과 수(髓)는 모두 신(腎)의 정(精)으로부터 화생(化生)되므로 골수(骨髓)의 질환은 신(腎)을 살펴야 한다. 신정(腎精)이 부족하면 수(髓)의 생성이 어려워지고 이어서 골(骨) 또한 약해져서 무력하게 된다.

3) 맥(脈)

맥(脈)은 혈(血)이 머무는 곳이며 심(心)이 이를 주관하므로 맥(脈)의 질환은 심(心)을 살펴야 한다. 기혈(氣血)운행의 통로로 이 통로가 막히거나 느려지면 어혈(瘀血)이 생기고, 너무 빠르거나 고섭(固攝)하지 못하면 출혈(出血)이 생긴다.

4) 여자포(女子胞)

여자포(女子胞)는 자궁(子宮)을 말하며 월경(月經)과 임신(姙娠)을 주관한다. 신(腎)은 정(精)을 통해 천계(天癸)를 생성시켜 생식활동을 주관하고, 심(心)은 혈(血)을 주관하며, 간(肝)은 혈(血)을 저장하고, 소설(疏泄)하며, 비(脾)는 혈(血)을 화생(化生)하고 고섭(固攝)하므로 여자포(女子胞)의 질환은 심(心), 간(肝), 신(腎), 비(脾)를 모두 살펴야 한다.

충맥(衝脈)과 임맥(任脈)은 포중(胞中)에서 시작하여 여성의 월경(月經), 임신(姙娠)을 이룰 수 있도록 신(腎)의 정기(精氣)를 자궁(子宮)으로 통하게 하므로 충임맥(衝任脈)의 이상도 여자포(女子胞)의 병증(病證)을 일으킬 수 있다.

5) 음낭(陰囊)

음낭(陰囊)은 외신(外腎)이라 하여 신(腎)의 지배를 받는다. 정확하게는 고환(睾丸)을 의미한다. 신(腎)은 비뇨(泌尿), 생식(生殖)기능 외에도 내분비(內分泌)를 지배하여 갑상선(甲狀腺), 고환(睾丸), 부신(副腎) 등의 내분비계(內分泌係)를 조절한다.

✎ 진단(診斷)과 변증(辨證)

이제 앞에서 이야기한 기초적인 내용들을 염두에 두고, 실제 임상에서 침치료(鍼治療)의 처방(處方)을 얻어내기 위한 진단(診斷)과 변증(辨證)에 대해 알아보자.

Ⅰ. 진단(診斷)

진단(診斷)은 말 그대로 여러 가지 방법을 동원해서 환자의 몸에서 병증(病證)에 관한 모든 정보를 얻어내는 방법이다. 전통적인 사진(四診)에 의해서 진단(診斷)이 이루어지겠지만, 사람에서와는 달리 개에서 얻을 수 없는 정보들이 더 많기 때문에 그중, 우리가 얻어 쓸 수 있는 부분에 대해서 중점적으로 이야기할까 한다.

1. 사진(四診)

사진(四診)은 네 가지 진단법(診斷法)으로 망(望), 문(聞), 문(問), 절(切)로 이루어져 있다. 단순히 한 가지 방법으로만 섣불리 진단(診斷)하여 치료에 실패하거나, 잘못되어 어려움을 겪지 않도록, 최대한 정확한 방법으로 접근하여 사진(四診)을 종합해서 진단(診斷)에 이르도록 훈련해야 한다.

1) 망진(望診)

망진(望診)은 시각적인 진단(診斷)이다. 우리가 바라봐서 얻을 수 있는 정보를 날카롭게 캐내야 한다. 환자가 내원했을 경우, 일단 전체를 봐야 한다. 내원의 두려움으로 어느 정도 느끼는 공포감을 제외하고, 주위의 소리나 빛, 주인의 행동 등의 변화에 정상적으로 반응하는지, 눈은 또렷하고 맑으며 제대로 응시하는지를 먼저 본다. 정신적인 부분을 체크하는 것으로 이를 신(神)의 망진(望診)이라 한다. 그다음은 색(色)을 본다. 사람에서는 얼굴의 색(色)을 구분하여 병색(病色)의 여부를 알 수 있으며, 오장육부(五臟六腑)의 변화가 나타나는 부분이 얼굴에 나눠져 있어서 색(色)만 가지고도 어느 정도 진단(診斷)이 가능하나, 온통 털로 덮인 개에서는 상당한 변화가 있지 않은 한은 쉽게 알아보기 힘들다. 다만, 점막을 살펴서 청색증(靑色症)이 있는지, 황달(黃疸)이 있는지, 발적(發赤)이 있는지 정도만을 알아볼 수 있겠다. 그런 후에 전체의 형(形)을 보아 체형(體形)과 행동의 이상 유무를 살핀다.

이제 시야를 좁혀서 머리와 목, 눈, 코, 입, 귀, 생식기, 항문, 치아, 피부 등을 두루 살핀다. 대체로 수의사들이 이미 진료 중에 행하고 있는 시진(視診)의 범주에 준하지만, 이 중에서 서양의학적인 시진의 범주를 벗어나는 눈의 망진(望診)이 특별할 수 있다. 눈에는 오장(五臟)이 모두 나타난다. 동공(瞳孔)은 신(腎)을, 검은자위는 간(肝)을, 흰자위는 폐(肺)를, 안검(眼瞼)은 비(脾)를, 내자(內眥)와 외자(外眥), 즉 눈의 내안각 측과 외안각 측은 심(心)을 대변한다. 그러므로 각각의 부위에 나타나는 색(色)과 부종(浮腫) 등에 따라 오장(五臟)의 병증

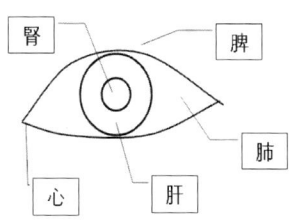

(그림 33) 눈과 장부(臟腑)

(病證)을 추측할 수 있다. 눈은 또한 앞에서 신(神)을 망진(望診)할 때 언급했듯이 맑고 선명하면 올바른 신(神)이 자리하고 있다고 할 수 있다.

한 가지 더 중요한 의의가 있는 망진법(望診法)이 바로 설진(舌診)인데, 혀도 눈과 마찬가지로 장부(臟腑)의 구획이 정해져 있어서 사람에서는 상당한 도움을 주고 있기는 하나, 개에서는 설진(舌診)의 중요한 관점인 설태(舌苔)가 거의 없다는 것이 맹점이다. 또한 사람처럼 얌전히 혀를 내밀고 있어 주지 않기 때문에 만만치 않은 일이다. 따라서 개의 설진

(舌診)을 응용하려면, 설질(舌質)과 설색(舌色)만을 가지고 어느 정도의 정보를 얻어야 한다.

혀뿌리 쪽은 신(腎)을, 혀 가운데는 비위(脾胃)를, 혀 양쪽은 간담(肝膽)을, 혀 끝은 심폐(心肺)를 대변한다. 혀의 정상적인 색(色)은 대체로 연한 홍색(紅色)이지만, 흰색이 강하면 한증(寒證), 허증(虛證)을 나타내고, 붉은 색이 강하면 열증(熱證)을, 보라색이 강하면 어혈(瘀血)을, 푸른색이면 심각한 한증(寒證)을 표현한

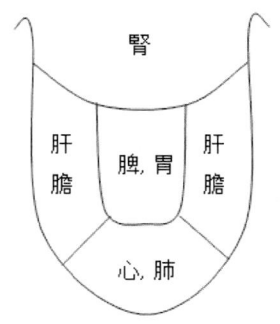

(그림 34) 혀와 장부(臟腑)

다. 설질(舌質)을 볼 때는 혓바늘이 돋으면 열증(熱證)을, 혀가 갈라지면 체내의 수액(水液)이 부족한 것을, 혀가 부으면 열증(熱證)을, 혀가 여위면 허증(虛證)을, 혀가 딱딱하면 실열증(實熱證)을, 이빨자국이 생기도록 연하면 허증(虛證)을 의미한다.

또 한 가지, 분비물(分泌物)과 배설물(排泄物)을 살펴볼 수 있는데, 가래와 콧물, 대소변(大小便), 구토물(嘔吐物)이 이에 해당한다. 가래와 콧물은 맑고 흰 색이며 묽으면 한증(寒證)으로 보고, 끈끈하거나 노란색이면 열증(熱證)으로 본다. 대변은 찔끔거리면서 점액(粘液)이나 혈액(血液)이 섞인 경우에는 습열증(濕熱證), 묽고 소화 안 된 음식물이 섞여 있으면 한습증(寒濕證)인 경우가 많다. 소변도 맑고 많으면 한증(寒證), 적고 붉으면 열증(熱證)으로 본다. 구토물(嘔吐物)은 물을 토하면 한증(寒證), 음식물이 섞여 있으면 습열증(濕熱證)인 경우가 많다.

2) 문진(聞診)

문진(聞診)은 말 그대로 들어서 아는 진단법(診斷法)이다. 서양의학의 청진(聽診)의 개념과 비슷하겠으나 더 넓은 의미이다. 음성(音聲), 언어(言語), 호흡(呼吸)소리, 딸꾹질소리, 구토(嘔吐)하는 소리, 기침소리, 트림하는 소리와 냄새까지도 포함된다. 이 중에서 우리는 개의 음성(音聲)과 호흡(呼吸), 기침, 구토(嘔吐)소리 정도를 살펴볼 수 있겠다. 음성(音聲)을 살피는 것도 쉽지는 않지만, 마침 내원했을 때 짖는 소리 등을 들을 수 있다면 그 음이 높고 강하고 무거우면 실열증(實熱證)을, 낮고, 가늘고, 약하면 허한증(虛寒證)을 생각할 수 있다. 구토(嘔吐)의 소리도 실제로 듣기보다는 보호자에게 물어서 아는 경우가 더 많겠다. 소리가 나면서 내용물이 나오는 것을 구(嘔), 소리가 없으면서 내용물만 나오는 것을 토(吐), 소리는 나나 내용물이 없으면 건구(乾嘔)라 하였다. 모두 위기(胃氣)가 하강(下降)하지 못하여 발생하는 것으로, 소리가 약하고 맑은 내용물을 보이면 허한증(虛寒證)을, 소리가 크고 거칠며 내용물이 끈끈하고 누렇게 나온다면 실열증(實熱證)을 생각할 수 있다. 호흡(呼吸)과 기침에서 그나마 얻을 수 있는 정보가 꽤 있을 텐데, 호흡(呼吸)에 이상이 있을 경우 내쉬는 숨이 더 힘들면 실증(實證)을, 들이쉬는 숨이 더 힘들면 허증(虛證)을 생각해 볼 수 있다. 기침은 뱉기 힘든 누런 가래와 함께 얕은 기침을 보이며 누런 콧물이 나면 폐열증(肺熱證)을, 뱉기 쉬운 다량의 가래와 함께 기침소리가 낮으면 담음(痰飮)을, 마른기침을 하며 가래가 거의 없는 것은 화열(火熱)을, 백색거품을 뱉으며 기침이 약하며 숨이 찬 것은 폐허증(肺虛證)을 생각할 수 있다.

3) 문진(問診)

문진(問診)은 환자에게 직접 할 수 없다는 것이 근본적인 맹점이긴 하나, 상황에 따라서는 중요한 정보를 얻어낼 수 있기 때문에 서양의학에서도 중요시하듯이, 이 문진(問診)을 위한 기술을 체득하기 위한 노력이 필요할 것이다. 보고 듣고 만져보고 알 수 없는 생활습관과, 식이(食餌), 배뇨(排尿), 배변(排便), 기왕력(旣往歷), 현재의 질병 등에 대한 내용을 자세하게 물어서 필요한 정보를 얻어내야 한다. 그러나 보호자도 잘 모르는 경우와 함께 심한 경우에는 잘못된 거짓 정보를 주어서 진단(診斷)에 커다란 오류를 제공하기도 하기 때문에 주의해야 한다.

4) 절진(切診)

절진(切診)은 직접 만져보아서 아는 것으로, 어찌 보면 가장 정확한 정보를 얻을 수 있는 방법이다. 맥진(脈診)과 안진(按診)으로 나누는데, 안진(按診)은 서양의학의 촉진(觸診)과 유사하다.

(1) 안진(按診)

피부(皮膚)와 사지(四肢), 흉협부(胸脇部), 복부(腹部), 배부(背部)의 안진(按診)을 할 수 있으며, 특수혈(特秀穴)들을 안진(按診)할 수 있는데 복모혈(腹募穴)과 배수혈(背兪穴), 원혈(原穴)의 안진(按診)이 그것이다. 이 중에서 흉부(胸部)는 심폐(心肺)가 들어 있는 곳으로, 전흉부(前胸部)가 올라오고 눌러 숨이 차면 폐창증(肺脹證)을, 눌러 아파하면 담음(痰飮)이 몰려 있음을 생각할 수 있다. 복부(腹部)는 심하(心下), 위완(胃脘), 대복(大腹), 소복(小腹), 소복(少腹), 협륵(脇肋)으로 나뉘는데, 심하(心下)는 검상돌기(劍狀突起)와, 유두(乳頭)와 횡격막(橫膈膜)이 만나는 지점을 꼭짓점으로 하는 삼각형의 부위를 말하며 위경(胃經)과 비경(脾經)이 순행하는 곳이다. 위완(胃脘)은 상완혈(上脘穴)과 하완혈(下脘穴)의 사이로 위(胃)의 이상을 알아볼 수 있는 곳이다. 대복(大腹)은 횡격막 이하 배꼽 위쪽을 지칭하기도 하고, 하완혈(下脘穴) 이하 배꼽 위를 지칭하기도 한다. 대복(大腹)은 비(脾)가 거주하는 곳이다. 소복(小腹)은 배꼽 이하 치골(恥骨)까지의 아랫배 중에 유두선(乳頭線)으로 잘린 가운데를 의미하며 장(臟)과 방광(膀胱), 자궁(子宮) 등이 위치한다. 소복(少腹)은 신(腎)의 거처로 소복(小腹)의 양측 아랫배를 말한다. 협륵(脇肋)은 겨드랑이 아래에서 측부(側部) 갈비뼈 아래를 포함한 부위로 간(肝)의 거처이다. 이들의 부위에 창만(脹滿)이 있는지, 종괴(腫塊)나 압통(壓痛), 동맥박동(動脈搏動)이 있는지 또는 소리가 나는지 등을 살펴야 한다.

〈표 11〉 복모혈(腹募穴)과 배수혈(背兪穴), 원혈(原穴)

구 분	복모혈(腹募穴)	배수혈(背兪穴)	원혈(原穴)
肺	중부(中府)	폐수(肺兪)	태연(太淵)
大腸	천추(天樞)	대장수(大腸兪)	합곡(合谷)
胃	중완(中脘)	위수(胃兪)	충양(衝陽)
脾	장문(章門)	비수(脾兪)	태백(太白)
心	거궐(巨闕)	심수(心兪)	신문(神門)
小腸	관원(關元)	소장수(小腸兪)	완골(腕骨)
膀胱	중극(中極)	방광수(膀胱兪)	경골(京骨)
腎	경문(京門)	신수(腎兪)	태계(太谿)
心包	전중(膻中)	궐음수(厥陰兪)	대릉(大陵)
三焦	석문(石門)	삼초수(三焦兪)	양지(陽池)
膽	일월(日月)	담수(膽兪)	구허(丘墟)
肝	기문(期門)	간수(肝兪)	태충(太衝)

복모혈(腹募穴)과 배수혈(背兪穴), 원혈(原穴)의 안진(按診)은 해당 경락의 이상 유무를 알아낼 수 있는 간단하면서도 정확한 방법이다. 복모혈(腹募穴)은 배 쪽에 장부(臟腑)의 기(氣)가 모이는 곳이고, 배수혈(背兪穴)은 등 쪽에 모이는 곳이며, 원혈(原穴)은 해당 경락의 가장 근본이 되는 혈(穴)이면서 기(氣)가 집중되는 곳이다. 음경(陰經)에서는 오수혈(五兪穴) 중에 수(兪)혈이 원혈(原穴)이며, 양경(陽經)에서는 정(井), 형(滎), 수(兪), 원(原), 경(經), 합(合)의 순서로 배열된다.

(2) 맥진(脈診)

맥진(脈診)은 말 그대로 맥(脈)을 보는 것이다. 맥진(脈診)은 혈맥(血脈)의 변화가 각 장부(臟腑)의 변화에 따라 다른 양상을 보이는 것에 착안해서 채택되어 오랜 기간 동안 발전된 절진법(切診法)의 하나이다. 이를 두고, 맥진(脈診)만으로 모든 것을 알 수 있듯이 여기거나 혹은 반대로 맥진(脈診)을 부정하는 등의 여러 가지 논란이 많다. 맥진(脈診)의 부위 또한 마찬가지인데, 사람에서는 다양한 맥진(脈診) 부위와, 방법 등이 개발되어 발전되었으나 현재는 대체로 손목에서 맥진(脈診)하는 촌구맥(寸口脈)을 주로 사용하고 있다. 그렇다면 개에서는? 소형견의 경우에 촌구맥(寸口脈)을 짚는다는 건 거의 불가능하다. 그래서 대퇴동맥(大腿動脈)을 이용해서 맥진(脈診)을 한다. 그러나 사실 맥진(脈診)을 할 때, 몸을 나무로 본다면, 폭풍우에 휘청거릴 정도의 병사(病邪)가 침입한 경우에는 그 맥(脈)의 변화가 몸통 쪽에 붙어 있는 맥진(脈診)부위에도 나타날 수 있겠으나, 가벼운 바람에 나뭇잎이 팔랑거릴 정도의 병증(病證)이라면, 몸통에서 먼 쪽의 말단부위에서나 살그머니 나타나지 않을까 생각한다. 따라서 가능하면 최대한 말초 쪽에서 맥진(脈診)을 하는 것이 좋을 것으로 보이는데, 작거나 어린 개에서는 어쩔 수 없이 대퇴동맥에서,

5키로 정도 이상의 개에서는 뒷다리 해계혈(解谿穴) 부위, 즉 metatarsal bone의 근위 측으로 발등 면을 촉지하면 맥(脈)이 감지되기도 하므로 가능한 맥진(脈診)의 부위를 선택하여 이용하는 것이 좋겠다.

촌구맥(寸口脈)은 촌관척(寸關尺)을 원위부에서부터 구분하여 각기 좌우에 따라 장부(臟腑)를 배속한다. 이 내용은 책마다 약간씩 차이가 있는데 맥경(脈經)에 기준하여 좌측은 심간신(心肝腎), 우측은 폐비신(肺脾腎)으로 나뉘 각 맥진(脈診) 부위에 따라 장부의 병증(病證)을 감별한다. 이 역시 개에서는 아직 논할 수 없는 관계로 일일이 다 나누지는 못하고 좌우의 맥상(脈象)에 따라 뭉뚱그려서 판단할 수밖에 없다.

(표 12) 촌구맥(寸口脈)과 장부(臟腑)

구 분	좌	우
촌(寸)	심소장(心小腸)	폐대장(肺大腸)
관(關)	간담(肝膽)	비위(脾胃)
척(尺)	신방광(腎膀胱)	신삼초(腎三焦)

맥상(脈象)은 기본 6맥을 기초로 해서 16맥, 24맥, 27맥, 28맥 등으로 나누기도 하나, 개에서는 맥상을 세세히 나누어 구분하기가 힘들기 때문에 보통 기본 6맥만을 구분한다. 우리가 계속 연구하고 공부해서 더 세세한 맥상(脈象)에 대한 구분과 좀 더 정확한 맥진(脈診)의 단계에 이르는 날이 오길 바란다.

기본 6맥은 허실(虛實), 부침(浮沈), 지삭(遲數)의 여섯 가지이다. 허맥(虛脈)은 가볍게 짚어서는 잘 알 수 없을 정도로 힘이 없고, 그렇다고 깊이 짚어도 아무것도 없는 듯이 비어 있는 맥(脈)이며 기혈(氣血)이 모두 허(虛)한 허증(虛證)에서 나타난다.

　실맥(實脈)은 가볍게 짚거나 깊이 짚거나 모두 힘이 있는 맥(脈)으로, 실증(實證)에서 나타나며 아직 정기(正氣)가 쇠퇴하지 않아서 사기(邪氣)와 대항하고 있는 상태로 볼 수 있다.

　부맥(浮脈)은 떠 있는 맥(脈)으로 가볍게 짚으면 힘이 있으나, 힘을 주어 깊이 짚으면 약해지지만 없지는 않은 맥이다. 주로 표증(表證)과 허증(虛證)을 대변한다.

　침맥(沈脈)은 반대로 가라앉아 있는 맥(脈)으로 힘주어 깊이 짚었을 때 잘 잡히며 주로 이증(裏證)을 대변한다. 이실증(裏實證)과 이허증(裏虛證)의 구별은 깊이 짚었을 때 맥(脈)의 힘으로 구분한다.

　지맥(遲脈)은 느린 맥(脈)으로 사람에서는 호흡수와 비교해서 구분하는데, 이것이 만만치 않은 것이 내원 시 흥분으로 인해서 호흡수가 거의 무한대로 증가하는 경우가 많다. 또한 품종과 연령에 따라서 분당 맥박수의 범위가 너무 다양하기 때문에 기준을 삼기가 쉽지 않다. 지맥(遲脈)은 주로 한증(寒證)에서 나타나는데, 느리긴 하나 맥(脈)에 힘이 있고 실(實)하면 열(熱)이 쌓여서 나타나는 경우도 있다. 침지맥(沈遲脈)이 같이 나타나는 경우에는 비위(脾胃)의 양허(陽虛)로 볼 수 있다.

　삭맥(數脈)은 주로 열증(熱證)을 나타내는데, 빠르긴 하나 속이 비어 힘이 없으면 양허(陽虛)인 경우도 있다. 부삭맥(浮數脈)의 경우에는 체표의 풍열(風熱)로 인한 표열증(表熱證)으로 볼 수 있다.

　그 외에도 여러 가지 다양한 맥상(脈象)이 있어서 사람에서는 세세한 분류가 가능하다고 하나, 개에서는 여섯 가지 맥(脈)만을 다룰 수밖에 없는 현실이 안타깝다. 하지만, 다른 맥(脈)들도 기본 6맥에서 파생된 것들이기 때문에 기초가 되는 기본 6맥을 숙지하고 훈련하면, 더 깊은 단계로 나아갈 수 있으리라 생각된다.

이제까지 우리는 올바른 동양의학적인 진단(診斷)을 위한 기초지식
들과 진단법(診斷法)들에 대해서 알아보았다. 실제로 침치료를 하기
위해서 남은 마지막 단계는 변증(辨證)이다. 변증(辨證)까지 정확히
행한 후에 비로소 침을 들 수 있게 되는 것이다.

Ⅱ. 변증(辨證)

1. 팔강변증(八綱辨證)

변증(辨證)은 팔강(八綱)이라고 하는 여덟 가지 기준에 의해 일단
그 기초가 이루어지게 된다. 음양(陰陽), 허실(虛實), 한열(寒熱), 표
리(表裏)의 팔강(八綱)은 좀 더 정확한 변증(辨證)으로 들어가기 위
한 관문이다. 음증(陰證)은 허증(虛證), 한증(寒證), 이증(裏證)을 포
함하고, 양증(陽證)은 실증(實證), 열증(熱證), 표증(表證)을 포함한
다. 팔강(八綱)은 변증(辨證)의 뼈대를 잡는 것이기는 하나, 항상 딱
떨어지게 나누어지지는 않는다. 음증(陰證)에서 양증(陽證)으로 변하
기도 하고 양증(陽證)에서 음증(陰證)으로 변하기도 하며, 음양(陰陽)
이 서로 뒤섞여 있기도 한다. 허실(虛實)과 한열(寒熱), 표리(表裏)도
마찬가지이기 때문에, 이들의 특성을 정확히 이해해서 구분해야 하며
서로 뒤섞인 상태도 잡아낼 수 있어야 한다.

사기(邪氣)가 강하여 흘러넘치게 되면 실증(實證)이 되고, 정기(正
氣)가 부족하여 비게 되면 허증(虛證)이 된다. 허실(虛實)의 판단이
정확해야 보(補)할 것인지 사(瀉)할 것인지를 실수 없이 결정할 수
있게 된다.

1) 허증(虛證)

허실(虛實)이 동시에 나타나는 허실협잡(虛實挾雜)이 보일 수도 있고, 서로 뒤바뀌는 허실전화(虛實轉化)가 나타나기도 하며, 가허(假虛)와 가실(假實)이 있을 수 있기 때문에 감별이 필요하다.

허증(虛證)은 여러 가지 원인에 의해, 정상적으로 몸을 유지하도록 하는 정기(正氣)가 손상된 경우로, 못 먹거나, 과로하거나, 과다한 방사(房事) 등에 의해 발생할 수 있다. 주로 만성질환(慢性疾患)에서 나타나며, 아픈 부위를 누르면 오히려 통증이 감소하고, 맥(脈)은 허맥(虛脈)이 나타나게 된다.

허증(虛證)에는 양허증(陽虛證)과 음허증(陰虛證), 기허증(氣虛證)과 혈허증(血虛證)이 있다. 양허증(陽虛證)은 기허증(氣虛證)과 비슷하며 양기(陽氣)가 쇠약한 것으로 양기(陽氣)의 온후(溫煦)작용이 제대로 되지 않아서 사지가 차갑고, 안색도 창백하게 된다. 맥(脈)은 허(虛)하면서도 침지(沈遲)하게 되며, 묽은 변을 보고 소변도 시원하지 못하게 된다.

음허증(陰虛證)은 혈허증(血虛證)과 비슷하며 음혈(陰血)이 부족하게 되어 양기(陽氣)를 적절히 제어하지 못하게 되므로, 사지(四肢)가 뜨겁고 열이 나게 되며 얼굴도 붉어지게 된다. 이때 맥(脈)은 허(虛)하고 약하지만 삭맥(數脈)이 나타나게 된다.

2) 실증(實證)

실증(實證)은 사기(邪氣)가 넘치는 것을 말하는데, 외사(外邪)의 침습에 의한 경우와 내장기능이 정상적이지 못해서 생기는 부산물들이 쌓여서 발생하는 두 가지의 경우가 있다. 침습한 사기(邪氣)의 종류와 부산물(水濕, 痰飮, 瘀血)들에 따라서 증(證)이 달라질 수 있으나, 대체로 열(熱)이 발생하게 되며 맥(脈)은 실맥(實脈)이고 힘이 있다. 급성질환(急性疾患)과 외감병(外感病)에서 주로 보이며, 아픈 부위는 누르지 못할 정도로 통증이 심해지게 된다.

3) 한증(寒證)

한열(寒熱)은 허실(虛實)과 함께 사암도인(舍岩道人)이 중요시 여긴 변증(辨證)의 방법이다. 말 그대로 차가우면 한증(寒證)이고, 뜨거우면 열증(熱證)이 되며, 음(陰)과 양(陽)의 한쪽이 너무 강하거나 약해짐을 의미하게 된다.

한증(寒證)이 극(極)에 달하여 열(熱)이 발생하는 진한가열(眞寒假熱)에서는 한증(寒證)임에도 열증(熱證)의 증후(證候)가 보일 수 있고, 열증(熱證)이 극(極)에 달하여 한(寒)이 발생하는 진열가한(眞熱假寒)에서는 한증(寒證)의 증후(證候)가 보일 수 있기 때문에 감별이 필요하다. 이것은 음(陰)의 극(極)에서 양(陽)이 발생하고, 양(陽)의 극(極)에서 음(陰)이 발생하는 원리이다. 보통 이런 경우에는 그 병(病)이 아주 심각한 경우일 것이다.

한증(寒證)은 외부에서 한사(寒邪)가 침입하거나, 내부의 양허증(陽虛證)으로 인해 발생하게 된다. 맥(脈)은 침지맥(沈遲脈)이며 사지(四肢)가 차게 되어 당연히 따뜻한 것을 좋아하게 되고, 양기(陽氣)가 약해져서 수액(水液)을 제어하지 못하므로 구규(九竅)에서 나오는 분비물들이 맑고, 묽고, 많아지게 되며, 내부로 들어가게 되면 복통(腹痛)과 설사(泄瀉)가 나타나게 된다.

4) 열증(熱證)

열증(熱證)은 외부에서 열사(熱邪)가 침입하거나, 내부의 음허증(陰虛證)으로 인해 발생하게 된다. 전자는 실열(實熱)이라 하고 후자는 허열(虛熱)이라 한다. 맥(脈)은 삭맥(數脈)을 나타내며 열(熱)이 나므로 찬 것을 좋아하게 되고, 열(熱)로 인해 수액(水液)이 타서 말라버리므로 목이 마르고 분비물이 줄어들고 걸쭉하게 된다.

5) 표증(表證)

표리(表裏)는 병증(病證)의 위치를 구분하는 것이다. 주로 외감병(外感病)을 변증(辨證)할 때 사용되며, 몸의 겉에 자리한 경락(經絡), 피모(皮毛), 주리(腠理)는 표(表)에 속하고, 몸의 속에 자리한 장부(臟腑)는 이(裏)에 속하게 된다. 표증(表證)이면 병증(病證)이 가볍고, 이증(裏證)이면 병이 깊어지게 된다. 그러나 표(表)와 이(裏)에 확실하게 자리잡지 않고 중간에 걸쳐 있는 반표반리(半表半裏)도 있을 수 있고, 양쪽에 동시에 병증(病證)을 나타내는 경우도 있다.

표증(表證)은 외감병(外感病)의 초기에 제일 먼저 나타나게 된다. 육기(六氣)가 사기(邪氣)인 육음(六淫)으로써 몸에 작용해서 병증(病證)을 일으키는 것이 외감병(外感病)인데, 주로 급성질환(急性疾患)일 때 표증(表證)이 보이게 된다. 사기(邪氣)가 몸에 침입하면, 제일 방어선에서 활동하는 위기(衛氣)가 몰려서 열(熱)이 발생하면서 체표(體表)를 온후(溫煦)하지 못해 오한(惡寒)이 같이 오게 되며, 전신에 통증이 있고, 맥(脈)은 부맥(浮脈)을 보이게 된다. 다른 장부(臟腑)에는 아직 영향을 미치지 못하였으나 가장 먼저 사기(邪氣)를 접하게 되는 폐(肺)에는 기침, 코막힘 등의 병증(病證)이 나타나게 된다.

표한증(表寒證)은 오한(惡寒)이 확실히 있고 전신에 통증이 나타나게 되며, 주로 표실증(表實證)으로 나타난다. 표열증(表熱證)은 열(熱)이 뚜렷하게 나타나며 인후부(咽喉部)의 발적(發赤)과 통증이 보이고, 기침이 있으면서 끈적끈적한 가래를 뱉게 된다. 열(熱)이 없어지지 않으면 표허증(表虛證)이 된다.

6) 이증(裏證)

이증(裏證)은 외감병(外感病)의 후기나 내상병(內傷病)에서 보이며 질병이 몸 안쪽의 장부(臟腑), 골수(骨髓)에 미쳐 있는 상태이다. 이증(裏證)은 그 원인이 다양하기 때문에 나타나는 병증(病證) 또한 다양하다. 맥(脈)은 주로 침맥(沈脈)이 나타나지만, 외감병(外感病)의 경우에 표증(表證)에서 내부로 사기(邪氣)가 들어오게 되면 주로 열(熱)을 내는 이열증(裏熱證)이 나타나서 오한(惡寒)이 없는 발열(發熱)을 보이며 삭맥(數脈)이 나타나고, 진행되면 이실증(裏實證)이 된다. 열(熱)이 없이 오한(惡寒)이 발생하는 이한증(裏寒證)이 보일 수도 있는데 양기(陽氣)가 부족할 경우에 나타나며 심해지면 이허증(裏虛證)이 된다.

7) 음증(陰證)

음증(陰證)은 허증(虛證), 한증(寒證), 이증(裏證)을 모두 포함하며, 특별히 질병이 심각하거나 그 근본까지 망가진 경우에는 음증(陰證)으로 직접 표현하기도 한다. 주로 음액(陰液)이 부족하면 음허증(陰虛證)이 되고, 완전히 소실될 정도가 되면 망음(亡陰)이라고 한다. 위축되어 웅크리고, 몸이 차며, 추위를 타고, 맥은 침지(沈遲)하며, 입맛이 없고, 대변은 묽고 비린내가 나며, 혀가 희고 연하며, 갈증이 없게 되면 모두 음증(陰證)의 증후(證候)이다.

8) 양증(陽證)

양증(陽證)은 실증(實證), 열증(熱證), 표증(表證)을 모두 포함한다. 주로 양기(陽氣)가 부족하면 양허증(陽虛證)이 되고, 그 정도가 크면 망양(亡陽)이 된다. 열(熱)이 나고 안색이 붉고, 숨이 차고, 불안하며, 갈증이 있고, 가래가 있으며, 수액(水液)이 말라서 변비(便秘)나 역한 냄새를 풍기는 대변을 보고, 소변도 마르게 되며, 맥은 삭(數)하고 실(實)하고, 혀가 붉고 혓바늘이 돋게 된다.

〈표 13〉 팔강(八綱)의 구분

八 綱		特 徵
虛 證	表虛證	頭痛, 項强, 發熱, 自汗, 惡風, 面白, 淡泄
	裏虛證	虛寒證과 虛熱證
	虛寒證	陽氣不足, 面白, 四肢厥冷, 惡寒, 淡泄, 小便長淸
	虛熱證	陰液損傷, 潮熱, 盜汗, 惡心煩熱, 口渴, 紅舌
實 證	表實證	表寒證 證候
	裏實證	實寒證과 實熱證
	實寒證	四肢厥冷, 惡寒, 腹痛, 面白, 腸鳴, 泄瀉, 食慾不振, 流涎, 小便長淸, 咳嗽, 더운 것을 좋아한다.
	實熱證	심한 發熱, 面赤, 目赤, 煩躁, 譫語, 便秘, 小便短赤, 口渴, 口乾, 찬 것을 좋아한다.
寒 證	表寒證	惡寒, 가벼운 發熱, 頭痛, 身痛, 無汗
	裏寒證	惡寒, 食慾不振, 不口渴, 口渴이 있더라도 더운 물을 좋아하고, 小便長淸, 淡泄
熱 證	表熱證	發熱, 가벼운 惡寒, 口渴, 頭痛, 舌尖紅
	裏熱證	面赤, 發熱, 口渴, 찬물을 좋아하고, 小便短赤, 便秘, 紅舌
表 證		惡寒, 發熱이 동시에 나타나고, 外感病의 초기, 鼻塞, 鼻涕, 咳嗽, 頭痛, 身痛
裏 證		惡寒, 發熱이 한 가지만 있는 경우가 많고, 外感病의 후기나 內傷病, 煩躁, 口渴, 腹痛, 小便短赤
陰 證		面白, 身重, 白舌, 食慾減少, 不口渴, 小便長淸, 惡寒, 四肢厥冷, 더운 것을 좋아한다.
陽 證		面赤, 發熱, 煩躁, 口乾, 紅舌, 便秘, 口渴, 小便短赤, 찬 것을 좋아한다.

2. 병인변증(病因辨證)

이제부터 본격적인 변증(辨證)으로 들어가게 된다. 질병의 원인을 외감(外感), 내상(內傷), 불내외인(不內外因)의 세 가지로 보통 나누어 볼 수 있는데, 외감(外感)은 육음(六淫)의 사기(邪氣)가 침입하여 생기는 것과 온병(瘟病), 즉 전염병으로 나눌 수 있고, 내상(內傷)은 칠정(七情)의 변화로 인해 정신적인 부분에서부터 기인된 질병이다. 불내외인(不內外因)은 외감(外感)과 내상(內傷)을 제외한 것으로, 음식이나 과로, 외상, 과도한 방사(房事), 기생충 등을 말하며, 주로 외부에서 발생하는 원인들이다. 이렇게 병의 원인을 찾아 변증(辨證)하는 방법을 병인변증(病因辨證)이라 하며, 변증(辨證)의 초기에 팔강변증(八綱辨證)과 동시에 이루어지게 된다.

1) 외감병(外感病)

외감병(外感病)의 원인 중에 육음(六淫)은 풍(風), 한(寒), 서(暑), 습(濕), 조(燥), 화(火)의 육기(六氣)가 몸에 사기(邪氣)로 작용을 하는 경우이다. 정상적인 날씨의 변화는 몸이 그에 순응하여 질병을 일으키지 않지만, 급격한 변화나 때에 맞지 않는 날씨가 나타나면 몸이 이기지 못해서 그 균형이 무너지게 되는 것이다.

(1) 풍음(風淫)

풍음(風淫)은 양사(陽邪)이며, 가장 광범위한 외감병(外感病)의 원인으로 열어서 발설(發泄)시키는 작용을 하여 열(熱)이 나고, 춥고, 머리가 아프며, 바람이 싫어진다. 맥(脈)은 부맥(浮脈)으로 기침, 콧물, 사지 저림과 함께 목과 사지의 경련을 일으켜 몸이 활처럼 휘게 된다. 바람처럼 가볍고 빨라서 급히 생기고 급히 낫게 된다. 간양(肝陽)이나 열(熱)에 의해서 몸 안에서 일어나는 풍사(風邪)에 의해서도 비슷한 병증(病證)이 생길 수 있는데 이를 내풍(內風)이라 한다.

풍한증(風寒證)은 풍사(風邪)와 한사(寒邪)가 겹쳐서 체표(體表)에 침입해서 나타나는데 주로 풍사(風邪)가 더 강할 때 나타난다. 한증(寒證)의 증후(證候)를 포함하고 오풍(惡風)이 발생하고, 폐(肺)에 침범하면 코막힘, 콧물, 기침이 발생한다. 표한증(表寒證)과는 달리 오한(惡寒)이 없다.

풍열증(風熱證)은 풍사(風邪)와 열사(熱邪)가 같이 체표에 침입하는 경우이다. 열(熱)을 끼고 있으므로 목마름이 있고, 발열(發熱)과 두드러기, 홍진(紅疹)이 가려움증을 동반해서 발생한다. 폐(肺)를 침범하면 기침이 날 수 있다.

(2) 한음(寒淫)

한음(寒淫)은 음사(陰邪)이며, 차고 웅크리게 만들어 오한(惡寒)과 발열(發熱)이 있고 머리와 몸이 아프며, 숨이 차고, 천식과 같은 기침을 하게 된다. 차갑게 만들기 때문에 병증(病證)이 있는 부위에서 나오는 분비물들도 찬 성질을 나타내며 통증이 심하게 된다. 양기(陽氣)가 허(虛)한 경우에 음(陰)이 넘쳐서 안에서 발생하는 내한(內寒)이 생길 수도 있지만, 이럴 경우에는 외한(外寒)에도 민감하게 반응하므로 내한(內寒)과 외한(外寒)은 서로 분리되어 있지 않다.

표한증(表寒證)은 한사(寒邪)가 체표(體表)에 침입한 초기에 나타나며 위기(衛氣)가 맞서 싸우므로 실증(實證)이고 오한(惡寒), 발열(發熱)이 나타난다. 폐주피모(肺主皮毛)로 체표(體表)는 폐(肺)가 주관하므로 표한증(表寒證)은 폐기(肺氣)의 흐름을 막아 기침과 코막힘이 나타나고,

한사(寒邪)가 체표(體表)에 있는 낙맥(絡脈)의 흐름을 막아 전신에 통증이 있게 된다. 표한증(表寒證)은 표열증(表熱證), 이한증(裏寒證)으로 진행될 수 있다.

이한증(裏寒證)은 한사(寒邪)가 몸속으로 들어가게 되어 발생하게 된다. 시간이 지나면 정기(精氣)가 약해질 수 있기는 하지만 기본적으로 정사(正邪)가 맹렬히 싸우게 되므로 실증(實證)에 속한다. 비위(脾胃)를 손상시켜 운화(運化)가 제대로 이뤄지지 않고, 경맥(經脈)의 흐름을 막아 복부가 불룩해지고 통증이 있게 되며 창명(腸鳴), 수양성 설사(泄瀉), 오심(惡心), 구토(嘔吐)가 나타난다. 병사(病邪)가 잡히지 않고 진행되면 비위(脾胃)의 양기(陽氣)를 손상시켜서 양허증(陽虛證)이 된다.

(3) 서음(暑淫)

서음(暑淫)은 양사(陽邪)이며, 열(熱)을 위로 올려 터뜨리게 되어 더운 것을 싫어하고, 어지럽고, 가슴이 답답하며, 수액(水液)을 소모시키므로 입이 마르고, 혀가 붉고 건조하며, 소변이 노랗고, 피로하게 되는 것은 서열(暑熱)이다. 열(熱)과 습(濕)이 동시에 나타나서 사지무력(四肢無力)과 식욕부진(食慾不振), 구토(嘔吐) 등을 같이 보이는 것은 서습(暑濕)이다.

서열증(暑熱證)은 주로 이실증(裏實證)으로 열증(熱證)의 증후(證候)를 보이며 양명병증(陽明病證)과 비슷하다. 내부에 들어 열(熱)에 의해 쉽게 진액(津液)을 과도하게 손상시킨다.

서습증(暑濕證)은 서사(暑邪)와 습사(濕邪)가 비위(脾胃)를 손상시키고 열증(熱證)을 보이며 주로 실증(實證)이고 빠르게 진행된다.

(4) 습음(濕淫)

습음(濕淫)은 음사(陰邪)이며, 끈적끈적하게 하여 몸이 무겁고, 기

(氣)의 운동을 방해하여 가슴과 위완(胃脘)부위가 답답하고, 사지에 습(濕)이 쌓여 관절이 아프고 무력하게 된다. 끈적끈적하여 쉽게 움직이려 하지 않는 만큼 병증(病證)도 쉽게 낫질 않는다. 비(脾)는 습(濕)을 싫어하지만 습(濕)은 비(脾)를 잘 괴롭히기 때문에 습사(濕邪)가 침입하면 비(脾)의 기능이 실조(失調)되어 나타나는 증후(證候)들이 많이 보이며, 비허(脾虛)인 경우에는 내습(內濕)이 발생할 수 있다.

풍습증(風濕證)은 풍사(風邪)와 습사(濕邪)가 같이 체표(體表)에 침입하는 경우로 대체적으로 실증(實證)에 속한다. 위기(衛氣)의 흐름을 막아 오풍(惡風), 발열(發熱)이 나타나고, 습사(濕邪)의 작용으로 기기(氣機)가 순조롭지 못해 몸이 무겁고 아프게 된다.

한습증(寒濕證)은 한사(寒邪)와 습사(濕邪)가 섞여서 침입하는 경우이다. 둘 다 음사(陰邪)이기 때문에 양기(陽氣)를 손상시켜 한증(寒證)의 증후(證候)를 보이게 되며 허증(虛證)이 되기도 하고 실증(實證)이 되기도 한다.

습열증(濕熱證)은 습사(濕邪)와 열사(熱邪)가 섞여 있는 경우인데 초기에는 주로 실증(實證)이었다가 진행될수록 허증(虛證)으로 가는 경향이 있다. 주로 이증(裏證)을 나타내는데 오후에 열(熱)이 심하게 되고, 습사(濕邪)가 소통을 막아 통증과 기기실조(氣機失調)를 나타낸다.

(5) 조음(燥淫)

조음(燥淫)은 서늘한 양조(涼燥)와 따뜻한 온조(溫燥)의 두 가지가 있다. 양조(涼燥)는 추위를 타며, 기침과 코막힘, 혀가 희고, 맥은 부맥(浮脈)이다. 온조(溫燥)는 몸이 덥고, 입이 마르며, 기침과 가래, 혀가 건조하고 맥은 부삭(浮數)하다.

양조증(涼燥證)은 폐(肺)와 체표(體表)에 조사(燥邪)가 침입하여 한증(寒證)을 주로 일으키고 주로 실증(實證)이다. 위기(衛氣)가 막혀 발열(發熱), 오한(惡寒)이 나타나고, 폐(肺)를 침범하여 코막힘과 기침이 나타나며 가래가 많고, 조사(燥邪)는 건조하여 진액(津液)을 말리므로 입이 마르고 목마름이 있다.

온조증(溫燥證)은 열증(熱證)을 주로 보이며 주로 실증(實證)이다. 위기(衛氣)가 막혀 발열(發熱)이 생기며 오한(惡寒)은 심하지 않고, 폐(肺)를 침범하여 마른기침, 코마름, 목마름이 나타나고 가래가 적으며 심하면 객혈(喀血)이 보이기도 한다.

(6) 화음(火淫)

화음(火淫)은 양사(陽邪)이며, 흔히 열(熱)과 함께 화열(火熱)이라 지칭한다. 빠르게 뜨거워져서 수액(水液)을 태우게 되며, 얼굴과 눈이 붉어지고, 피를 토하기도 하고, 맥(脈)은 삭맥(數脈)이며, 정신이상이 생기고, 몸의 곳곳이 곪아 터지게 된다. 화사(火邪)에 의한 병증(病證)이 있을 경우 나타나는 분비물들은 대체로 끈적끈적하다. 직접적인 화음(火淫)의 침입으로 발생하기도 하지만, 풍(風), 한(寒), 습(濕), 조(燥)의 사기(邪氣)가 침입한 후에 성(盛)해지면서 열(熱)이 발생해서 나타나기도 한다.

표열증(表熱證)은 열사(熱邪)가 체표(體表)에 침입한 것으로 질병의 초기에 나타나며 실증(實證)이다. 위기(衛氣)가 열사(熱邪)와 싸우고 기(氣)가 정체되기 때문에 열(熱)이 나고, 약한 오한(惡寒), 오풍(惡風)이 생기게 된다. 열(熱)은 진액(津液)을 태우기 때문에 목이 마르고, 열사(熱邪)에 의해 체표(體表)를 주관하는 폐(肺)의 기기(氣機)가 정상적이지 않게 되어 기침이 나고, 목이 아프게 된다.

이열증(裏熱證)은 열사(熱邪)가 몸 안으로 침입하여 발생하며 실증

(實證)이다. 몸에 열(熱)이 있어 오한(惡寒)은 없으나 오열(惡熱)이 있게 된다. 진액(津液)이 타게 되어 목마름이 심하고, 소변이 적어지고 황색을 띠며, 대변도 건조해지게 된다.

(7) 온병(瘟病)

온병(瘟病)은 전염병으로 온역(瘟疫), 역진(疫疹), 온황(瘟黃)의 세 가지로 구분하는데, 개의 전염병이 사람과 다른 것이 많기 때문에 이들 온병(瘟病)의 변증(辨證)을 그대로 적용하기에는 문제가 있어 보인다. 개의 전염병에 대해서는 케이스에 따라 변증(辨證)해야 하지 않을까 한다.

(표 14) 육음(六淫)의 구분

구 분	특 징
風 淫	發熱, 惡風, 自汗, 咳嗽, 鼻塞, 鼻涕, 腰痛, 角弓反張
寒 淫	惡寒, 發熱, 無汗, 頭痛, 身痛, 咳嗽, 喘息
暑 淫	發熱, 惡熱, 頭痛, 眩暈, 自汗, 口乾, 眞紅舌, 疲勞
濕 淫	頭重, 頭痛, 身重, 胸悶, 着痺
燥 淫	口渴, 口乾, 發熱, 惡寒
火 淫	發熱, 煩躁, 口乾, 面赤, 目赤, 斑疹, 譫語, 癰, 衄血, 吐血

2) 내상병(內傷病)

내상병(內傷病)의 주요 원인인 칠정(七情)은 기쁨(喜), 성냄(怒), 걱정(憂), 생각(思), 슬픔(悲), 두려움(恐), 놀람(驚)의 일곱 가지 정서로, 그 변화가 장부(臟腑)에 손상을 일으키게 되면 발병하게 되는 것이다. 이러한 마음속의 변화는 외부의 육체적, 정신적 자극에 의해서 받게 되는 stress를 포함하며, 더 넓은 의미의 정신적 충격을 말하는 것이다.

기쁨이 지나치면 기(氣)가 흩어진다. 심주희(心主喜) 희기완(喜氣緩)이라 하여 과도하게 기뻐하면 심(心)이 상하게 되고 기가 늘어져서 정신이상이 생길 수 있다.

노여움이 지나치면 기(氣)가 위로 치솟게 된다. 간주노(肝主怒) 노기상(怒氣上)이라 하여 과도하게 성을 내면 간(肝)이 상하게 되고 기(氣)가 상역(上逆)하여 피를 토하거나 코피를 흘리게 된다.

걱정과 슬픔은 기쁨의 반대로, 심(心)에서 시작되며 그 반응은 폐(肺)에 나타나므로 지나친 걱정과 슬픔은 폐(肺)를 상하게 하고 우울하게 만들고, 그 시작인 심(心)도 상하여 정신이상이 나타날 수 있다. 폐주우(肺主憂) 우기함(憂氣陷)라 하여 걱정이 많으면 기(氣)가 빠져서 올라오지 못하고, 비기소(悲氣消)라 하여 슬픔은 기(氣)를 날려 버린다.

걱정과 슬픔이 많으면 생각 또한 많아지게 되므로 비(脾)도 상하게 된다. 비주사(脾主思) 사기결(思氣結)이라 하여 생각이 많으면 비(脾)가 상하면서 기(氣)가 뭉치게 되고, 소화작용(消化作用)도 손상받아 식욕저하(食慾低下)가 온다.

공(恐)과 경(驚)은 두려움의 원인을 내부와 외부로 구분한 것인데, 둘 다 신(腎)이 주관하므로 두려움과 놀람이 지나치면 신(腎)이 상(傷)하게 된다. 신주공(腎主恐) 공기하(恐氣下)라 하여 과도한 두려움은 기를 아래로 내려 보내 놀라면 생똥을 싸거나 오줌을 지리게 되는 것이며, 경기난(驚氣亂)이라 하여 놀라면 기(氣)가 어지럽다 하였다.

개에서 어떠한 감정의 변화가 내상(內傷)으로 작용할 수 있을까? 물론 칠정(七情)이 모두 작용할 수는 있겠지만, 아마도 공포(恐怖)와 노함이 많을 것으로 생각된다. 실제로 공포(恐怖)에 의해서 일어나는 행동학적인 문제들을 우리는 가장 많이 접하고 있고, 화를 잘 내는 신경질적인 개들도 자주 보게 된다.

3) 불내외인(不內外因)

불내외인(不內外因)으로는 음식(飮食)과 과로(過勞), 방사(房事), 외상(外傷) 등이 있다.

음식(飮食)은 개에서 가장 많이 질병을 일으키는 원인일 것이다. 주로 폭식(暴食)에 의한 식체(食滯)가 많은데, 위완부(胃脘部)가 아프고 답답하며, 토하거나 트림이 나고, 비위(脾胃)의 운화(運化)기능의 실조로 창명(脹鳴)과 설사(泄瀉)가 나타난다. 맥은 유력(有力)한 실맥(實脈)이 보인다.

과로(過勞)가 개에서 있을까만은 사역견(使役犬)이나, 애완견이라도 운동이나 산책을 무리하게 하게 되면 당연히 피곤하고, 누워 쉬려 할 것이다. 과로(過勞)하게 되면 원기(元氣)가 손상되어 기혈(氣血)은 물론이고 근골(筋骨)과 기육(肌肉) 등 육체의 대부분이 손상되고 정신도 오락가락하게 된다. 반대로 너무 안 움직이고 드러누워만 있어도 기(氣)와 육(肉), 골(骨)을 상하게 된다.

방사(房事)의 과다로 손상받는 일은 사실 전문 종견이 아닌 다음에야 발생할 일이 많지 않다. 다만, 가내에서 자연교배를 하는 경우에 무리하면 가끔 나타날 수 있는데, 몸의 근본이 되는 정기(精氣)가 손상되어 기혈(氣血)이 허(虛)하게 된다.

자상(刺傷)이나 열상(裂傷)을 입게 되면, 피부(皮膚)와 근육(筋肉), 혈맥(血脈)이 손상되어 통증이 있고, 출혈로 인해 기(氣)의 소통(疏通)이 안 되기 때문에 손상부위가 붓고 발적(發赤)이 생기게 된다. 손상부위로 풍사(風邪)가 침입하면 오한(惡寒)과 발열(發熱)이 있고, 체표(體表)에서 안으로 들어가게 되면 사지(四肢)가 **뻣뻣**해지는 파상풍(破傷風)이 올 수 있다. 타박상(打撲傷)을 당하게 되면, 경락(經絡)과 기혈(氣血)의 소통이 막혀서 동통(疼痛)과 함께 붓고, 충혈(充血), 발적(發赤)이 나타나게 된다.

3. 육경변증(六經辨證)

외감병(外感病)의 변증(辨證)에 주로 사용되는 방법들은 육경변증(六經辨證), 경락변증(經絡辨證), 위기영혈변증(衛氣營血辨證), 삼초변증(三焦辨證)이다.

육경변증(六經辨證)은 삼음삼양(三陰三陽)에 기초하여 병증(病證)을 태양(太陽), 양명(陽明), 소양(少陽), 태음(太陰), 소음(少陰), 궐음(厥陰)의 여섯 가지로 나눈다. 십이정경맥(十二正經脈)과 장부(臟腑)의 변화를 모두 포함하여 총괄한 것이기는 하나, 주로 풍한(風寒)에 의한 외감병(外感病)을 중점적으로 변증(辨證)하는 방법이다.

삼양(三陽)은 부(腑)를 기초로 하고 사기(邪氣)가 아직 체표(體表)에 머물고 있는 상태이며, 삼음(三陰)은 장(臟)을 기초로 하고 사기(邪氣)가 몸속으로 들어간 것이다. 병증(病證)은 삼양(三陽)에서 삼음(三陰)으로 전변(轉變)되기도 하고, 각각의 육경(六經)은 태양(太陽), 양명(陽明), 소양(少陽), 태음(太陰), 소음(少陰), 궐음(厥陰)으로 병증(病證)이 전변(轉變)되나, 처음부터 삼음(三陰)으로 들어가기도 하는데, 이를 직중(直中)이라 한다.

삼양병증(三陽病證)은 사기(邪氣)와 정기(正氣)가 강하게 부딪치며, 체표(體表)에 머물고, 그리 중(重)하지 않은 상태이며, 삼음병증(三陰病證)은 정기(正氣)가 약해서 몸속으로 사기(邪氣)가 침입하여 그 상태가 점점 중(重)해지는 것이다.

1) 태양병증(太陽病證)

태양병증(太陽病證)은 최일선에서 외사(外邪)를 맞아 방어작용을 하면서 외감열병(外感熱病)의 초기에 나타나는 병증(病證)이다. 주로 풍한사(風寒邪)에 의한 경우가 많고, 표(表)에서 이(裏)로, 한(寒)에서 열(熱)로 변하는 경우가 많다. 맥(脈)은 부맥(浮脈)이며, 발열(發熱)과 오한(惡寒)이 있고, 머리와 목을 비롯한 등줄기가 시큰하고 뻣뻣해진다.

2) 양명병증(陽明病證)

양명병증(陽明病證)은 병사(病邪)가 안으로 들어간 상태로 열(熱)이 매우 심해진 이실열증(裏實熱證)의 상태이며 열사(熱邪)가 기분(氣分)에 들어간 기분증(氣分證)과 유사하다. 입이 건조해서 물을 찾게 되고, 얼굴이 붉어지게 되며, 땀이 많이 나게 된다.

3) 소양병증(少陽病證)

소양병증(少陽病證)은 병사(病邪)가 표(表)와 이(裏)의 중간에 머물러 있는 병증(病證)이다. 한열(寒熱)이 교차하는 것이 소양병증(少陽病證)의 가장 큰 특징이며 양명병(陽明病)보다는 정기(正氣)가 약해진 상태로 기본적으로는 실증(實證)이고 이열증(裏熱證)이다. 뚜렷한 표증(表證)도 뚜렷한 이증(裏證)도 잘 보이지 않으며, 목이 마르고, 가슴이 답답하고, 토하기도 한다.

4) 태음병증(太陰病證)

태음병증(太陰病證)은 이허한습증(裏虛寒濕證)으로 주로 비양(脾陽)이 허(虛)해지면서 발생한다. 비위(脾胃)의 양기(陽氣)를 깎아 먹어 사기(邪氣)에 대응하는 힘이 이미 부족해졌지만 그 정도는 아직 심하지 않은 상태이다. 기(氣)의 흐름이 원활하지 못해서 복통(腹痛)이 있고, 식욕저하(食慾低下), 설사(泄瀉)가 나타나고, 목은 마르지 않는다.

5) 소음병증(少陰病證)

소음병증(少陰病證)은 허한증(虛寒證) 또는 허열증(虛熱證)으로 소음경(少陰經)의 심(心), 신(腎)이 모두 힘이 빠져 전신적인 저항력의 감퇴를 보이는 상태이다. 양허(陽虛)이든 음허(陰虛)이든 위중한 상태로 더 진행되면 망양(亡陽), 망음(亡陰)이 나타나서 회복하기 힘들게 된다.

6) 궐음병증(厥陰病證)

궐음병증(厥陰病證)은 질병의 마지막 단계로 궐음(厥陰)에까지 병사(病邪)가 들게 되면 아주 중(重)한 상태이고, 말기이며, 고치기 힘들다. 주로 간신(肝腎)의 정기(正氣)가 심하게 손상된 증후(證候)를 보이게 되며 전체적인 기혈(氣血)의 흐름이 완전히 망가지게 되어 체온이 떨어지고, 구토(嘔吐), 설사(泄瀉)와 함께 한열(寒熱)이 동시에 나타난다.

이들 육경(六經)의 병증(病證)은 하나만 나타나지 않고, 여러 개의 병증(病證)이 합병(合病)되어 한꺼번에 나타나기도 하며, 서로 옮겨 다니고, 하나가 낫기 전에 다른 병증(病證)이 발생하기도 한다.

110

(표 15) 육경병증(六經病證)의 구분

구 분		특 징
太陽病證	太陽傷寒證	風寒邪氣로 인해 발생, 發熱, 뚜렷한 惡寒, 頸項强痛, 身痛, 咳嗽, 氣喘, 無汗
	太陽中風證	風邪로 인해 발생, 경미한 發熱, 惡風, 項强, 咳嗽, 氣急, 自汗, 경미한 身痛
	太陽風濕證	風濕邪 중 주로 濕邪로 인해 발생, 惡寒과 發熱, 汗出이 일정치 않고, 저녁에 潮熱, 關節痛, 小便不利, 心悸, 氣短
陽明病證	陽明氣熱證	熱邪가 氣分에 들어 발생, 지속적인 高熱, 惡熱, 多汗, 煩躁, 口渴, 面紅
	陽明腑實證	腸胃에 熱邪가 들어 발생, 오후에 潮熱, 煩躁, 譫語, 腹痛, 腹部脹滿, 燥屎
少陽病證	正邪紛爭證	太陽病에서 轉經, 寒熱往來, 胸脇脹滿, 惡心, 嘔吐, 心煩不安, 食慾不振
	少陽經熱證	熱邪가 直中하여 발생, 側頭痛, 發熱不惡寒, 耳聾, 口苦, 咽乾, 目眩, 目赤, 胸悶, 心煩
太陰病證	太陰吐利證	寒濕邪의 外感으로 발생, 소화되지 않은 下利, 粘液便, 惡心, 嘔吐, 熱象이 없다.
	太陰腹痛證	寒邪가 裏로 들어가 발생, 腹痛이 심하지만 먹으면 완화되고, 嘔吐와 下利가 없다.
少陰病證	少陰寒化證	心腎의 陽氣損傷으로 발생, 發熱이 없는 惡寒, 四肢不溫, 飱泄, 小便長淸, 惡心, 더운 물을 좋아한다.
	少陰熱化證	心腎의 陰氣損傷으로 발생, 밤에 심한 發熱, 不惡寒, 不眠, 心煩, 心悸, 口乾, 咽乾
厥陰病證	厥熱勝復證	手足厥冷 후 發熱, 煩躁, 膿痰咳嗽, 膿血下利
	寒熱錯雜證	腹痛, 面白, 四肢不溫 등의 寒證과 膿血痰, 嘔吐, 咳嗽 膿血下利 등의 熱證이 동시에 나타난다.

4. 경락변증(經絡辨證)

경락(經絡)은 내부에 있는 장부(臟腑)의 변화를 몸의 바깥쪽으로 표현하기도 하고, 외사(外邪)의 침입에 의해 장부(臟腑)의 이상을 일으키게 되는 통로이기도 하다. 그러므로 경락변증(經絡辨證)은 내상병(內傷病)과 외감병(外感病)의 모두에 사용되며, 항상 따로 변증(辨證)하는 것이 아니고 장부(臟腑)와 기혈(氣血)의 변화를 같이 고려해야 한다.

경락변증(經絡辨證)은 십이정경맥변증(十二正經脈辨證)과 기경팔맥변증(奇經八脈辨證)으로 나눈다. 십이정경맥(十二正經脈)은 장부(臟腑)와 서로 연계되어 있으므로 어떠한 장부(臟腑)의 이상인지, 표리관계(表裏關係)에 따른 변화는 무엇인지 등을 잘 고려해야 질병의 근본을 파악할 수 있다. 기경팔맥(奇經八脈)도 십이정경맥(十二正經脈)을 통해 각 장부(臟腑)와 연락하며, 각자 주관하는 바가 있기 때문에 이들의 변화를 잘 따져서 변증(辨證)해야 한다.

1) 십이정경맥병증(十二正經脈病證)

(1) 수태음폐경병증(手太陰肺經病證)

수태음폐경병증(手太陰肺經病證)은 그 유주방향인 가슴이 답답하고, 팔꿈치와 팔의 앞면에 통증이 있고, 결분(缺盆)이 아프고, 병사(病邪)가 위기(衛氣)를 막아 오한(惡寒)과 발열(發熱)이 나타난다. 폐(肺)의 선발숙강(宣發肅降)이 어렵게 되어 기침이 나고, 폐기(肺氣)가 허약해지면 숨이 약하고, 통조수도(通調水道)의 기능이 망가지면 소변을 자주 누고 양이 적어지게 된다.

(2) 수양명대장경병증(手陽明大腸經病證)

수양명대장경병증(手陽明大臟經病證)은 그 유주방향인 인후통(咽喉痛), 치통(痔痛), 어깨 앞쪽과 팔꿈치의 통증이 나타나고, 맑은 콧물이나 코피가 나고, 목이 마르게 된다. 대장(大腸)에 습열(濕熱)이 쌓이면 설사(泄瀉)가 생기고, 열사(熱邪)가 대장(大腸)의 진액(津液)을 태우면 변비(便秘)가 발생한다.

(3) 족양명위경병증(足陽明胃經病證)

족양명위경병증(足陽明胃經病證)은 그 유주방향인 배 쪽의 발열(發熱)과, 비통(鼻痛), 코피, 치통(齒痛)이 나타나고, 풍(風)이 들면 입이 돌아가게 된다. 위(胃)에 한사(寒邪)가 들어 기기(氣機)가 막히면 위완통(胃脘痛)이 있고, 기역(氣逆)하면 구토(嘔吐)와 오심(惡心), 트림이 나고, 열(熱)이 들면 쉽게 배가 고프고 심(心)을 치면 광증(狂症)이 나타날 수 있다. 비(脾)에 영향을 주면 복부팽만(腹部膨滿)이나 부종(浮腫)이 생길 수 있다.

(4) 족태음비경병증(足太陰脾經病證)

족태음비경병증(足太陰脾經病證)은 그 유주방향인 혀가 뻣뻣하고, 토(吐)하고, 배가 팽만(膨滿)하고, 트림과 방귀가 나며, 넓적다리와 무릎 안쪽, 엄지발가락에 이상이 생긴다. 비(脾)의 운화(運化)가 정상적이지 않으면 위기(胃氣)가 상역(上逆)하여 구토(嘔吐), 트림 등이 생기고, 기(氣)가 울체(鬱滯)되어 복부(腹部)가 팽만(膨滿)하게 된다. 수습(水濕)의 이동에 이상이 생기면 설사(泄瀉), 수종(水腫)이 생기고 담즙분비가 순조롭지 못해 황달(黃疸)이 발생한다.

(5) 수소음심경병증(手少陰心經病證)

수소음심경병증(手少陰心經病證)은 그 유주방향인 목이 마르고, 심장부위와 옆구리가 아프다. 심맥(心脈)이 막혀 심통(心痛)이 발생하고, 불면(不眠), 정신이상이 생길 수 있다. 또한 심(心)의 병증(病證)은 표리(表裏)인 소장(小腸)에 영향을 주며, 같은 소음경(少陰經)인 신(腎)에도 문제를 일으킬 수 있으나, 군주지관(君主之官)이 약해지면 결국 전신으로 파급되게 된다.

(6) 수태양소장경병증(手太陽小腸經病證)

수태양소장경병증(手太陽小臟經病證)은 그 유주방향인 목이 아프고, 뺨이 부으며, 머리를 돌리기 힘들다. 어깨, 팔꿈치, 팔의 뒤쪽 가장자리가 아프다. 소복(少腹)이 팽만하고 아프며, 비별청탁(泌別淸濁)에 이상이 생겨 소변이 잦고, 설사(泄瀉) 또는 변비(便秘)가 생길 수 있다.

(7) 족태양방광경병증(足太陽膀胱經病證)

족태양방광경병증(足太陽膀胱經病證)은 오한(惡寒), 발열(發熱)과 코가 막히며, 두통(頭痛)과 안통(眼痛)이 있다. 그 유주방향인 목뒤 쪽, 등, 허리, 다리 등에 통증이 있다. 방광(膀胱)의 기화(氣化)가 정상적이지 못하면 소복창만(少腹脹滿)이 있게 되고, 소변이 불편하며 유뇨(遺尿)가 있게 된다.

(8) 족소음신경병증(足少陰腎經病證)

족소음신경병증(足少陰腎經病證)은 나른하고, 잘 누워 있으며, 숨이 차다. 목이 마르고 가슴이 답답하며, 그 유주방향인 허리와 다리에 통증이 있다. 신(腎)의 납기(納氣)에 이상이 생기면 위로 치솟아 기침이 나고, 혈(血)의 추동(推動)이 정상적이지 못해 얼굴이 까맣게 된다. 신(腎)의 개합(開闔)이 제대로 이뤄지지 않으면 방광(膀胱)이 소변을 조절하지 못해서 유뇨(遺尿)가 나타난다.

(9) 수궐음심포경병증(手厥陰心包經病證)

수궐음심포경병증(手厥陰心包經病證)은 심장이 두근거리고, 얼굴이 붉어지며, 손바닥에 열이 난다. 심포(心包)는 심(心)을 보호하는 작용을 하기 때문에 심포(心包)에 병이 들면 바로 심(心)에 영향을 주게 된다.

114

(표 16) 십이정경맥병증(十二正經脈病證)의 구분

구 분	특 징
手太陰肺經病證	惡寒, 發熱, 缺盆痛, 肩背痛, 咳嗽, 胸悶, 脹滿, 心煩, 氣喘
手陽明大腸經病證	鼻衄, 淸冷鼻涕, 齒痛, 口渴, 頸腫, 目黃, 喉痺, 腹痛, 泄瀉 또는 便秘, 腸鳴
足陽明胃經病證	鼻痛, 鼻衄, 齒痛, 咽喉腫痛, 足背痛, 胃脘痛, 水腫, 發狂, 嘔吐
足太陰脾經病證	身重, 嘔吐, 胃脘痛, 혀가 뻣뻣하고 아프며, 噯氣, 放氣, 食慾低下, 黃疸, 水腫,
手少陰心經病證	口渴, 咽乾, 脇痛, 心悸, 不眠, 掌心熱
手太陽小腸經病證	咽喉腫痛, 耳聾, 目黃, 泄瀉 또는 便秘, 少腹脹痛, 頻尿
足太陽膀胱經病證	咽喉痛, 頸項痛, 頭痛, 鼻塞, 鼻衄, 惡寒, 發熱, 遺尿, 小便不利, 少腹脹滿
足少陰腎經病證	腰痛, 足心熱痛, 口熱, 咽喉腫痛, 心煩, 下肢無力, 氣喘, 面黑, 遺尿
手厥陰心包經病證	掌心熱, 腋下腫痛, 胸脇痛, 心痛, 面赤, 心悸
手少陽三焦經病證	咽喉腫痛, 外眥痛, 耳聾, 水腫, 遺尿, 小便不利
足少陽膽經病證	缺盆痛, 目眩, 胸脇痛, 外眥痛, 偏頭痛, 黃疸, 太息, 口苦, 不眠, 驚悸
足厥陰肝經病證	少腹痛, 疝氣, 頭頂痛, 咽乾, 眩暈, 胸脇痛, 口苦, 화를 잘 낸다.

(10) 수소양삼초경병증(手少陽三焦經病證)

　수소양삼초경병증(手少陽三焦經病證)은 귀가 잘 안 들리고, 인후(咽喉)가 붓고 통증이 있으며, 그 유주방향인 눈, 뺨, 귀 뒤, 팔의 바깥쪽에 통증이 있다. 삼초(三焦)는 전신의 수액(水液)을 이동시키는 통로이므로 정상적인 기능을 발휘하지 못하면 수종(水腫)과 소변이상, 유뇨(遺尿)를 보일 수 있다.

(11) 족소양담경병증(足少陽膽經病證)

족소양담경병증(足少陽膽經病證)은 한열(寒熱)이 교차하며, 입이 쓰고, 흉협부(胸脇部)의 통증이 있고, 그 유주방향에 따라 편두통(偏頭痛), 다리, 무릎외측의 통증이 있다. 담즙이 넘쳐 구고(口苦), 황달(黃疸)이 나타나고, 담(膽)의 결단(決斷)이 제대로 작용하지 못하면 경계(驚悸)가 나타나고 겁이 많아지게 된다.

(12) 족궐음간경병증(足厥陰肝經病證)

족궐음간경병증(足厥陰肝經病證)은 허리가 아프고, 배가 아프고, 구역질과 설사(泄瀉)가 있다. 아랫배가 아프고 소변이 편하지 않게 된다. 담경병증(膽經病證)과 마찬가지로 흉협부(胸脇部)가 아프고 구고(口苦)가 나타나며 화를 잘 내게 된다.

2) 기경팔맥병증(奇經八脈病證)

(1) 독맥병증(督脈病證)

독맥병증(督脈病證)은 사기(邪氣)가 침입해 실증(實證)을 일으키면 뇌(腦)와 척수(脊髓)에 연결되기 때문에 척추경련(脊椎痙攣)과 강직(强直)이 있고, 허증(虛證)이면 뇌(腦)를 영양하지 못해 건망(健忘), 현훈(眩暈)이 나타나며 머리가 무겁다.

(2) 임맥병증(任脈病證)

임맥병증(任脈病證)은 음(陰)을 주관하기 때문에 음한(陰寒)이 몰리게 되면 남자는 산기(疝氣), 여자는 대하(帶下)가 나타난다. 임맥(任脈)이 통하지 않거나 허약하면 불임(不姙)이 되고 폐경(閉經)이 빨리 오며, 고환창통(睾丸脹痛)이 나타난다. 충맥(衝脈)과 연관되어 월경(月經)과 임신(姙娠)을 주관한다.

(3) 충맥병증(衝脈病證)

충맥병증(衝脈病證)은 자궁(子宮)에서 인후(咽喉)로 순행하므로 기(氣)가 상역(上逆)하면 기침, 복부팽만(腹部膨滿), 가슴이 답답한 증상과 구토(嘔吐), 오심(惡心)이 나타난다. 충맥(衝脈)의 혈(血)이 부족하면 초경(初經)이 늦어지고, 월경량(月經量)이 적고, 일찍 폐경(閉經)하게 되며 발육이 늦게 된다. 기(氣)가 울결(鬱結)하여 혈(血)이 막히게 되면 소복(少腹)의 통증이 있고, 유방통(乳房痛)이 있고, 유즙(乳汁)이 적어지게 되며 임신(姙娠)이 잘 안 된다.

(4) 대맥병증(帶脈病證)

대맥병증(帶脈病證)은 마지막 늑골 아래에서 몸을 횡(橫)으로 돌기 때문에 배가 팽만(膨滿)하고, 허리가 안 구부러지며, 배꼽부위와 허리가 아프다. 허리띠와 같은 작용을 하므로 견고하게 묶어주지 못하면 대하(帶下), 붕루(崩漏), 자궁하수(子宮下垂)와 활태(滑胎)가 일어난다.

(5) 유맥병증(維脈病證)

양유맥병증(陽維脈病證)은 한열표증(寒熱表證)이고 장기간 발열(發熱)이 지속되며, 음유맥병증(陰維脈病證)은 심통(心痛)이 있는 이증(裏證)이 나타난다.

(6) 교맥병증(蹻脈病證)

양교맥병증(陽蹻脈病證)은 광증(狂症)이며, 음교맥병증(陰蹻脈病證)은 손발이 차고 오한(惡寒)이 드는 음궐(陰厥)이 나타난다. 교맥(蹻脈)은 뒷다리를 순행하므로 기혈부족(氣血不足)이 있으면 뒷다리가 약해지고 절게 된다.

(표 17) 기경팔맥병증(奇經八脈病證)의 구분

구 분		특 징
督脈病證	督脈陽虛證	房事過多, 久病, 陽虛, 高齡으로 발생, 脊椎寒令, 勃起不全, 遺精, 遺尿, 少腹冷痛
	督脈空虛證	督脈의 損傷, 不實, 髓海의 不足으로 발생, 頭重, 眩暈, 健忘, 耳聾, 耳鳴, 要脊痛
	邪犯督脈證	風毒이 督脈을 막아 발생, 角弓反張, 項背强直, 牙關緊急, 頭痛, 發熱
任脈病證	任脈不通證	寒邪가 任脈을 막아 발생, 不姙, 閉經, 睾丸脹痛
	任脈虛衰證	脾胃腎虛, 만성병에 이어 발생, 滑胎, 不姙, 閉經, 崩漏, 赤白帶下, 面黃, 乏力
衝脈病證	衝脈氣結證	생각이 많거나, 寒邪가 막혀서 발생, 月經不調, 少腹積塊, 乳房脹痛, 유즙분비감소, 不姙
	衝脈氣逆證	정신자극, 衝脈氣結證 이후에 발생, 嘔吐, 惡心, 咳嗽, 吐血, 胃脘痛, 膈痛, 胸痛
	衝脈虛衰證	脾胃腎虛로 발생, 월경량감소, 閉經, 少腹痛, 心悸, 不眠, 面黃, 頭暈, 目眩, 陰毛不實
帶脈病證		中氣虛弱, 腎氣不足, 久病으로 발생, 白帶下, 要脊部隱痛, 子宮下垂, 滑胎
維脈病證		久病, 勞倦으로 인한 內傷으로 발생, 心胸隱痛, 發熱, 脇痛, 腰痛, 四肢虛弱
蹻脈病證		蹻脈不實, 脾虛, 久病으로 인해 발생, 下肢無力, 眼瞼下垂, 不眠

5. 위기영혈변증(衛氣營血辨證)

위기영혈변증(衛氣營血辨證)은 육경변증(六經辨證)을 발전시킨 변증법(辨證法)으로, 외감온열병(外感溫熱病)의 변증(辨證)을 위해서 사용된다. 온사(溫邪)는 위분(衛分), 기분(氣分), 영분(營分), 혈분(血分)으로 전변(轉變)되는데, 위분증(衛分證)은 체표의 피모(皮毛)와 폐(肺)에, 기분증(氣分證)은 폐(肺), 위(胃), 장(腸), 담(膽) 등의 장부

(臟腑)에, 영분증(營分證)은 심(心)과 심포(心包)에, 혈분증(血分證)은 간(肝)과 신(腎)에 나타나게 된다.

1) 위분증후(衛分證候)

위분증후(衛分證候)는 외감온열병(外感溫熱病)의 초기에 나타나며, 발열(發熱), 오풍(惡風), 오한(惡寒)이 들고, 맥(脈)은 부삭(浮數)하며, 위기(衛氣)가 손상되어 폐(肺)의 기능이 실조(失調)되므로 기침이 나고, 열(熱)로 인해서 목이 마르며, 인후(咽喉)의 부종(浮腫)과 동통(疼痛)이 생기게 된다. 일반적으로 열증(熱證)이면서 실증(實證)을 나타내고, 표열증(表熱證)은 열증(熱證)만을 나타내게 되지만, 위분증(衛分證)은 열(熱)과 풍(風), 서(暑), 습(濕), 조(燥)가 섞여서 나타날 수 있다.

2) 기분증후(氣分證候)

기분증후(氣分證候)는 병사(病邪)가 위분(衛分)에서 잡히지 않고 내부의 장부(臟腑)에 침입하여 열(熱)이 들끓는 이열증(裏熱證)이며 실증(實證)이다. 오한(惡寒)이 없고 가슴이 답답하며, 삭맥(數脈), 구갈(口渴) 등의 열증(熱證)을 보이며 주로 낮에 열(熱)이 심하다. 열(熱)이 폐(肺)를 침입하면 기침이 나고 숨이 차며, 가래가 끓고, 흉통(胸痛)이 있다. 열(熱)이 흉격(胸膈)을 침입하면 가슴이 답답하고, 불안하고, 입술이 마르고, 구갈(口渴), 변비(便秘)가 있다. 열(熱)이 위(胃)를 침입하면 몸이 뜨겁고, 얼굴이 붉어지며, 가슴이 답답하고, 구갈(口渴)이 있는데, 열(熱)이 가장 심한 양명병증(陽明病證)과 비슷하다. 열(熱)이 장(腸)을 침입하면 변비(便秘), 수양성 설사(泄瀉), 혓바늘, 복통(腹痛)이 있다.

3) 영분증후(營分證候)

영분증후(營分證候)는 병사(病邪)가 기분(氣分)에서 영분(營分)으로 들어가서 병이 안쪽 깊은 곳으로 숨으며 심해지는 것이다. 영(營)은 맥(脈)에 자리잡고, 맥(脈)은 심(心)이 주관하므로, 병사(病邪)가 영분(營分)에 들면, 심신(心神)이 요란하여 가슴이 답답하고, 헛소리를 하며, 잠을 못자고, 밤에 열(熱)이 심하고, 반진(斑疹)이 생긴다.

4) 혈분증후(血分證候)

혈분증후(血分證候)는 가장 병이 중한 단계로, 혈(血)을 주관하는 심(心)과 저장하는 간(肝)의 기능에 영향을 미치고, 열(熱)로 인해 신(腎)의 진음(眞陰)을 소모시키게 된다. 영분증후(營分證候)와 비슷하나 더 심해지고, 토혈(吐血), 육혈(衄血), 변혈(便血), 요혈(尿血) 등이 발생한다. 초기에는 실열증(實熱證)을 보이나 오래 지속되면 허실(虛實)이 동시에 나타나게 된다.

〈표 18〉 위기영혈병증(衛氣營血病證)의 구분

구 분		특 징
衛分證	風熱衛分證	風熱邪가 체표와 肺에 침입하여 발생, 뚜렷한 發熱, 미약한 惡寒, 惡風, 頭痛, 咽痛, 咳嗽
	暑熱衛分證	暑熱邪가 약하게 外感되어 발생, 뚜렷한 發熱, 미약한 惡寒, 頭暈, 咳嗽, 心煩, 口渴
	濕熱衛分證	濕熱邪가 체표에 침입하여 발생, 發熱, 초기에는 濕象이 뚜렷하고, 뚜렷한 惡寒, 頭重, 肌肉痛, 關節痛
氣分證	邪熱壅肺證	邪氣가 裏로 들어가면서 肺氣를 막아서 발생, 發熱, 口渴, 汗出, 咳嗽, 胸痛, 氣喘, 不惡寒,
	熱擾胸膈證	熱邪가 胸膈을 擾亂하여 발생, 心煩, 身熱, 口渴, 便秘

구 분		특 징
氣分證	陽明氣熱證	胃熱亢盛, 氣分大熱과 같으며, 熱邪가 陽明氣分에 들어 발생, 심한 發熱, 面赤, 心煩, 口渴, 壯熱, 惡熱, 多汗, 飮冷, 小便黃赤
	熱鬱少陽證	熱邪가 膽經에 鬱結하여 발생, 惡心, 嘔吐, 身熱起伏 또는 寒熱往來, 口苦, 咽乾, 口渴, 心煩, 小便短赤
	衛氣同病證	發熱, 頭痛, 身痛, 身重, 鼻塞, 咳嗽, 미약한 惡風惡寒, 口渴, 心煩, 多汗, 小便黃赤, 口苦, 咽痛
營分證	初入營分證	熱邪가 氣分에서 營分으로 막 넘어온 상태, 壯熱, 心煩, 口渴, 小便黃赤
	衛營同病證	鼻塞, 咳嗽, 頭痛, 身痛, 發熱, 미약한 惡風惡寒, 미약한 斑疹, 胸悶, 身重, 밤에 심한 心煩
	氣營兩燔證	高熱, 미약한 斑疹, 口渴, 心煩, 尿赤, 便秘
血分證	熱盛動血證	熱邪가 血絡을 손상하여 발생, 밤에 심한 身熱, 煩躁不眠, 發狂, 뚜렷한 斑疹, 吐血, 鼻血, 血便
	氣血兩燔證	壯熱, 煩渴喜飮, 뚜렷한 斑疹, 吐血, 便血, 煩躁不眠, 煩狂
	營血同病證	야간에 身熱, 吐血, 血便, 口乾, 心煩, 斑疹
心包證		邪氣가 心包에 들어 心竅를 막아 발생, 發熱, 譫語, 肢厥, 咽喉痰聲, 舌蹇

6. 삼초변증(三焦辨證)

삼초변증(三焦辨證)은 온병(溫病)의 발전에 따른 상(上), 중(中), 하(下)의 삼초(三焦)에서 나타나는 병리적 변화를 변증(辨證)하는 방법이다.

1) 상초병증(上焦病證)

온사(溫邪)가 코와 입을 통해서 수태음폐경(手太陰肺經)에 들면 상역(上逆)하여 수궐음심포경(手厥陰心包經)으로 진행하거나 중초(中焦)로 내려가 족양명위경(足陽明胃經)으로 전변(轉變)된다.

사기(邪氣)가 상초(上焦)로 들어 폐(肺)에 침입하면 약한 오한(惡寒), 오풍(惡風)과 열(熱)이 나고, 기침이 있으며, 심포(心包)를 침입하면 혀가 굳게 된다.

2) 중초병증(中焦病證)

중초병증(中焦病證)은 비(脾)와 위(胃)에 영향을 미치는데, 양명조열증(陽明燥熱證)이 나타나면 얼굴과 눈이 붉고, 다호흡(多呼吸), 구갈(口渴), 변비(便秘)가 나타나고 입술과 혀가 마른다. 태음습열증(太陰濕熱證)이 나타나면 얼굴이 누렇고, 몸이 무겁고, 가슴이 답답하며, 대소변이 편하지 않거나 설사(泄瀉)가 난다.

3) 하초병증(下焦病證)

하초병증(下焦病證)은 주로 중초(中焦)의 양명조열증(陽明燥熱證)이 하초(下焦)를 침입해서 간(肝)과 신(腎)의 음(陰)을 손상시키는 경우이다. 허열(虛熱)이 발생해서 손발이 뜨겁고 입이 마르며 잠이 오지 않고 피로하며 맥(脈)은 허(虛)하다. 태음습열증(太陰濕熱證)이 하초(下焦)로 전변(轉變)되면 습(濕)이 몰려 양(陽)을 손상시키게 된다.

7. 기혈진액변증(氣血津液辨證)

기혈진액변증(氣血津液辨證)은 말 그대로 기(氣), 혈(血), 진액(津液)의 변화를 분석하여 변증(辨證)하는 방법이며, 기혈진액(氣血津液)

은 장부(臟腑)의 변화와 밀접한 관계를 가지기 때문에 장부변증(臟腑辨證)과 더불어 주로 내상병(內傷病)의 변증(辨證)에 사용된다.

1) 기병(氣病)

기병(氣病)은 기허증(氣虛證), 기함증(氣陷證), 기체증(氣滯證), 기역증(氣逆證)의 네 가지가 있다.

(1) 기허증(氣虛證)

기허증(氣虛證)은 허약(虛弱), 과로(過勞), 연령(年齡) 등의 원인으로 인해 기(氣)가 약해진 경우이다. 원기(元氣)가 모자라게 되므로 전신의 기능이 감퇴되어 숨이 차고, 기운이 없고, 어지럽고, 움직이면 더 심해지며, 허맥(虛脈)이 나타난다. 기허(氣虛)와 양허(陽虛)는 대체로 비슷하지만, 양허(陽虛)일 경우에는 음한(陰寒)이 상대적으로 성(盛)해져서 한증(寒證)의 증후(證候)가 더 뚜렷이 나타난다. 기허(氣虛)는 혈허(血虛)를 같이 동반하는 경우가 많은데, 혈(血)이 부족하면 혈(血)을 타고 다니는 기(氣) 또한 부족해지고, 기(氣)가 부족하면 혈(血)의 생성(生成)과 추동(推動)이 안 되기 때문이다.

(2) 기함증(氣陷證)

기함증(氣陷證)은 기(氣)가 아래로 처지는 경우이다. 어지럽고, 숨이 짧고, 피로하며, 설사(泄瀉)가 오래가고, 탈항(脫肛) 등의 하수(下垂)가 나타나고, 위하수(胃下垂)가 오면 배가 묵직하다. 출산 후에 조리하지 않고 일찍 일을 시작하면 자궁하수(子宮下垂)가 올 수 있다. 주로 비위(脾胃)의 기(氣)가 처지는 중기하함(中氣下陷)이 보일 수 있는데, 기허(氣虛)가 심해지면 나타나게 된다.

(3) 기체증(氣滯證)

기체증(氣滯證)은 어느 한 부위나 장부(臟腑)의 기(氣)가 뭉쳐서 움직임이 순조롭지 못한 경우이다. 발생한 부위가 답답하고 묵직하며 통증이 있다. 기기(氣機)의 움직임이 막혀서 그 막힌 부위에 통증을 동반하게 된다. 기체(氣滯)가 나타나면 뒤따라서 혈(血)의 순환에도 문제가 생기기 때문에 혈어(血瘀)를 동반하는 경우가 많고, 반대로 혈어(血瘀)가 있어서 기(氣)의 순환에 문제를 일으켜 기체(氣滯)가 발생하기도 한다.

(4) 기역증(氣逆證)

기역증(氣逆證)은 기(氣)가 올바르지 않게 위로 올라가는 경우이다. 폐기(肺氣)가 상역(上逆)하면 기침과 천식(喘息)이, 위기(胃氣)가 상역(上逆)하면 딸꾹질, 트림, 구토(嘔吐)가, 간기(肝氣)가 상역(上逆)하면 두통(頭痛), 어지러움이 나타난다. 기역(氣逆)은 일반적으로 기체(氣滯)가 발생한 후에 진행되어 나타나게 된다.

(그림 35) 기병(氣病)의 종류

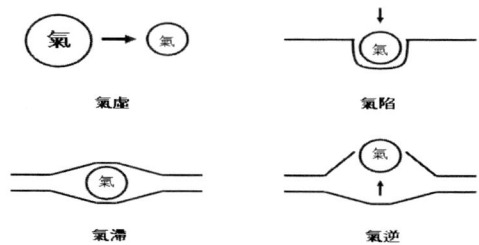

2) 혈병(血病)

혈병(血病)은 혈허증(血虛證), 혈어증(血瘀證), 혈열증(血熱證), 혈한증(血寒證)이 있다.

(1) 혈허증(血虛證)

혈허증(血虛證)은 선천적 또는 비위(脾胃)기능약화 등의 후천적 원인에 의해 혈(血)이 부족하거나, 출혈(出血)에 의해서 발생한다. 체표(體表)의 색이 창백해지고, 불면(不眠), 가슴 두근거림, 손발 저림, 생리주기 이상 등이 발생한다. 혈허(血虛)는 보통 음허(陰虛)와 비슷한데, 음허(陰虛)는 일반적으로 진액(津液)의 부족을 가리키는 경우가 많고, 상대적으로 항진된 양(陽)에 의해서 열증(熱證)의 증후(證候)가 나타난다.

(2) 혈어증(血瘀證)

혈어증(血瘀證)은 혈(血)의 움직임이 막히고 쌓여서 어혈(瘀血)이 생긴 것을 말한다. 외부의 타박이나, 기병(氣病) 등으로 인해서 혈액의 흐름이 순조롭지 못한 경우이다. 찌르는 듯한 통증이 밤에 더 심해지며, 대변색이 검고, 피부가 건조하며, 자반(紫斑)이 생긴다.

(3) 혈열증(血熱證)

혈열증(血熱證)은 주로 외감열병(外感熱病)에서 화열(火熱)이 혈분(血分)에 침입해서 발생한다. 각혈(咯血), 토혈(吐血), 요혈(尿血), 육혈(衄血) 등의 비교적 많은 양의 출혈(出血)이 나타난다.

(4) 혈한증(血寒證)

혈한증(血寒證)은 한(寒)이 뭉쳐서 혈(血)의 운행을 방해해서 발생한다. 손발의 통증이 있으며, 사지(四肢)가 차고, 아랫배가 아프다. 혈한(血寒)도 혈어(血瘀)를 일으키는 한 원인으로 작용해서 결국은 혈어증(血瘀證)과 유사한 증후(證候)를 보인다.

3) 기혈동병증(氣血同病證)

혈병(血病)과 기병(氣病)은 기(氣)와 혈(血)이 뗄 수 없이 밀접한 관계를 유지하고 있기 때문에 동시에 영향을 받아 나타나는 경우가 많다. 이러한 기혈동병(氣血同病)에는 기체혈어증(氣滯血瘀證), 기허혈어증(氣虛血瘀證), 기혈양허증(氣血兩虛證), 기불섭혈증(氣不攝血證), 기수혈탈증(氣隨血脫證)이 있다.

〈표 19〉 기혈동병증(氣血同病證)의 구분

구 분	특 징
氣滯血瘀證	氣機鬱滯에 이어서 발생, 胸痛, 心煩, 躁急, 肝經脈痛, 脇部腫塊, 閉經
氣虛血瘀證	氣虛에 이어 혈행장애로 발생, 面白, 面暗, 乏力, 氣喘, 胸脇刺痛
氣不攝血證	氣虛로 인한 失血로 발생, 吐血, 便血, 紫斑, 崩漏, 氣短, 面白
氣血兩虛證	久病으로 인해 발생, 眩暈, 目眩, 氣喘, 乏力, 盜汗, 面談黃, 心悸, 不眠
氣隨血脫證	대량의 出血로 인해 氣가 같이 빠져나가면서 발생, 四肢厥令, 多汗, 失神

4) 진액병(津液病)

진액병(津液病)은 진액부족(津液不足)과 수액정취(水液停聚)의 두 가지가 있다.

(1) 진액부족(津液不足)

진액부족(津液不足)은 비위(脾胃)가 허약하여 운화(運化)가 비정상적이거나, 음식섭취가 감소하여 나타나는 생성부족이나, 발열(發熱), 다한(多汗), 설사(泄瀉), 구토(嘔吐), 다뇨(多尿) 등의 소모과다로 인해 발생하며 목이 마르고, 피부, 입술, 혀에 윤기가 없다. 소변이 적고, 대변도 건조하다.

(2) 수액정취(水液停聚)

수액정취(水液停聚)는 폐(肺), 비(脾), 신(腎)의 수액대사에 이상이 생겨서 발생하며 수종(水腫)과 담음(痰飮)이 있다.

수종(水腫)은 정체된 수액이 피부로 올라와 몸에 부종(浮腫)을 일으킨다. 실증(實證)이면 양수(陽水)라 하여 갑자기 나타나 눈꺼풀부터 붓고, 소변이 적고, 진행이 빠르며, 오풍(惡風), 오한(惡寒), 발열(發熱)이 있고, 폐(肺)의 선발숙강(宣發肅降)이 부조(不調)하여 전신에 수종(水腫)이 퍼져 사지 관절이 무겁다.

허증(虛證)이면 음수(陰水)라 하고 과로(過勞), 방사과다(房事過多), 만성병에서 정기(正氣)가 허약해지면서 나타난다. 느리게 발병하여 진행되며 허리 아래에 수종(水腫) 심하고, 누르면 잘 나오지 않으며, 위완부(胃脘部)가 답답하고, 대변이 묽다. 비허(脾虛)에 의해 신양(腎陽)이 손상받아 방광(膀胱)의 기화(氣化)가 이뤄지지 못해 소변이 짧고 적다.

담음(痰飮)은 담(痰)과 음(飮)으로 나누는데, 담(痰)은 끈끈하고 농후하며, 폐(肺)에 정체되면 기침, 가래가 생기고, 폐기(肺氣)가 순조롭지 못해서 가슴이 답답하다. 위(胃)에 정체되면 하강(下降)이 이뤄지지 않아 위완부가 더부룩하며, 상역(上逆)하면 메스껍고 구토(嘔吐)가 난다. 담(痰)이 목구멍에 걸쳐 빠지지도 않고 넘어가지도 않는 매핵기(梅核氣)를 일으키며 경락(經絡)에 정체되면 기혈(氣血)의 순행이 자유롭지 못해서 반신불수(半身不隨)가 된다.

음(飮)은 맑고 묽으며, 폐(肺)에 들면 기침과 천식(喘息)이 나고 가슴이 답답하다. 기도(氣道)를 막으면 목에서 가래소리가 들리고, 위(胃)에 들면 맑은 물을 토하며, 가슴에 들면 흉협부(胸脇部)가 창만(脹滿)하고 답답하다.

8. 장부변증(臟腑辨證)

장부변증(臟腑辨證)은 장부(臟腑)의 병리변화를 가늠하는 방법으로, 병인(病因)이 어느 것이든 장부(臟腑)에 영향을 주게 되면 모두 이 장부변증(臟腑辨證)을 통해서 그 처방(處方)이 성립되게 된다. 장부(臟腑)는 표리(表裏)를 이루어 짝을 가지고 있기 때문에 한 장부(臟腑)의 병증(病證)이 표리(表裏)를 따라 다른 장부(臟腑)에 영향을 주기도 하고, 오행(五行)의 생극(生克)에 따라 다른 장부(臟腑)의 변화를 초래하기도 한다. 이러한 변화를 잘 감지해서 근원의 문제가 무엇인지를 찾아내는 노력이 필요하겠다.

1) 심소장(心小腸)

심(心)과 소장(小腸)의 병(病)은 가슴 두근거림, 불면(不眠), 다몽(多夢), 기억력감퇴 등의 심병증(心病證)과 설사(泄瀉), 복통(腹痛), 요혈(尿血) 등의 소장병증(小腸病證)이 나타난다.

(1) 심기허(心氣虛)

심기허(心氣虛)는 가슴이 몹시 두근거리고, 숨이 차며, 얼굴이 하얗고, 허맥(虛脈)이다. 만성의 질환이 오래 지속되어 나타나는 경우가 많으며, 심(心)의 주 기능인 맥(脈)의 추동(推動)이 순조롭지 못하고, 정신에 문제가 나타나게 된다. 종기(宗氣)의 부족으로 폐기허(肺氣虛)와 동반하는 경우가 많고, 이때는 호흡기계 증세가 같이 나타나게 되며 이를 심폐기허 (心肺氣虛)라 한다. 비(脾)와 신(腎)에도 영향을 주기 때문에 비기허(脾氣虛)와 신기허(腎氣虛)를 동반하기도 한다.

(2) 심양허(心陽虛)

심양허(心陽虛)는 심기허(心氣虛)의 증상에, 추위를 타며 사지(四肢)가 차고, 심통(心痛)이 있다. 양(陽)이 부족하면 당연히 음한(陰寒)의 증세가 현저하게 나타나게 된다. 원양(元陽)인 신양(腎陽)이 부족해서 발생하는 경우에는 심신양허(心腎陽虛)라 하여 음한(陰寒)의 증세가 더욱 뚜렷해지고 소변이 적어지거나 부종(浮腫)이 생길 수도 있다.

(3) 심양폭탈(心陽暴脫)

심양폭탈(心陽暴脫)은 그 정도가 아주 심해져서 정신을 읽고, 체온이 떨어지며, 호흡(呼吸)이 미약하여 위중한 상태이다. 주로 급성의 병증(病證)에서 갑자기 나타나는 경우가 많다. 심양허(心陽虛)가 지속되어 나타나거나, 갑작스런 대량의 실혈(失血)로 양기(陽氣)가 혈(血)을 따라 손상되어 나타난다.

(4) 심혈허(心血虛)

심혈허(心血虛)는 가슴 두근거림, 불면(不眠), 어지러움이 있고, 입술색이 연하다. 말 그대로 심(心)의 혈(血)이 부족하여 전신에 정상적인 혈(血)을 공급할 수 없게 되며, 주로 비혈허(脾血虛)와 같이 나타나게 된다. 화생토(火生土)이면서 비(脾)는 또 통혈(通穴)을 주관하기 때문이기도 하지만 비(脾)는 혈(血)이 생성(生成)되는 원천이기 때문이기도 하다. 이런 때를 심비혈허(心脾血虛)라고 한다.

(5) 심음허(心陰虛)

심음허(心陰虛)는 가슴 두근거림, 불면(不眠)에 오심(五心), 조열(燥熱)이 있으며 혀가 붉게 된다. 심혈허(心血虛)의 증상에 음(陰)이 부족해서 화(火)가 신나서 돌아다니는 음허화왕(陰虛火旺)의 증후(證候)를 보이게 된다. 원음(元陰)인 신음(腎陰)이 동반해서 부족해지는 경우가 많은데 이때를 심신음허(心腎陰虛)라고 한다.

(6) 심화항성(心火亢盛)

심화항성(心火亢盛)은 체내에 화열(火熱)이 쌓여서 심화(心火)가 성(盛)해지는 것으로 가슴이 답답하고 열(熱)이 나며, 불면(不眠), 목이 마르고, 소변이 노랗고, 대변이 건조하다. 토혈(吐血), 육혈(衄血)이 있으며 혀끝이 심홍색(深紅色)이 된다.

심화(心火)가 성(盛)하게 되면 위로 올라가게 되는데 이를 심화상렴(心火上炎)이라 하고, 간화(肝火)와 동반해서 성(盛)해지는 경우에 심간화왕(心肝火旺)이라 하는데 목생화(木生火)이기 때문에 간화(肝火)가 지나쳐서 심화(心火)에 영향을 주는 경우가 많으며 눈이 충혈(充血)되고, 화를 잘 내게 된다.

심화(心火)가 성하게 되면 진액(津液)을 태우게 되어 원음(元陰)인 신음(腎陰)이 부족해지는 신음허(腎陰虛)가 같이 올 수 있다. 이를 심신불교(心腎不交)라 하고 진액(津液)이 타서 점막이 마르고 분비물이 적어지게 된다.

(7) 심맥비조(心脈痺阻)

심맥비조(心脈痺阻)는 심(心)의 혈맥(血脈)이 통하지 못하는 것으로, 양기부족(陽氣不足)이나 어혈(瘀血), 담(痰), 한(寒), 기기울체(氣

畿鬱滯) 등의 원인으로 인해 가슴이 두근거리고, 숨이 막히듯이 답답하고, 통증이 어깨, 등, 팔까지 반복적으로 나타난다. 협심증이나 심근경색의 경우에 해당할 수 있겠는데, 심기허(心氣虛)의 증후(證候)를 보이면서 극심한 흉통(胸痛)과 함께 발작을 하는 경우도 있다.

(8) 담화요심(痰火擾心)

담화요심(痰火擾心)은 정신적 자극에 의해 기(氣)가 울결(鬱結)되어 발생한 담화(痰火)가 심신(心神)을 흐려서 발생하며, 열(熱)이 나고 숨이 차며, 얼굴과 눈이 붉고, 가래 끓는 소리가 나며, 누렇고 끈끈한 가래가 나온다.

(표 20) 심소장병(心小腸病)의 구분

구 분		특 징
心氣虛		心悸, 怔忡, 胸悶, 氣短, 乏力, 自汗, 多夢, 面白
心陽虛		心氣虛 證候, 心痛, 畏寒, 肢冷
心陽暴脫		心陽虛 證候, 호흡미약, 口脣靑紫, 四肢厥冷, 失神
心血虛		心悸, 怔忡, 胸悶, 不眠, 多夢, 眩暈, 健忘, 面白
心陰虛		心悸, 怔忡, 胸悶, 不眠, 多夢, 煩熱, 潮熱, 盜汗
心脈痺阻	寒凝	心悸, 怔忡, 不眠, 돌발적으로 격렬한 痛症, 畏寒, 肢冷
	痰濁	心悸, 怔忡, 不眠, 身重, 多痰
	瘀血	心悸, 怔忡, 不眠, 口脣靑紫, 刺痛
	氣滯	心悸, 怔忡, 不眠, 脹痛
	氣虛	心悸, 怔忡, 不眠, 乏力, 氣短, 過勞후에 심해진다.
心火亢盛		心悸, 煩熱, 不眠, 多夢, 面赤, 尿赤, 便秘, 口渴, 口舌生瘡, 혓바늘, 吐血
痰火擾心		面紅, 目赤, 咽中痰鳴, 錯語, 不眠, 心煩, 狂症
痰迷心竅		面暗, 惡心, 咽中痰鳴, 失神, 卒倒
小腸實熱		心煩, 小便短赤, 尿道刺痛, 口渴, 口舌生瘡, 血尿
小腸虛寒		小便不利, 腹痛, 四肢不溫, 大便淸稀, 水穀不化

(9) 담미심규(痰迷心竅)

담미심규(痰迷心竅)는 담탁(痰濁)이 심규(心竅)를 막아 발생하며, 얼굴이 어둡고, 위완부가 답답하고 메스껍다. 의식이 명확하지 못하며 가래 끓는 소리가 난다. 치료되지 않고 지속되면 화(火)로 변해 담화요심(痰火擾心)이 나타날 수 있으며, 담화요심(痰火擾心)은 뚜렷한 열증(熱證)의 증후(證候)가 있으나 이 증(證)은 그렇지 않다.

(10) 소장실열(小腸實熱)

소장실열(小腸實熱)은 심열(心熱)이 소장(小腸)으로 전이되거나 소장(小腸)에 습열(濕熱)이 쌓여 나타나게 되며, 심화항성(心火亢盛)으로 가슴이 답답하고, 진액(津液)의 손상으로 구갈(口渴)이 있다. 소장(小腸)의 진액(津液)을 태워 소변이 붉고 편하지 않으며, 열(熱)이 음(陰)을 손상시켜 요혈(尿血)이 보이고 혀가 붉으며, 맥(脈)은 삭(數)하다. 표리관계(表裏關係)인 심(心)의 화(火)가 소장(小腸)에 미치는 경우로 심화항성(心火亢盛)에 이어서 나타나는 경우가 많다.

(11) 소장허한(小腸虛寒)

소장허한(小腸虛寒)은 찬 음식을 과식하거나 신양(腎陽) 또는 비위(脾胃)가 약해서 발생한다. 소장(小腸)의 비별(泌別)기능이 정상적이지 못해서 소화가 안 된 변을 보거나 물 같은 설사(泄瀉)를 하게 된다. 수액(水液)의 흡수, 이동이 되지 않아 소변이 불편하고, 배가 냉(冷)하므로 복통(腹痛)이 있고 사지(四肢)가 차게 된다.

2) 폐대장(肺大腸)

폐(肺)와 대장병(大腸病)은 기침, 천식(喘息), 흉통(胸痛), 각혈(咯

血) 등의 폐병증(肺病證)과 변비(便秘), 설사(泄瀉), 복통(腹痛) 등의 대장병증(大腸病證)이 나타난다.

(1) 폐기허(肺氣虛)

폐기허(肺氣虛)는 주로 장기간의 만성질환(慢性疾患)으로 폐(肺)의 기능이 약해져서 발생하며, 기침, 천식(喘息), 숨이 차고, 맑고 묽은 가래가 있고, 전신의 기(氣) 또한 부족하게 되어 전신무력(全身無力), 쇠약(衰弱)을 나타내게 되며 맥(脈)은 허(虛)하다. 금생수(金生水)로 원기(元氣)인 신기(腎氣)에 영향을 주어 신(腎)이 아래로 끌어당기지 못하는 신불납기(腎不納氣)를 초래할 수 있고, 폐기허(肺氣虛)에 따르는 호흡이상에 의해 종기(宗氣)의 부족으로 심(心)의 추동(推動) 또한 제 기능을 할 수 없어 심폐기허(心肺氣虛)를 일으킬 수 있다.

(2) 폐음허(肺陰虛)

폐음허(肺陰虛)는 역시 장기간의 열사(熱邪)에 노출되어 폐음(肺陰)을 태워서 발생하며, 음(陰)이 부족해서 가짜 열(熱)인 허열(虛熱)이 발생하며, 건성기침, 목이 마르고, 목소리가 쉬고, 적은 가래에 피가 섞이기도 한다. 금생수(金生水)로 원음(元陰)인 신음(腎陰)부족을 초래해서 폐음허(肺陰虛)는 대체로 폐신음허(肺腎陰虛)로 나타난다.

(3) 외사(外邪)의 침범

외사(外邪)의 침입으로 인해서 폐(肺)의 선발(宣發)과 숙강(肅降)이 실조(失調)되어 여러 가지 증후(證候)들이 나타날 수 있다. 이때 침입한 외사(外邪)의 종류에 따라 각기 다른 증후(證候)를 보이게 되는데, 결국은 온몸에 두루 넓게 펴서 날라주는 선발(宣發)과 아래로 하기(下氣)시키는 숙강(肅降)이 정상적으로 이뤄지지 않아서 발생하게 된다.

풍한속폐(風寒束肺)는 풍한(風寒)의 침입으로 기(氣)가 울체(鬱滯)되어 선발(宣發)기능이 실조(失調)되어 나타난다. 기침, 묽고 흰 가래, 코가 막히고, 맑은 콧물, 오한(惡寒), 약한 열(熱)이 발생한다.

풍열범폐(風熱犯肺)는 풍열(風熱)의 침입으로 발생하며, 기침, 누런 가래, 누런 콧물, 열(熱)이 나고, 목이 마르며, 혀끝이 붉다.

한사객폐(寒邪客肺)는 한사(寒邪)의 침입으로 발생하며, 돌발적인 기침과 천식(喘息), 추위를 타고, 사지(四肢)가 차며, 맥(脈)은 지맥(遲脈)이다.

담습조폐(痰濕阻肺)는 담습(痰濕)이 폐기(肺氣)를 막아서 나타나며, 기침, 뱉기 쉬운 가래, 가슴이 답답하고, 숨이 차며, 가래소리가 들린다.

조사범폐(燥邪犯肺)는 가을에 조사(燥邪)가 폐(肺)에 침입해서 발생하며, 가래가 없고, 마른기침, 호흡기도가 건조하게 되며, 열(熱)이 나고 오한(惡寒)이 생긴다.

열사옹폐(熱邪壅肺)는 열사(熱邪)가 폐기(肺氣)를 뭉치게 해서 발생한다. 기침, 누런 가래, 호흡이 가쁘고, 고열(高熱), 구갈(口渴)이 있고, 안절부절못하게 되며 육혈(衄血), 각혈(咯血)이 있다.

(표 21) 폐(肺)에 침입한 외사(外邪)의 구분

구 분	특 징
風寒束肺	백색의 맑은 咯痰, 咳嗽, 재채기, 鼻塞, 鼻涕淸稀, 미약한 發熱과 惡寒
風熱犯肺	황색의 끈끈한 咯痰, 咳嗽, 鼻塞, 누런 콧물, 發熱, 미약한 惡寒
寒邪客肺	咳嗽, 喘息, 咯痰淸稀, 畏寒, 肢冷
痰濕阻肺	咳嗽, 咯痰이 걸쭉하고 희며, 胸悶
燥邪犯肺	乾咳, 少痰, 口乾, 咽乾, 鼻乾, 惡寒, 發熱
熱邪壅肺	咳嗽, 황색의 걸쭉한 痰, 壯熱, 衄血, 咯血, 氣喘, 小便短赤

(4) 대장습열(大腸濕熱)

대장습열(大腸濕熱)은 습열(濕熱)의 외사(外邪)나 음식물 섭취의 부조화로 대장(大腸)에 습열(濕熱)이 쌓여 나타난다. 복통(腹痛), 적백색의 설사(泄瀉)가 있고 변이 잦으며, 변 냄새가 심하다. 항문에 작열감(灼熱感)이 있고, 뒤가 무거운 느낌이 있으며, 소변이 적고 진하다. 구갈(口渴), 오한(惡寒), 발열(發熱)이 있다.

(5) 대장액휴(大腸液虧)

대장액휴(大腸液虧)는 진액(津液)부족으로 나타나며, 심한 변비(便秘)가 보인다. 입이 마르고, 대장(大腸)의 전도(傳導)가 이뤄지지 않아 기(氣)가 상역(上逆)하여 입에서 냄새가 나며, 어지럽다.

(6) 장허활사(腸虛滑瀉)

장허활사(腸虛滑瀉)는 대장(大腸)의 양기(陽氣)가 허(虛)해서 밑으로 내려간 것이 올라오지 못해 발생하며, 지속적인 설사(泄瀉), 대변실금(大便失禁), 탈항(脫肛)이 생길 수 있으며, 한증(寒證)을 보여 따뜻한 것을 좋아한다.

3) 비위(脾胃)

비(脾)와 위병(胃病)은 배가 묵직하고, 설사(泄瀉), 부종(浮腫), 출혈(出血) 등의 비병증(脾病證)과 위완부(胃脘部) 통증, 구토(嘔吐), 트림, 딸꾹질 등의 위병증(胃病證)이 나타난다.

(1) 비기허(脾氣虛)

비기허(脾氣虛)는 비기(脾氣)의 부족과 운화기능(運化機能)의 상실

로 나타나며, 식욕저하(食慾低下), 복부팽만(腹部膨滿), 설사(泄瀉)가
나타나며, 사지(四肢)가 무력(無力)하고, 숨이 차고, 얼굴은 누렇거나
하얗고, 부종(浮腫)이 있으며, 살이 빠진다. 운화(運化)에 이상이 생기
면 소화작용(消化作用), 수액의 대사와 운송, 기혈(氣血)의 생성(生
成)에 모두 문제가 발생하게 된다.

(2) 비양허(脾陽虛)

비양허(脾陽虛)는 비양(脾陽)이 약해서 음한(陰寒)이 쌓여서 발생하
며 주로 비기허(脾氣虛)에서 발전하여 나타나며 비기허(脾氣虛)의 증
후(證候)에 양허(陽虛)로 인한 한증(寒證)이 나타나게 된다. 식욕부진
(食慾不振), 복통(腹痛), 수양성 설사(泄瀉)가 나타나고, 사지(四肢)가
붓고 차다. 후천지본(後天之本)인 비(脾)의 양허(陽虛)는 원양(元陽)인
신양(腎陽)을 보충하지 못해서 비신양허(脾腎陽虛)로 발전하게 된다.

(3) 중기하함(中氣下陷)

중기하함(中氣下陷)은 비기(脾氣)가 약해져서 올리지 못하고 아래
로 처져서 발생하며 기허(氣虛)와 기함(氣陷)의 두 가지 증후(證候)
가 모두 나타나게 된다. 비기허(脾氣虛) 증후(證候)에 더해서 대변횟
수가 증가하고 뒤가 무거우며, 장기간의 설사(泄瀉)와 탈항(脫肛) 등
의 내장하수(內臟下垂)가 나타난다.

(4) 비불통혈(脾不統血)

비불통혈(脾不統血)은 약해진 비기(脾氣)가 혈(血)을 통섭(統攝)하
지 못해서 발생하며, 변혈(便血), 요혈(尿血), 피하출혈(皮下出血), 식
욕부진(食慾不振), 설사(泄瀉)가 나타난다. 역시 비기허(脾氣虛)에 의
해서 발생하게 되며 출혈(出血)이 반복적으로 일어나게 된다.

(5) 습열온비(濕熱蘊脾)

습열온비(濕熱蘊脾)는 습열(濕熱)이 중초(中焦)에 쌓여서 발생하며, 위완부(胃脘部)가 거북하고, 메스꺼우며, 식욕부진(食慾不振)이 나타나고, 대변이 묽고, 소변이 노랗다. 피부색이 완전한 노란색이며, 가렵고, 열(熱)이 난다.

(6) 한습곤비(寒濕困脾)

한습곤비(寒濕困脾)는 말 그대로 한습(寒濕)이 성(盛)해서 비(脾)를 곤란하게 하는 것으로 한습(寒濕)이 기혈(氣血)을 막아 위완부(胃脘部)가 답답하고 아프며, 식욕부진(食慾不振), 설사(泄瀉)가 나타나고, 메스껍고, 전신이 누렇다.

〈표 22〉 비병(脾病)의 구분

구 분	특 징
脾氣虛	便溏, 腸鳴, 泄瀉, 面黃, 浮腫
脾陽虛	畏寒, 面白, 大便淸稀, 久痢, 水穀不化, 水腫, 乏尿 혹은 多尿
中氣下陷	內臟下垂, 뒤가 묵직하고, 잦은 大便, 尿濁, 氣喘, 頭暈, 目眩
脾不統血	尿血, 便血, 崩漏, 피하출혈, 心悸, 眩暈, 脘腹痛
濕熱蘊脾	脘腹脹滿, 惡心, 大便淸稀, 尿黃, 피부搔痒, 口苦, 口渴, 黃疸
寒濕困脾	脘腹脹滿, 惡心, 不口渴, 頭重, 黃疸, 浮腫

(7) 위음허(胃陰虛)

위음허(胃陰虛)는 장기간의 질병으로 위(胃)의 음액(陰液)이 소실되어 발생하며, 위완부(胃脘部)가 은근히 아프고, 입이 마르며, 대변은 건조하고, 메스껍고, 구역질이 난다. 음(陰)이 허(虛)해서 허열(虛熱)이 발생할 수 있으며 음식을 봐도 먹고 싶은 생각이 없게 된다.

(8) 식상(食傷)

식상(食傷)은 주로 폭식(暴食)이나 더러운 음식을 섭취한 후에 음식물이 정체되어 나타나며, 위완부(胃脘部)가 더부룩하고 아프며, 토물에서 시큼한 냄새가 나고, 방귀가 많고, 대변이 묽고, 대변에서도 시큼한 냄새가 난다.

(9) 위한(胃寒)

위한(胃寒)은 음한(陰寒)이 위(胃)에 뭉쳐서 발생하며, 심하면 위완부(胃脘部)가 비틀듯이 아프고, 찬 것을 싫어하고, 기력이 없고, 위완부(胃脘部)에서 소리가 나며, 맑은 물을 토한다. 위기허(胃氣虛)와 동반되어 나타나는 경우가 많으며 한사(寒邪)의 침입이나 간기(肝氣)가 위(胃)를 쳐서 나타나고 주로 공복 시에 아프고 토하게 된다.

(10) 위열(胃熱)

위열(胃熱)은 위(胃)에 화열(火熱)이 쌓여서 발생하며, 소화가 빨리 되므로 식욕이 늘고, 신물이 넘어오고, 위완부(胃脘部)에 작열감(灼熱感)이 있고, 찬 것을 좋아하고, 입에서 역한 냄새가 나며, 잇몸에 염증이 생기고, 변비(便秘)가 생긴다. 이실열증(裏實熱證)이므로 열(熱)에 의해 진액(津液)이 타서 점막이 건조하고 분비물이 적어지게 된다.

위(胃)에 문제가 생기면 대부분 위기(胃氣)의 강탁(降濁)이 정상적으로 이뤄지지 못해서 위기(胃氣)가 정체되거나 오히려 위쪽으로 치고 올라가는 위기상역(胃氣上逆)이 나타나며, 오심(惡心), 구토(嘔吐), 딸꾹질, 트림 등이 보이게 된다.

138

〈표 23〉 위병(胃病)의 구분

구 분	특 징
胃陰虛	胃痛, 口乾, 食少, 乾嘔, 嘔吐, 便乾
食傷	脘腹脹痛, 呑酸, 嘔吐, 泄瀉, 曖氣, 放氣, 吐物과 大便에서 시큼한 냄새
胃寒	胃痛, 喜溫, 惡心, 嘔吐, 吐物이 맑고 묽다.
胃熱	胃脘灼熱感, 口渴, 飮入嘔吐, 口苦, 嘈雜, 心煩, 呑酸, 小便短赤, 便秘, 쉬 배고프고 급히 먹는다.

4) 간담(肝膽)

간(肝)과 담병(膽病)은 흉협부(胸脇部)와 아랫배가 뻐근하고, 초조하며, 어지럽고, 사지(四肢)가 떨리고, 눈병이 나타나는 간병증(肝病證)과 입이 쓰고, 황달(黃疸)이 있고, 잘 놀라며, 불면(不眠)이 생기는 담병증(膽病證)이 발생한다.

(1) 간기울결(肝氣鬱結)

간기울결(肝氣鬱結)은 소설(疏泄)기능이 순조롭지 못해서 기(氣)가 울체(鬱滯)되어 발생하며, 흉협부(胸脇部) 통증이 돌아다니고, 가슴이 답답하고, 담즙분비도 잘 되지 않아 소화가 잘 안 되고, 한숨이 나오며, 목에 뭐가 걸린 것 같은 매핵기(梅核氣)가 생긴다. 실증(實證)에 속한다.

간경(肝經)의 순행방향인 흉협부(胸脇部)와 소복(少腹)의 통증이 있고, 혈(血)에 파급되면 충맥(衝脈)과 임맥(任脈)에 영향을 주므로 월경이상(月經異狀)과 유방통(乳房痛)이 나타난다. 기체(氣滯)가 오래되면 열(熱)이 발생하고 열(熱)은 담(痰)을 형성하는데, 이 담(痰)이 상승하여 인후부(咽喉部)로 가면 매핵기(梅核氣)가 된다.

(2) 간화상렴(肝火上炎)

간화상렴(肝火上炎)은 간기(肝氣)와 화(火)가 상역(上逆)해서 발생하며, 머리가 어지럽고, 아프며, 얼굴과 눈이 붉고, 간화(肝火)가 담(膽)을 치면 귀가 붓거나 농(膿)이 차고, 황색의 쓴 액을 토하거나 입이 쓰다. 성을 잘 내고, 꿈이 많아지며, 진액(津液)을 태우면 목이 마르고, 변비(便秘)와 소변이 진하고 붉게 된다. 혀가 붉고 맥(脈)은 삭(數)하여 실증(實證)이며 화기(火氣)가 혈(血)에 작용하면 토혈(吐血)과 육혈(衄血)이 생긴다. 주로 간기울결(肝氣鬱結)에 이어서 발생하며, 기(氣)가 뭉쳐서 통하지 않게 되면 화(火)로 변해서 이 화(火)가 위로 치받아 올라가게 된다. 심하면 심(心)에도 영향을 줘서 심화상렴(心火上炎)이 동반되게 된다.

(3) 간혈허(肝血虛)

간혈허(肝血虛)는 간(肝)의 혈부족(血不足)으로 발생하며, 혈(血)이 머리와 눈을 영양하지 못해 어지럽고, 얼굴이 희고, 시력이 떨어지고 눈이 건조하다. 간주근(肝主筋)이므로 사지(四肢)가 저리고 경련(痙攣)을 일으키며 마비(痲痺)가 온다. 장기간의 질병으로 인해 간(肝)의 음혈(陰血)이 고갈되거나, 장혈(藏血)하는 기능이 정상적이지 못해서 과다한 출혈(出血)이 있을 때 발생하게 된다.

(4) 간음허(肝陰虛)

간음허(肝陰虛)는 간(肝)의 음액(陰液)이 허손(虛損)되어 발생하며, 어지러움, 옆구리가 아프고, 목이 마르고 손발이 떨리며, 얼굴이 화끈거린다. 간음(肝陰)이 부족하면 눈을 자양(滋養)하지 못하여 양쪽 눈이 모두 건조해지고, 간경(肝經)이 흐르는 흉협부(胸脇部)에 통증과 열(熱)이 있게 되며, 허열(虛熱)이 발생하여 혀가 붉고 마르게 된다.

(표 24) 간담병(肝膽病)의 구분

구 분	특 징
肝氣鬱結	胸悶, 화를 잘 내고, 太息, 胸脇 또는 少腹痛
肝火上炎	頭暈, 頭痛, 耳鳴, 面紅, 目赤, 躁急, 口苦, 口乾, 화를 잘 내고, 不眠, 多夢, 小便短赤, 胸脇部 灼熱感, 吐血, 衄血
肝血虛	夜盲症, 多夢, 四肢震顫, 眩暈, 耳鳴
肝陰虛	目澁, 眩暈, 耳鳴, 脇痛, 手足蠕動, 潮熱, 口渴, 惡心煩熱
肝陽上亢	眩暈, 耳鳴, 頭痛, 目赤, 腰膝酸軟, 頭重, 健忘, 多夢
寒滯肝脈	少腹冷痛, 睾丸疝痛, 陰囊收縮, 小腸下垂
肝膽濕熱	脇灼熱痛, 口苦, 黃疸, 陰囊濕疹, 發熱, 睾丸熱痛
膽鬱痰擾	心悸, 不眠, 煩熱, 口苦, 嘔吐, 脇脹痛, 頭暈, 目眩, 耳鳴

(5) 간양상항(肝陽上亢)

간양상항(肝陽上亢)은 간음허(肝陰虛)에 이어지는 간신음허(肝腎陰虛)로 간양(肝陽)을 제약하지 못해 항진되어 발생하며 허증(虛證)이다. 간양(肝陽)이 위로 치솟아 어지러움, 두통(頭痛)과 안통(眼痛)이 있고, 얼굴과 눈이 붉고, 기기(氣機)가 거꾸로 올라 성을 잘 내며, 건망증(健忘症)과 불면(不眠)이 있고, 간신음허(肝腎陰虛)로 인해 허리와 무릎이 시큰거리고, 다리에 힘이 없다.

(6) 한체간맥(寒滯肝脈)

한체간맥(寒滯肝脈)은 한사(寒邪)가 뭉쳐서 간경(肝經)의 흐름을 막아 발생하며, 간경(肝經)은 소복(少腹)과 생식기(生殖器)를 유주하므로 고환(睾丸)이 뻐근하게 아프고 차게 되며, 추우면 더 심해진다. 소장(小腸)이 소복(少腹)에서 늘어져 음낭(陰囊)으로 하수(下垂)되기도 한다.

(7) 간풍내동(肝風內動)

간풍내동(肝風內動)은 간신음허(肝腎陰虛)로 인해 음액(陰液)이 과도하게 손상받아서 음(陰)이 양(陽)을 억제하지 못해 발생하는 내풍(內風)이다. 갑자기 어지러워 쓰러질 것 같고 경련(痙攣)을 일으키거나 떠는 증상을 보이며, 간양화풍(肝陽化風), 열극생풍(熱極生風), 음허동풍(陰虛動風), 혈허생풍(血虛生風)이 있다.

열극생풍(熱極生風)은 열사(熱邪)로 인해 간풍(肝風)이 발생하는 것으로 실열증(實熱證)이 극(極)에 달해서 나타난다. 열(熱)이 진액(津液)을 태워 고열(高熱)이 있고 목이 마르며, 열(熱)이 심포(心包)에 들면 초조하고, 진액(津液)의 손상으로 근맥(筋脈)을 영양하지 못해 손발이 오그라들고, 목이 뻣뻣하며, 다리를 등 쪽으로 젖히고 머리를 뒤로 재끼며 경련(痙攣)하는 각궁반장(角弓反張)이 나타난다.

음허동풍(陰虛動風)은 음액(陰液)이 손상되어 간풍(肝風)을 일으키게 되며 서서히 나타난다. 역시 근맥(筋脈)을 자양(滋養)하지 못하므로 손발이 의지와는 관계없이 움직이고, 음허(陰虛)로 인해 구갈(口渴)이 있다.

간양화풍(肝陽化風)은 간양(肝陽)의 상항(上亢)이 극(極)에 달해서 풍(風)을 일으키며, 풍(風)이 화(火)와 함께 치솟아 머리가 아프고, 목이 뻣뻣하며, 음(陰)이 허(虛)해서 근맥(筋脈)을 영양하지 못해 사지(四肢)가 떨리고, 손발이 저리며, 풍(風)과 담(痰)이 경락(經絡)을 막아 반신불수(半身不隨)가 생기고, 얼굴로 올라가면 혀가 뻣뻣해진다.

혈허생풍(血虛生風)은 부족한 혈(血)이 근(筋)을 자양하지 못하여 풍(風)이 나타나는 것으로, 손발이 떨리고, 근육이 뛰며, 사지(四肢)가 저리고, 얼굴과 머리도 영양(營養)하지 못하여 어지러움과 얼굴, 손발톱에 혈색(血色)이 없어 황색을 띠게 된다. 대부분 만성(慢性)으로 나타나게 되며 그 진행이 완만하고 비교적 경증(輕症)의 중풍(中風)이다.

(표 25) 간풍내동(肝風内動)의 구분

구 분	특 징
熱極生風	高熱, 心煩, 口渴, 頸項强直, 角弓反張
陰虛動風	오후에 潮熱, 惡心, 煩熱, 手足蠕動
肝陽火風	眩暈, 四肢麻痺, 震顫, 言語乾澁, 卒倒, 半身不遂, 失神, 頭痛, 頸項强直
血虛生風	手足蠕動, 震顫, 面黃, 眩暈, 耳鳴, 目澁

(8) 간담습열(肝膽濕熱)

간담습열(肝膽濕熱)은 습열(濕熱)이 간담(肝膽)에 뭉쳐서 나타나며, 습열(濕熱)로 인해 기혈(氣血)이 막혀 옆구리에 작열감(灼熱感)이 있다. 비(脾)를 치면 운화(運化)가 실조(失調)되어 식욕저하(食慾低下)가 오고, 소설(疏泄)기능의 저하로 입이 쓰고, 위(胃)를 치면 하기(下氣)가 되지 않아 메스껍고, 토하며, 방광(膀胱)으로 연결되면 소변이 적고 진하다. 담즙(膽汁)의 분비가 정상적이지 않아 황달(黃疸)이 있고, 간경(肝經)에 습열(濕熱)이 들면 음낭이 가렵고, 추웠다가 더웠다가 한다.

(9) 담울담요(膽鬱痰擾)

담울담요(膽鬱痰擾)는 소설(疏泄)기능이 떨어져 담열(痰熱)이 몸을 요란(擾亂)하여 발생하는 실열증(實熱證)으로 잘 놀라고, 중정지관(中正之官)이 결단(決斷)을 내리지 못해 가슴이 두근거리고, 불면(不眠)

이 있고, 입이 쓰며, 위(胃)를 치면 메스껍고 토하며, 머리로 올라가면
어지럽다.

5) 신방광(腎膀胱)

신(腎)과 방광병(膀胱病)은 허리와 무릎이 시큰하고, 귀가 안 들리고,
치아(齒牙)가 흔들리고, 발기(勃起)가 안 되며, 정액(精液)이 흐르고, 월
경량(月經量)이 줄고, 수종(水腫)과 대소변이상이 나타나는 신병증(腎病
證)과 소변이 잦고, 참지 못하고, 야뇨증(夜尿症), 결석(結石) 등이 나타
나는 방광병증(膀胱病證)이 보인다.

(1) 신음허(腎陰虛)

신음허(腎陰虛)는 신(腎)의 음액(陰液)부족으로 발생하며, 허리와 무
릎이 시큰하고, 어지럽고, 불면(不眠)이 생기고, 발기(勃起)가 안 되며,
정액(精液)이 새고, 월경량(月經量)이 줄어 없어지거나 반대로 일시에
다량이 나오는 붕루(崩漏)가 생기며, 조열(燥熱), 구갈(口渴)이 생기고,
대변이 건조하고, 소변이 노랗게 된다.

신음(腎陰)은 원음(元陰)으로 모든 음(陰)의 근본이지만 주로 심
(心), 간(肝), 폐(肺)와 밀접한 연관이 있다. 신음허(腎陰虛)는 심신음
허(心腎陰虛), 간신음허(肝腎陰虛), 폐신음허(肺腎陰虛)로 나타날 수
있고, 심(心), 간(肝), 폐(肺)의 음허(陰虛)가 지속되면 신음허(腎陰
虛)가 오게 된다.

(2) 신양허(腎陽虛)

신양허(腎陽虛)는 신(腎)의 양기(陽氣)가 부족하여 나타나며, 허리
와 무릎이 시큰하고, 추위를 타고, 사지(四肢)가 차고, 어지럽고, 안색

(顔色)이 어두우며, 여성은 임신(姙娠)이 되지 않고, 오랜 설사(泄瀉)와 새벽설사(五更泄), 소화되지 않은 설사(泄瀉)를 하고, 부종(浮腫)이 있고, 허리 아래가 매우 아프고, 누르면 들어간 자리가 잘 회복되지 않고, 기침과 천식(喘息)이 있다.

신양(腎陽)은 원양(元陽)으로 비(脾), 폐(肺), 심(心)의 양기(陽氣)와 관계가 깊다. 신양허(腎陽虛)는 비신양허(脾腎陽虛), 신불납기(腎不納氣), 심신양허(心腎陽虛)로 나타날 수 있고, 비(脾), 폐(肺), 심(心)의 양허(陽虛)가 지속되면 신양허(腎陽虛)가 오게 된다.

(3) 신정부족(腎精不足)

신정부족(腎精不足)은 선천적으로 허약한 경우이거나, 후천의 보충이 부족해서 발생하며, 발육이 늦고, 지력이 낮고, 동작이 굼뜨고, 천문(天門)의 폐쇄가 늦고, 생식능력(生殖能力)도 저하되고, 치아(齒牙)가 흔들리고, 다리에 힘이 없다. 양허(陽虛)나 음허(陰虛)와 같이 한쪽으로 치우치지 않고 그 근원인 정(精)이 부족하여 나타나는 진정한 신허(腎虛)로 한열(寒熱)의 증후(證候)가 없다.

(4) 신불납기(腎不納氣)

신불납기(腎不納氣)는 주로 폐기허(肺氣虛)로부터 이어진다. 신기(腎氣)가 허(虛)해서 원기(元氣)를 받아들이지 못해서 발생하며, 기침이 오래가고, 들숨이 어렵고, 숨이 차고, 피로하며, 허리와 무릎이 시큰하고, 사지(四肢)가 차다.

(5) 신기불고(腎氣不固)

신기불고(腎氣不固)는 나이가 들거나, 어려서 아직 충분히 채워지지 않거나, 과도한 방사(房事) 등으로 신기(腎氣)가 허손(虛損)되어 발생하며, 얼굴이 창백하고, 청력(聽力)이 떨어지고, 허리와 무릎이 시큰하고, 소변이 잦고 맑으며, 야뇨증(夜尿症)을 보인다.

(6) 방광습열(膀胱濕熱)

방광습열(膀胱濕熱)은 습열(濕熱)이 방광(膀胱)에 뭉쳐서 발생하며, 소변이 잦고, 급하며, 소변을 눌 때 매우 아프고, 아랫배가 뻐근하고 아프며, 발열(發熱)과 요통(腰痛)이 있고, 결석(結石)이 생긴다.

〈표 26〉 신방광병(腎膀胱病)의 구분

구 분	특 징
腎陰虛	眩暈, 耳鳴, 遺精, 崩漏, 潮熱, 盜汗, 口渴, 腰膝酸軟
腎陽虛	面白, 腰膝酸冷, 陽萎, 不姙, 五更泄, 浮腫
腎精不足	發育不振, 骨格軟弱, 耳聾, 閉經, 健忘, 腰酸
腎不納氣	氣喘, 氣短, 呼多吸少, 自汗, 腰酸, 遺精
腎氣不固	腰膝酸軟, 耳聾, 滑胎, 尿頻淸長, 遺尿
膀胱濕熱	尿痛, 尿頻, 尿急, 血尿, 結石, 尿濁

6) 장부겸증(臟腑兼證)

오행(五行)의 생극(生克)과, 장부(臟腑)의 표리관계(表裏關係)에 의해 두 개 이상의 장부병증(臟腑病證)이 동시에 나타나는 경우가 자주 있는데 이를 장부겸증(臟腑兼證)이라 한다.

(1) 심신불교(心腎不交)

심신불교(心腎不交)는 심양(心陽)이 성(盛)해서 신음(腎陰)을 태우기 때문에 나타나며, 가슴이 두근거리고, 불면(不眠)이 있고, 어지럽고, 허리가 시큰하고, 정액(精液)이 새고, 오심(惡心), 번열(煩熱), 구갈(口渴)이 생긴다.

(2) 심비양허(心脾兩虛)

심비양허(心脾兩虛)는 심혈부족(心血不足)과 비기허약(脾氣虛弱)으로 발생하며, 가슴이 두근거리고, 불면(不眠), 다몽(多夢), 어지러움이 나타나고, 얼굴이 누렇고, 식욕(食慾)이 떨어지고, 대변이 묽으며, 기력이 없고, 나른하다.

(3) 심간혈허(心肝血虛)

심간혈허(心肝血虛)는 심(心)과 간(肝)의 혈부족(血不足)으로 발생하며, 가슴이 두근거리고, 건망증(健忘症), 불면(不眠), 다몽(多夢), 어지러움이 발생하고, 얼굴이 창백하고, 시력이 떨어지며, 사지(四肢)가 저린다.

(4) 심신양허(心腎陽虛)

심신양허(心腎陽虛)는 심(心)과 신(腎)의 양기(陽氣)가 부족하여 발생하며, 가슴이 두근거리고, 추위를 타고, 사지(四肢)가 싸늘하고, 소변양이 적고, 몸이 붓고, 입술과 손발톱색이 연하다.

(5) 심폐기허(心肺氣虛)

심폐기허(心肺氣虛)는 심(心)과 폐(肺)의 기(氣)가 부족하여 발생하며, 가슴이 두근거리고, 기침이 나고, 숨이 차며, 기력이 없고, 가슴이 답답하고, 맑고 묽은 가래가 보인다.

(6) 비폐기허(脾肺氣虛)

비폐기허(脾肺氣虛)는 비(脾)와 폐(肺)의 기(氣)가 부족하여 발생하며, 오랜 기침과 숨이 차고, 가래가 묽고, 식욕저하(食慾低下), 복부팽만(腹部膨滿)이 보이고, 대변이 묽고, 피로하며, 얼굴과 발이 붓는다.

(7) 비신양허(脾腎陽虛)

비신양허(脾腎陽虛)는 비(脾)와 신(腎)의 양기(陽氣)부족으로 발생하며, 얼굴이 창백하고, 추위를 타고, 사지(四肢)가 차며, 허리와 무릎이 시큰거리고, 설사(泄瀉)가 오래가고, 소화되지 못한 설사(泄瀉)가 있고, 소변이 적고, 얼굴과 발이 붓는다.

(8) 폐신음허(肺腎陰虛)

폐신음허(肺腎陰虛)는 폐(肺)와 신(腎)의 음액(陰液)이 부족해서 발생하며, 기침이 오래가고, 가래에 피가 섞이며, 목이 마르고, 목소리가 쉬고, 허리와 무릎이 시큰하고, 정액(精液)이 새며, 월경(月經)에 이상이 생기게 된다.

(9) 간신음허(肝腎陰虛)

간신음허(肝腎陰虛)는 간(肝)과 신(腎)의 음액(陰液)이 부족해서 발생하며, 어지러움, 건망증(健忘症), 불면(不眠), 다몽(多夢), 구갈(口渴)이 있고, 허리와 무릎이 시큰하고, 옆구리가 아프게 된다.

(10) 간비부조(肝脾不調)

간비부조(肝脾不調)는 간(肝)과 비(脾)의 소설(疏泄)과 운화(運化)기능에 이상이 생겨 발생하며, 흉협부(胸脇部)가 아프고, 한숨이 있고, 초조하며, 성을 잘 내고, 식욕저하(食慾低下), 복부팽만(腹部膨滿)이 있고, 대변이 시원하지 않고, 묽으며, 배에서 소리가 나고, 방귀가 많아진다.

(11) 간위불화(肝胃不和)

간위불화(肝胃不和)는 간(肝)의 소설(疏泄)과 위(胃)의 하강(下降)

기능에 이상이 생겨 발생하며, 위완부(胃脘部)와 옆구리가 아프고, 트림과 딸꾹질이 나고, 시큼한 물을 토하고, 성을 잘 낸다.

(12) 간화범폐(肝火犯肺)

간화범폐(肝火犯肺)는 간기(肝氣)가 상역(上逆)하여 폐(肺)를 침범해서 발생하며, 흉협부(胸脇部)에 작열감(灼熱感)이 있고, 초조하고, 성을 잘 내며, 입이 쓰고, 기침이 난다.

이상과 같이 변증(辨證)에 대해서 알아보았다. 태극(太極)과 음양(陰陽)에서 시작하여 변증(辨證)까지 치료에 들어가기 전에 필히 알고 있어야 하는 내용들을 짧게나마 훑어보았지만, 사실 이 정도의 내용으로는 부족한 면이 많다. 따라서 앞으로 공부하시는 여러분들께서 더욱 정진하고 연구하여 빈 부분을 하나씩 채워나가야 할 것이다.

💥 수의임상에서의 동양의학적 진단(診斷)과 변증(辨證)

이제까지 간략하게나마 알아본 진단(診斷)과 변증(辨證)의 방법들을 운용하여 실제 임상에서 정확히 병증(病證)을 잡아내고 치료에 임할 수 있으면 더할 나위 없이 좋겠지만, 또 위에서 이야기한 내용들이 턱없이 부족한 까닭에 더 깊이 공부하고 연구하여 넓은 이해와 지식 위에서 환자들을 만나고 싶은 생각도 굴뚝같겠지만, 현실은 우리의 그런 의도를 외면하는 경우가 많다. 따라서 현재 수의임상에서 동양의학을 적용하시는 분들이 사용하고 있고, 또 쉽게 사용할 수 있는 몇 가지를 동양의학에 대한 접근성을 높이자는 취지에서 최대한 간소화하여 소개하려 한다.

　이미 여러 강의에서 소개되어 중복되는 부분도 있으리라 생각되지만, 이제부터 나오는 내용들은 꼭 그렇게 하라는 것이 절대 아니다. 다만, 적어도 이것만은 꼭 하라는 의미에서 정리하여 소개하는 것이니 절대 이 범위에만 국한하여 머물지 않기를 바란다.

（표 27) 진단개요

변 화		원 인
神	눈과 얼굴이 맑고 精氣가 있으며 의식이 똑똑하다	得神
	눈에 精氣가 없고 얼굴에 광택이 없으며 의식이 똑똑하지 못하고, 헛소리를 하고, 사지가 멋대로 움직인다	失神
	失神의 상태였다가 갑자기 정상으로 돌아온다	假神, 죽기 직전에 나타난다
얼굴의 色	靑色	肝, 膽病, 寒證, 痛症, 瘀血
	赤色	心, 小腸, 心包病, 熱證
	黃色	脾, 胃病, 虛證, 濕證, 黃疸
	白色	肺, 大腸病, 虛證, 寒證, 脫氣血
	黑色	腎, 膀胱病, 腎虛, 寒證, 水飮, 瘀血
體形	肥滿	濕이 많다
	瘦瘠	火가 많다
行動	잘 움직이고 더운 것을 싫어한다	熱證, 實證, 陽證
	잘 안 움직이고 찬 것을 싫어한다	寒證, 虛證, 陰證
天門이 막히지 않는다		腎氣不足

변 화		원 인
눈	전체적으로 붉고 통증이 있다	肝經風熱
	內外眥가 붉고, 주로 內眥가 붉다	心火
	흰자가 붉다	肺火
	흰자가 노랗다	초기 黃疸
	동공축소	肝膽火, 중독
	동공산대	腎精不足, 폐사직전
	斜視	肝風內動
귀	엷고 윤기가 없다	腎陰不足
	붓고 붉다	肝膽濕熱, 少陽相火, 火毒
코	콧물이 맑고 惡寒이 난다	風寒
	콧물이 탁하고 熱이 있다	風熱
입	입술이 마르고 갈라진다	津液損傷
	침이 저절로 흘러넘친다	脾虛, 胃熱
	치아가 누렇고 건조하다	熱證, 津液損傷
	치아를 꽉 물고 열지 않는다	肝風內動
피부	全身發赤	心火, 風熱, 胎毒
	黃色	黃疸
	黑色	黑疸, 腎虛
	국소가 붉고 부으며 아프다	濕熱火毒, 血瘀滯
	넓게 붓기만 한다	寒痰凝結, 風毒
	風疹, 형태가 작고 가렵다	風熱
	隱疹, 가렵고 잘 없어진다	風邪
혀	淡白色	虛證, 寒證
	紅色	熱證
	深紅色, 혓바늘	血虛, 陰虛
	紫色	寒證, 熱證, 氣血瘀滯
	靑色	寒證, 瘀血
	연하고 붓고 치아자국	虛證, 寒證, 脾虛
	갈라지고 건조하며 혓바늘	血虛, 陰虛

변 화			원 인
혀	위축되고 움직임이 적다		氣血兩虛, 津液損傷
	떤다		熱證, 血虛生風
	삐뚤어진다		中風
音聲	무겁고 높고 기운이 있다		實證, 熱證
	가볍고 낮고 기운이 없다		虛證, 寒證
	목이 쉰다	급성	外邪의 침입
		만성	肺腎陰虛
呼吸	呼少吸多		肺實熱, 痰飮
	呼多吸少		肺腎虛
咳嗽	소리가 약하고 힘이 약하며 백색거품을 뱉으며 숨이 차다		肺虛
	소리가 낮고 가래가 많고 뱉기 수월하다		痰飮
	소리가 거세지 않고 가래가 누렇고 뱉기 힘들다		肺熱
	마른기침을 하며 가래가 끈끈하거나 없다		燥咳, 火熱
嘔吐	소리가 약하고 吐物이 맑다		虛證, 寒證
	소리가 거칠고 吐物이 끈끈하고 시큼하고 누렇다		實證, 熱證
呃逆 (딸꾹질)	시간이 짧고 다른 증상이 없다		風寒, 急食, 저절로 낫는다
	소리가 높고 짧으면 오래 한다		實熱證
	소리가 낮고 길며 가끔씩 한다		虛寒證
噯氣 (트림)	시큼하고 썩는 냄새		食傷
	소리가 높고 자주 발생한다		肝火犯胃
	소리가 낮고 식욕이 없다		脾胃虛弱, 老齡
寒熱	惡寒>發熱		表寒證
	惡寒<發熱		表熱證
	但寒不熱(춥지만 열은 없다)		裏寒證

변 화			원 인	
寒熱	但熱不寒 (열이 있지만 춥지 않다) 裏熱證	壯熱	高熱이 오래 지속, 裏實熱證	
		潮熱 (일정시간이 되면 심해짐)	陰虛潮熱, 오후나 밤에 심함	
			陽明潮熱, 오후 3-5시 심함	
			濕溫潮熱, 오후에 심하고 몸이 무거우며 오래 만지면 뜨겁다	
		長期微熱	陽虛, 氣虛로 인한 發熱	
	寒熱往來		少陽經病	
口渴	심하고 찬물을 좋아한다		裏實熱證	
	多飮多尿, 多食		消渴	
	목이 마르나 물을 먹지 않는다		陰虛, 痰飮, 瘀血, 濕熱	
食慾	納少(食慾減退)		脾胃虛弱, 濕熱, 食傷	
	多食, 쉬 배고프다		변비면 胃火, 설사면 胃强脾弱	
	배고프나 많이 먹지 않는다		胃陰虛	
	偏食(생쌀이나 흙을 먹는다)		蟲積	
睡眠	失眠		胸悶, 多夢, 潮熱, 盜汗, 腰膝酸軟	心腎 不交
			心悸, 納少, 疲勞	心脾 兩虛
			眩暈, 胸悶, 口苦, 驚悸	膽鬱 痰擾
			脘悶, 曖氣, 腹部脹痛	食傷
	嗜睡(多面)		疲勞, 脘悶	脾의 痰濕
			식후疲勞	脾氣虛
			虛弱, 四肢厥冷	心身 衰弱
			昏睡, 야간潮熱, 斑疹	心包病

변 화		원 인
大便	高熱, 便秘, 배가 거북하다	實熱證
	面白, 喜溫, 便秘	裏寒證
	만성병에서의 便秘	氣虛證
	腹部脹痛, 納少, 泄瀉	脾氣虛
	식전 새벽에 泄瀉, 식사 후에 복통완화, 腰膝酸令	腎陽虛(五更泄)
	脘悶, 噯氣, 腹痛, 泄瀉 後에 복통 완화	食傷
	殘泄(소화되지 않은 설사)	脾虛, 腎虛
	便秘와 泄瀉를 반복	肝氣鬱滯로 脾를 침범
	肛門灼熱感, 泄瀉를 자주 하고 시원하지 않고 뒤가 묵직하다	大腸濕熱
小便	小便長清, 喜溫	寒證
	小便短赤	實熱證
	多尿, 참지 못한다	腎氣不固
	夜尿, 小便長清	老齡, 병의 후기
	癃閉(소변이 방울방울 나오거나 나오지 않는다)	實證, 濕熱, 瘀血, 結石
		虛證, 老齡, 氣虛, 腎陽不足
	배뇨 시 灼熱感	膀胱濕熱
	尿失禁, 遺尿	腎虛, 腎氣不固
脈象	浮脈	外感表證, 陰液不足으로 인한 裏虛證
	沈脈	裏實證, 陽氣不足으로 인한 裏虛證
	遲脈	寒實證, 陽虛로 인한 虛寒證
	數脈	熱證, 陽虛나 陰虛로 인한 虛熱證
	虛脈	氣血兩虛, 陽氣不足, 陰液不足
	實脈	邪氣强盛, 正氣微弱

각 론

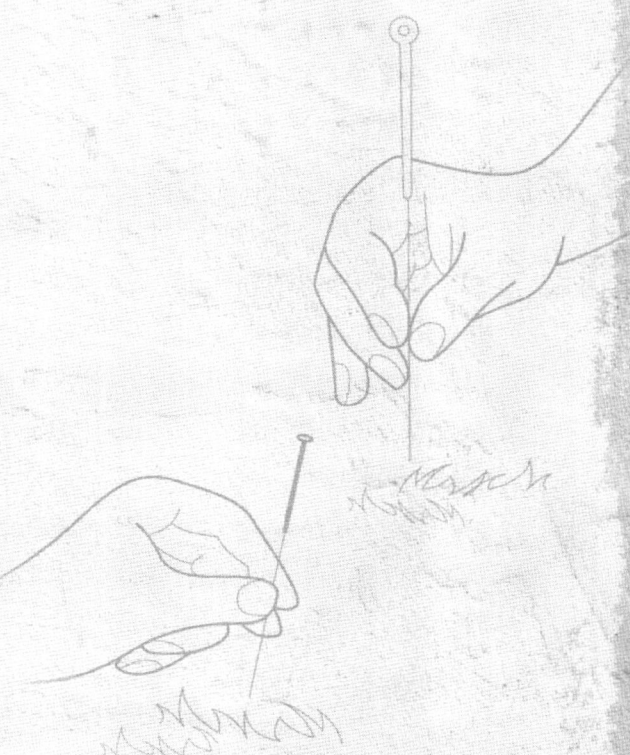

치료(治療)의 원칙(原則)

　사암침(舍岩鍼)을 이용해서 침치료(鍼治療)를 행할 때, 총론에서 언급한 기본적인 내용들에 대한 숙지와 숙련, 깊은 이해가 있은 후에 정확한 진단(診斷)과 변증(辨證)을 통해서 실시해야 함은 누누이 강조하고 있는 부분이다. 또한 허(虛)하면 보충해 주고 실(實)하면 덜어내줘야 한다는 것도 이미 여러 번 언급했다. 그렇다면, 실제로 침치료(鍼治療)를 위한 취혈(取穴)을 할 때에는 어떤 원칙에 의해서 취혈(取穴)을 해야 하는 것인가? 즉 호흡기 질환을 보이는 환자에게는 단순히 폐정격(肺正格)이나 폐승격(肺勝格)을 선택하면 될 것인가 하는 얘기다.

　자 여기에 폐기허(肺氣虛)로 진단(診斷)된 환자가 있다고 치자. 당연히 일 순위는 폐정격(肺正格)이 될 것이다. 그러나 경우에 따라서는 폐정격(肺正格) 대신에 표리관계(表裏關係)인 대장정격(大腸正格)을 선택할 수도 있다. 또한 교상합(交相合)을 적용해서 위승격(胃勝格)을 선택할 수도 있다. 이는 체질론(體質論)까지는 못 가더라도, 살이 쪘는가 말랐는가, 열(熱)이 많은가 차가운가 정도의 구분으로도 꼭 폐정격(肺正格)만이 아닌 상황에 맞는 다양한 선택이 가능할 수 있다.

　교상합치료(交相合治療)라는 것은, 십이정경맥(十二正經脈) 중에 각각의 상대되는 경락(經絡)을 이용하여 치료하는 방법이다. 즉 수태음폐경(手太陰肺經)과 족양명위경(足陽明胃經), 족태음비경(足太陰脾經)과 수양명대장경(手陽明大腸經), 수소음심경(手少陰心經)과 족태양방광경(足太陽膀胱經), 족소음신경(足少陰腎經)과 수태양소장경(手太陽小腸經), 수소양삼초경(手少陽三焦經)과 족궐음간경(足厥陰肝

經), 족소양담경(足少陽膽經)과 수궐음심포경(手厥陰心包經)은 서로 상대적인 의미를 지니고 있다고 보아서, 한쪽을 사(瀉)해 주면 상대편을 보(補)하는 의미와 같고, 한쪽을 보(補)해 주면 상대편을 사(瀉)하는 의미와 같다고 생각하여 치료에 응용하는 방법이다. 예를 들어 폐실증(肺實證)일 때, 폐승격(肺勝格)을 사용하기보다는 교상합(交相合)으로 위정격(胃正格)을 선택할 수 있는데, 실제로 임상에서 승격(勝格)보다는 정격(正格)을 훨씬 더 많이 사용하게 된다.

교상합(交相合)의 원리를 이해하기 위해서 주역(周易)의 괘(卦)를 응용한 금오선생님의 설명을 인용하겠다.

음(陰)과 양(陽)은 주역에서 --과 —으로 부호화하여 표현하게 되는데 이를 효(爻)라고 한다. 효(爻)가 모여서 괘(卦)를 이루게 되는데 효(爻)가 세 개 모이면 소성괘(小成卦), 여섯 개 모이면 대성괘(大成卦)라고 한다. 음양(陰陽)이 한 번 더 변화하여 사상(四象)이 되는데, 태음(太陰), 소양(少陽), 소음(少陰), 태양(太陽)이 그것이며, ⚏ ⚎ ⚍ ⚌ 으로 표현된다.

사상(四象)이 한 번 더 변화하여 팔괘(八卦)가 되는데, 팔괘(八卦)는 건(乾), 태(兌), 이(離), 진(震), 손(巽), 감(坎), 간(艮), 곤(坤)의 여덟이며 ☰ ☱ ☲ ☳ ☴ ☵ ☶ ☷으로 표현된다. 순서대로 일건천(一乾天), 이태택(二兌澤), 삼리화(三離火), 사진뢰(四震雷), 오손풍(五巽風), 육감수(六坎水), 칠간산(七艮山), 팔곤지(八坤地)라 부르기도 하는데, 일건천(一乾天)의 건(乾)은 유심적(唯心的)인 측면으로 형이상학적(形而上學的)인 표현이고 천(天)은 건(乾)의 의미를 유물적(唯物的)으로 표현한 것이다. 나머지 일곱 개의 괘(卦)도 같은 식으로 표현되어 있다.

이들 팔괘(八卦)는 그 의미에 따라 임독맥(任督脈)과 육경(六經)에 각각 부합될 수 있는데, 일건천(一乾天)은 하늘, 아버지, 극양(極陽)의 의미로 독맥(督脈)과, 이태택(二兌澤)은 습한 연못과 같은 의미로 태음경(太陰經)과, 삼리화(三離火)는 불의 의미로 소음경(少陰經)과, 사진뢰(四震雷)는 벼락의 의미로 소양경(少陽經)과, 오손풍(五巽風)은 바람의 의미로 궐음경(厥陰經)과, 육감수(六坎水)는 물의 의미로 태양경(太陽經)과, 칠간산(七艮山)은 건조함의 의미로 양명경(陽明經)과 팔곤지(八坤地)는 땅, 어머니, 극음(極陰)의 의미로 임맥(任脈)과 각각 부합하게 된다. 이 중에서 이태택(二兌澤)부터 칠간산(七艮山)까지는 육기(六氣), 즉 삼음삼양(三陰三陽)인 태음습토(太陰濕土), 소음군화(少陰君火), 소양상화(少陽相火), 궐음풍목(厥陰風木), 태양한수(太陽寒水), 양명조금(陽明燥金)과 의미가 부합됨을 알 수 있다.

그렇다면 수족(手足)으로 나뉜 십이정경맥(十二正經脈)은 괘상(卦象)으로는 어떻게 표현될 수 있을까? 각 경맥의 오행(五行)과 육기(六氣)를 살펴서 따져 보아야 할 것이다.

수태음폐경(手太陰肺經)을 예로 들면, 오행(五行)은 폐금(肺金)이고 육기(六氣)는 태음습토(太陰濕土)이다. 오행(五行)은 땅의 기운이니 폐금(肺金)에 해당하는 양명조금(陽明燥金)의 괘인 칠간산(七艮山, ☶)이 아래에 위치하고, 육기(六氣)는 하늘의 기운이니 태음습토(太陰濕土)에 해당하는 괘인 이태택(二兌澤, ☱)이 위에 위치하게 된다. ☱☶

반면에, 교상합(交相合)의 짝인 족양명위경(足陽明胃經)을 보게 되면, 오행(五行)은 위토(胃土)이고 육기(六氣)는 양명조금(陽明燥金)으로, 위토(胃土)에 해당하는 태음습토(太陰濕土)의 괘인 이태택(二兌澤, ☱)이 아래에 위치하고, 양명조금(陽明燥金)에 해당하는 괘인 칠간산(七艮山, ☶)이 위에 위치하게 된다. ☶☱

수태음폐경(手太陰肺經)과 족양명위경(足陽明胃經)의 괘(卦)를 살펴보면, 위아래의 괘(卦)가 서로 뒤바뀐 형상이라는 것을 알 수 있다. 따라서 수태음폐경(手太陰肺經)을 보(補)하면 족양명위경(足陽明胃經)을 사(瀉)하는 의미가 되고, 족양명위경(足陽明胃經)을 보(補)하면 수태음폐경(手太陰肺經)을 사(瀉)하는 의미가 된다. 다른 경맥(經脈)들도 같은 식으로 괘상(卦象)을 따져 보면 교상합(交相合) 관계에 있는 경맥(經脈)들은 모두 서로 반대되는 괘상(卦象)을 가지고 있는 것을 알 수 있다. 그것이 바로 교상합치료(交相合治療)의 원리가 되는 것이다.

승격(勝格)의 의미는 사기(邪氣)를 사(瀉)해 준다고는 하나, 대부분의 실증(實證)이 정기(正氣)와 사기(邪氣)가 뒤섞여서 맹렬히 싸우고 있는 상태이므로 사기(邪氣)를 깎아주려면 어쩔 수 없이 어느 정도는 정기(正氣)도 깎아먹게 되기 때문에 병(病)의 경중(輕重)을 따져서 환자의 상태가 정기(正氣)가 충만하다면 승격(勝格)을 사용할 수도 있지만, 대체로 교상합(交相合)을 응용해서 정격(正格)을 주로 쓰게 된다. 병증(病證)이 급해서 어쩔 수 없이 승격(勝格)을 사용하는 경우에는 어느 정도 사기(邪氣)를 몰아내서 증세가 호전되면 허(虛)해진 정기(正氣)를 보충하기 위해 다시 정격(正格)을 사용해야 한다.

그 외에 상합(相合)은 장부(臟腑)의 표리(表裏)를 응용한 치료법으로 예를 들어 폐(肺)와 대장(大腸)은 둘 다 금(金)의 장부(臟腑)이지만 장(臟)인 폐(肺)는 음(陰)이고 부(腑)인 대장(大腸)은 양(陽)으로 음양(陰陽)은 서로 겉과 속의 표리(表裏)를 이루어 서로 만나고 반대인 듯 보이지만 서로 돕는 이치를 이용하여 폐(肺)의 병증(病證)을 대장경(大腸經)을 이용하여 치료하게 되는 것이다. 또한 육경(六經)을 음양(陰陽)의 표리(表裏)로 이해하여 태음경(太陰經)의 병증(病證)을 양명경(陽明經)으로 치료할 수도 있다. 이 또한 위에서 설명한 괘상(卦象)이 반대인 것으로 설명할 수 있을 것이다. 합병(合倂)은 하나의 장부(臟腑), 하나의 경락(經絡)에만 문제가 있지 않고 두 가지 이상이 동시에 문제가 있을 때 한 번에 같이 치료하는 방법을 말하며, 복합(複合)은 문제가 있을 것으로 보이는 경락(經絡)이나 장부(臟腑)에 해당하는 취혈(取穴)을 상합(相合), 교상합(交相合), 합병(合倂)의 원리에 맞게 하지 않고 다른 변수를 생각하여 전혀 엉뚱하게 보이는 취혈법(取穴法)을 택하는 방법이다. 이 복합(複合)은 참으로 난해하고 어려운 부분이라 더 많은 연구가 있어야 할 것으로 보인다. 이렇듯 여러 가지 방법들을 응용할 수 있겠지만, 필자가 임상에서 침치료(鍼治療)를 위해 취혈(取穴)하는 원칙은, 정격(正格)을 우선시하고, 승격(勝格)을 사용해야 할 병증(病證)에는 대체로 교상합(交相合)을 이용해서 8-9할은 정격(正格)으로 사용하고, 사암도인(舍岩道人)의 진단(診斷)과 일치하는 병증(病證)의 경우에는 그 처방(處方)을 사용한다. 이는 순전히 필자의 선택이므로 각자의 판단에 따라 달리 적용할 수도 있을 것이다.

우리가 앞으로 더 많은 연구와 임상진료를 통해서 개의 품종에 따른 체질론(體質論)을 따질 수 있는 시기가 오면, 그에 따라 더욱더 자세하고 다양한 취혈(取穴)선택이 가능할 것으로 여겨진다. 또한 우리는 서양의학을 같이 사용하기 때문에, 침치료(鍼治療)에만 의존하지 않고 더 빠르고 좋은 방법이 있다면 그쪽을 선택하는 경우가 많고, 보호자와의 관계에 있어서도 동양의학적 치료만 하는 동양의학전문 동물병원이 아닌 다음에야 침뜸만 가지고 지지부진한 듯한 느낌이 들게 할 필요는 없다고 본다. 어느 쪽을 선택하느냐는 시술하는 자의 선택이지만, 가장 중요한 점은 환자를 낮게 해야 한다는 것이다.

더불어 한 가지 덧붙이자면, 협조를 하지 않는 환자에게는 무리하게 침을 고집할 필요까지는 없다는 것이다. 작은 애완견의 경우에 특히, 요크셔, 치와와, 페키니즈 종의 경우에는 목욕시키다가도 폐출혈이 일어나는 경우가 있을 정도로 비협조적이고 자기 성질을 못이기는 아이들이 많기 때문에 억지로 침치료(鍼治療)를 하려다가 낭패를 보는 경우가 생길 수 있다.

이제부터 이야기할 십이정경맥(十二正經脈)의 정승격(正勝格) 운용에 대한 내용은 사암도인침구요결(舍岩道人鍼灸要結)과 사암침구정전(舍岩鍼灸正傳)을 참고로 인용하였으며 각 처방(處方)들에 딱 떨어지게 맞는 정승격(正勝格)이 사용된 예도 있고, 모능령자허(母能令子虛), 자능령모실(子能令母實)을 이용한 변방(變方)이 쓰인 예도 있고, 상합(相合)이 사용되거나, 합병(合倂), 복합(複合)이 사용된 예도 있다. 또한 경락(經絡)의 본질과 육기(六氣)를 이해해야 이해되는 처방(處方)들도 있을 것이고, 전혀 이해할 수 없는 처방(處方)도 있어서 말 그대로 체질(體質)에 따른, 즉 case by case로 당시에 해당하는 환자를 직접 본 사암도인(舍岩道人)만이 왜 그런 처방(處方)을 했는지 알 수 있는 경우도 있다. 이러한 부분들은 필자의 생각대로 일일이 설명하지 않은 부분도 많이 있는데, 이는 어려워서 이해가 쉽지 않기도 하거니와 처음 사암침(舍岩鍼)을 공부하는 수의사들에게 오히려 어지럼증만을 더할 수 있기 때문이기도 하다.

기본이 되는 처방(處方)은 정격(正格)과 승격(勝格)이다. 여기에 한열(寒熱)의 운용까지를 더할 수 있다면 그 정도로 이 책에서 얻을 수 있는 것은 모두 얻었다고 생각된다. 그것을 기초로 정진하다 보면 정승한열(正勝寒熱)에 얽매이지 않고도 과거 사암도인(舍岩道人)보다 더 변화무쌍한 취혈(取穴)을 할 수 있는 단계가 오리라 믿는다.

하나하나의 혈위(穴位)보다는 전체가 훨씬 더 중요한 것이기 때문에 전체를 보는 눈이 뜨이면 취혈(取穴)은 잘못된 전체의 흐름을 바로잡는 방법일 뿐이라고 생각한다.

✔ 수태음폐경(手太陰肺經)

수태음폐경(手太陰肺經)은 다기소혈(多氣少血)이며, 유주시간은 인시(寅時)이다. 중초(中焦)에서 시작하여 아래로 내려가 대장(大腸)에 락(絡)하고, 다시 위로 횡격막(橫膈膜)을 지나 폐(肺)에 속(屬)하고, 인후부(咽喉部)로 올라가서 어깨 쪽으로 이동하여 중부(中府)로 나온다. 어깨의 앞, 안쪽을 타고 팔의 안쪽, 팔꿈치 앞, 안쪽을 지나 요골경상돌기에서 갈라져 한 가닥은 엄지손톱 안쪽의 소상(少商)에서 그치고, 다른 한 가닥은 둘째손톱 안쪽의 상양(商陽)에 이르러 수양명대장경(手陽明大臟經)과 만난다. 경락(經絡)의 유주방향(流注方向)은 바깥쪽에 혈(穴)이 드러나는 부분뿐만 아니라, 몸 안쪽의 흐름까지도 숙지하고 있어야 해당 경락(經絡)의 병증(病證)의 이해와 취혈(取穴)의 선택에 있어서 실수를 줄일 수 있다.

수태음폐경(手太陰肺經)은 폐금(肺金)의 도관을 태음습토(太陰濕土)의 물질이 손(앞발)으로 흐른다는 의미이다. 각각의 십이정경맥(十

二正經脈)은 오행(五行)과 육기(六氣)를 하나씩 가지고 있는데, 수태음폐경(手太陰肺經)의 오행(五行)은 금(金)이고 육기(六氣)는 태음(太陰)인 것이다. 오행(五行)은 기본적인 어떤 틀을 의미하고 육기(六氣)는 그 틀 안에서 움직이는 기운(氣運)의 성질을 의미한다. 따라서 수태음폐경(手太陰肺經)의 의미를 오행(五行)이나 육기(六氣)의 한쪽만 가지고 설정하기보다는 두 가지가 잘 버무려져서 조화롭게 이루어진 어떤 것, 금(金)의 차고 단단한 성질에 습토(濕土)의 축축하고 탄력 있는 성질이 같이 녹아 있는 상태로 인식해야 할 것이다.

이제 실제로 사암침(舍岩鍼)을 적용하는 병증(病證)과 그 방법에 대해서 이야기해 보자. 여러 다양한 변격(變格)들이 있지만, 기본이 되는 정격(正格)과 승격(勝格)을 주로 하여 사암도인침구요결(舍岩道人鍼灸要訣)과 사암침구정전(舍岩鍼灸正傳)에 언급된 내용들을 주로 다루고, 다른 변격(變格)들에 대해서는 여러분들의 연구와 판단을 기대한다.

I. 폐정격(肺正格)

태백(太白), 태연(太淵) 補, 어제(魚際), 소부(少府) 瀉

폐정격(肺正格)은 물론 폐경(肺經)의 허증(虛證)에 사용하게 된다. 하지만, 폐주기(肺主氣)이므로 모든 기허(氣虛)로 인한 병증(病證)에 사용할 수 있다. 폐(肺)와 코, 인후(咽喉), 기관지(氣管支), 피부(皮膚), 모발(毛髮)의 기능을 증진시킬 목적으로 사용한다. 또한 태음습토(太陰濕土)가 이들을 자윤(滋潤)하기 때문에 음허(陰虛)로 인한 건조한 증후(證候)에 거의 모두 사용할 수 있다.

사암도인침구요결(舍岩道人鍼灸要訣) 허로문(虛勞門)의 폐허(肺虛)와 사암침구정전(舍岩鍼灸正傳) 허손(虛損)의 폐허(肺虛)를 보면 기침과 가래가 많고 숨이 차고 피를 토하며 피모(皮毛)에 윤기가 없고 진액(津液)이 고갈되는 경우에 폐정격(肺正格)을 사용했다. 폐(肺)는 기(氣)를 주관하여 각 장부(臟腑)의 기허(氣虛)로 인한 증후(證候)들이 지속되면 결국 폐허(肺虛)를 야기할 수 있다.

폐(肺)는 호흡(呼吸)을 주관하므로 일체의 호흡기질환에 일차적으로 선택할 수 있다. 폐정격(肺正格)은 화혈(火穴)을 사(瀉)하게 되므로 그 자체로 열(熱)을 내리는 효과를 노릴 수 있기 때문에 호흡기질환 중에 폐(肺)에 열(熱)이 있는 경우에 주로 사용할 수 있다. 즉 누런 콧물이 나고 코가 막히는 축농증(蓄膿症) 등 화(火)가 성(盛)해지는 병증(病證)에 사용할 수 있다. 비병(鼻病)에 사용할 때는 병증(病證)이 있는 반대쪽에 자침(刺針)한다.

사암도인침구요결(舍岩道人鍼灸要訣) 비통문(鼻痛門)의 비색(鼻塞)을 보면 코막힘은 폐한(肺寒)이라 하여 폐정격(肺正格)을 사용하고, 사암침구정전(舍岩鍼灸正傳)에도 비색(鼻塞)은 풍한(風寒)을 쏘이면 나타나므로 폐정격(肺正格)을 사용한다 했다. 폐한(肺寒)으로 보면서도 폐정격(肺正格)을 쓴 것은 화혈(火穴)을 사해서 열을 내리는 의미보다는 외사(外邪)의 침입으로 막힌 폐기(肺氣)를 뚫어 선발숙강(宣發肅降)을 노렸다고 보인다.

비통문(鼻痛門)의 비체(鼻涕)를 보면 누런 콧물이 흐르는 경우에 임읍(臨泣), 함곡(陷谷)을 보(補)하고, 해계(解谿), 양곡(陽谷)을 사

(瀉)하는 위승격(胃勝格)의 변형을 사용했으나, 사암침구정전(舍岩鍼灸正傳)에서는 비체(鼻涕)를 맑은 콧물로 이야기하고 폐정격(肺正格) 또는 폐열격(肺熱格)을 쓰고 비연(鼻淵)을 위열(胃熱)에 의한 탁한 콧물로 이야기하고 위승격(胃勝格)을 쓰고 있다.

이는 용어 선택의 차이로 보이며 비체(鼻涕)를 풍한(風寒)에 의한 맑은 콧물로 본다면 사암침구정전(舍岩鍼灸正傳)에서 폐정격(肺正格)을 쓴 것은 비색(鼻塞)과 마찬가지로 선발숙강(宣發肅降)을 노린 것으로 보이며, 사실 폐열격(肺熱格)을 더 많이 사용하게 된다.

위열(胃熱)에 의한 비연(鼻淵), 즉 누렇고 탁한 콧물이 있을 때 위승격(胃勝格) 변형과 위승격(胃勝格)을 처방(處方)하였는데 위승격(胃勝格)은 교상합(交相合)으로 보면 폐정격(肺正格)과 유사한 효과를 내게 된다. 즉 위(胃)에 사기(邪氣)가 흘러넘치는 실증(實證)에 위승격(胃勝格)보다는 폐정격(肺正格)을 우선 사용하고, 병증(病證)이 급하거나 폐정격(肺正格)으로 치료가 되지 않을 때 위승격(胃勝格)을 사용하는 순서로 주로 사용한다.

위승격(胃勝格)의 변형에서 자(子)인 상양(商陽), 여태(厲兌)를 사(瀉)하지 않고, 모(母)인 해계(解谿), 양곡(陽谷)을 사(瀉)한 것은 난경(難經) 칠십오난(七十五難)의 모능령자허(母能令子虛)를 이용하여 어미가 허(虛)해지면 자식도 허(虛)해질 수 있다는 이치를 적용하여 관보자사(官補子瀉)가 아닌 관보모사(官補母瀉)를 사용한 것이다.

폐주피모(肺主皮毛)이므로 피부병에도 사용할 수 있다. 모든 종류의 탈모(脫毛)에 우선 사용할 수 있고 또한 피부(皮膚)가 건조하여 가렵고 갈라지며 하얗게 비듬이 쌓이는 조증(燥症)의 경우에 많이 쓴다. 이는 폐(肺)의 선발(宣發)기능을 강화하여 위기(衛氣)가 피모(皮

毛)에 수액(水液)을 전달하게 하는 작용과 태음습토(太陰濕土)의 성질을 이용해서 피모(皮毛)를 촉촉하게 만드는 작용을 이용하는 것으로 생각된다.

사암도인침구요결(舍岩道人鍼灸要訣) 조증문(燥症門)의 조증(燥症)을 보면 전신의 피부(皮膚)가 건조하여 비듬이 많고 심하면 갈라지고 터지는 경우에 폐정격(肺正格)을 사용했고 사암침구정전(舍岩鍼灸正傳)에서도 같은 처방(處方)을 했다. 조증(燥症)은 과도한 양(陽)이 습(濕)을 날려버리는 경우로 음(陰)이 부족한 경우이다. 손과 발바닥이 딱딱해지면서 갈라지는 경우에도 사용할 수 있는데, 심하면 피가 나고 아프다.

비증(痺證)에도 사용하는데, 비증(痺證)이란 기혈(氣血)이 잘 소통되지 않아서 생기는 병증(病證)으로 원인과 위치에 따라 여러 가지로 나뉜다. 사암도인침구요결(舍岩道人鍼灸要訣)의 통풍문(痛風門) 피비(皮痺)를 보면, 은진(隱疹, 두드러기)과 풍창(風瘡)이 있고 긁어도 아프지 않고 냉(冷)하며, 처음에 기육(肌肉) 속에 벌레가 다니는 느낌이 드는 경우에 폐정격(肺正格)을 사용했고, 사암침구정전(舍岩鍼灸正傳)에서도 같은 처방(處方)을 했다.

다리에 힘이 없어서 잘 걷지 못하는 위증(痿證) 중에서 음허폐상(陰虛肺傷)으로 인한 만성쇠약증(慢性衰弱證)인 위벽(痿躄)에 사용한다. 위벽(痿躄)은 주로 열성질환(熱性疾患)을 심하게 앓고 난 후에 나타난다. 사암도인침구요결(舍岩道人鍼灸要訣) 위증문(痿證門) 위벽(痿躄)을 보면, 폐열(肺熱)이 심해서 폐엽(肺葉)이 탈 정도가 되면 근맥(筋脈)이 늘어지고 다리가 연약해져서 잘 걷지 못하는 경우에 폐정격(肺正格)을 사용했다. 사암침구정전(舍岩鍼灸正傳)에서도 폐열(肺熱)로 보아 같은 처방(處方)을 했다.

　무릎이 시큰시큰하게 아픈 슬산통(膝酸痛)에도 폐정격(肺正格)을 사용할 수 있다.

　장궁노현(長弓弩弦)에 사용한다. 장궁노현(長弓弩弦)이란 활시위를 바짝 당길 때처럼 머리가 발에 닿을 정도로 구부러지는 증(證)을 말한다. 여러 가지 원인이 있겠지만, 주로 복통(腹痛)에 의해서 허리를 펴지 못하고 웅크리고 있는 경우에도 효과가 좋다. 독맥(督脈)을 사(瀉)하고 임맥(任脈)을 보(補)하는 방법을 같이 적용해도 좋다. 사암도인침구요결(舍岩道人鍼灸要訣) 요통문(腰痛門)의 장궁노현(長弓弩弦)에서 폐정격(肺正格)을 사용했고 사암침구정전(舍岩鍼灸正傳)에서도 같은 처방(處方)을 했다.

　흰자위에 충혈(充血)이 생겼을 때도 사용한다. 눈의 망진(望診)에서 말했듯이 흰자위는 폐(肺)를 관찰하는 곳이며 폐(肺)에 열(熱)이 있으면 그것이 결막충혈(結膜充血)이 됐든, 상공막충혈(上鞏膜充血)이 됐든 흰자위에 충혈(充血)이 발생한다. 사암도인침구요결(舍岩道人鍼灸要訣)의 목병문(目病門) 백정홍근예장막(白睛紅筋瞖障膜)편을 보면 눈 흰자에 붉은 힘줄이 생겨 눈의 막(膜)을 가리는 것은 폐허(肺虛)라 하여 폐정격(肺正格)을 사용했다. 사암침구정전(舍岩鍼灸正傳)에는 백정예막(白睛瞖膜)은 폐허(肺虛)인데 소부(少府)만을 사(瀉)했다.

　사암도인침구요결(舍岩道人鍼灸要訣) 목병문(目病門)의 백막(白膜)편을 보면 눈에 흰 백태(白苔)가 낀 경우는 폐허(肺虛)로 보아 태백(太白), 태연(太淵)을 보(補)하고, 어제(魚際), 대도(大都)를 사(瀉)했고, 사암침구정전(舍岩鍼灸正傳)에서는 백태(白苔)가 안정(眼睛)을 가리는 백자막(白眥膜)의 경우 폐허(肺虛)로 보아 폐정격(肺正格)을 처방(處方)했다. 각막부종(角膜浮腫)이나 각막백탁(角膜白濁)에 응용해 볼 수 있겠고 백내장(白內障)에도 적용해 볼 수 있을 것 같다.

역시 목병문(目病門)의 치희불결(眵稀不結)을 보면, 묽은 눈곱이
덩어리지지 않고 끼는 경우에 폐정격(肺正格)을 사용했다. 사암침구정
전(舍岩鍼灸正傳)에는 치다불결(眵多不結), 즉 눈곱이 많고 덩어리지
지 않는 경우에 폐정격(肺正格)을 사용했다.

좌간우폐(左肝右肺)라 하여 몸의 우측을 폐(肺)가 주관한다고 보기
때문에 우측에 일어나는 일체의 종통(腫痛)에 사용한다. 사암도인침구
요결(舍岩道人鍼灸要訣) 협통문(脇痛門)의 우협통(右脇痛)에서 폐정격
(肺正格)을 사용했다. 좌측의 종통(腫痛)에는 간정격(肝正格)을 사용
한다. 사암침구정전(舍岩鍼灸正傳)에서도 귀가 멍하여 잘 들리지 않고
우협부(右脇部)의 어통(瘀痛)이 있을 때 폐정격(肺正格)을 사용했다.

특히 오른쪽 옆구리 아래에 생기는 딱딱한 적취(積聚)를 폐적(肺
積)이라 하여 사암침구정전(舍岩鍼灸正傳)에는 폐허(肺虛)로 보아 폐
정격(肺正格)을 사용하였고, 사암도인침구요결(舍岩道人鍼灸要訣)에서
는 소부(少府) 대신에 상화(相火)인 심포경(心包經)의 화혈(火穴), 즉
노궁(勞宮)을 사(瀉)했다.

우측 음낭(陰囊)의 종통(腫痛)에도 사용할 수 있는데, 사암도인침
구요결(舍岩道人鍼灸要訣) 산기문(疝氣門)의 기산(氣疝)과 사암침구
정전(舍岩鍼灸正傳)의 산증(疝症) 기산(氣疝)을 보면 신수혈(腎兪穴)
부터 음낭(陰囊)까지 축 처져 내리면서 붓고 아픈 경우에 폐정격(肺
正格)을 사용했다. 화가 나서 기울(氣鬱)하면 심해지고 화가 잦아들면
기울(氣鬱)도 없어진다. 산증(疝證)은 통증뿐만 아니라 허니아도 포함
을 하는데 서혜부 허니아나 음낭 허니아에도 적용해 볼 수 있겠다.

우반신불수(右半身不遂)가 나타나는 기중(氣中), 즉 폐기허(肺氣虛)

로 인한 중풍(中風)에도 사암침구정전(舍岩鍼灸正傳)에서는 태백(太白)을 보(補)하고 소부(少府)를 사(瀉)했다. 사암도인침구요결(舍岩道人鍼灸要訣)에서는 폐실(肺實)로 소부(少府)를 보(補)하고, 태백(太白)을 사(瀉)했다. 서로 처방(處方)이 다른 것이 의아할 수도 있으나 같은 증(證)이라도 허(虛)한 것을 먼저 다스릴 것인지, 실(實)한 것을 먼저 다스릴 것인지를 결정하는 차원으로 이해할 수 있지 않을까 한다. 소부(少府) 보(補), 태백(太白) 사(瀉)는 관보모사(官補母瀉)이다.

소화기질환에도 사용할 수 있는데, 사암도인침구요결(舍岩道人鍼灸要訣) 설사문(泄瀉門)의 기설(氣泄)과 사암침구정전(舍岩鍼灸正傳) 설사(泄瀉) 기설(氣泄)을 보면, 기체(氣滯)로 인해 창명(脹鳴), 흉격통(胸膈痛)이 있고 배가 급히 아프고 사(瀉)하면 조금 안정되었다가 다시 또 급해지는 경우에 폐정격(肺正格)을 쓴다고 했다. 폐주기(肺主氣)의 내용으로 이해할 수 있는 부분이겠다.

어깨관절의 질환에도 사용할 수 있는데, 이는 폐경(肺經)의 유주로 생각해 볼 수 있겠다. 탈구나 퇴행성 관절질환에 응용해 볼 수 있겠다.

Ⅱ. 폐승격(肺勝格)

어제(魚際), 소부(少府) 補, 척택(尺澤), 음곡(陰谷) 瀉

승격(勝格)은 앞에서도 언급했듯이 정격(正格)에 비해 많이 사용되지 않고, 사암도인침구요결(舍岩道人鍼灸要訣)에도 그 처방이 정격(正

格)에 비해 현저히 적다. 또한 승격(勝格)은 온전한 승격(勝格)으로 사용되기보다는 변형된 처방(處方)이 오히려 더 많이 보인다.

　폐승격(肺勝格)은 실즉사기자(實則瀉己子) 실즉보기관(實則補己官)에 의해 관(官)인 화(火)를 보(補)하고 자(子)인 수(水)를 사(瀉)해 줘야 하지만, 실제로는 수(水) 대신에 모(母)인 토(土)를 사(瀉)해 준 관보모사(官補母瀉)의 처방(處方)이 많이 보인다. 자(子)를 사(瀉)해서 부족한 것을 내가(自) 보충해 줘야 하기 때문에 실(實)한 사기(邪氣)가 덜어진다는 게 원칙이지만 모(母)를 사해서 모(母)에서 얻어먹을 것이 없게 하여 굶기는 것도 방법이 될 것이다. 이것이 모능령자허(母能令子虛)이다.

　폐승격(肺勝格)은 폐실증(肺實證)에 사용한다. 교상합(交相合)으로 위정격(胃正格)을 사용할 수 있는데, 정격(正格)을 우선순위로 사용하게 되므로 폐승격(肺勝格) 처방(處方)이 필요한 경우에 위정격(胃正格)을 먼저 쓰게 된다. 예를 들면 습토(濕土)를 사(瀉)해 준다는 생각으로 상초(上焦)에 습(濕)이 쌓이는 경우에 사용할 수 있으나 대장정격(大腸正格)이나 위정격(胃正格)을 더 많이 쓰게 된다.

　폐실증(肺實證)은 풍한속폐(風寒束肺), 한사객폐(寒邪客肺), 풍열범폐(風熱犯肺), 열사옹폐(熱邪壅肺), 조사범폐(燥邪犯肺) 등을 포함한다. 자세한 내용은 변증편을 참고하기 바란다.

　폐실증(肺實證)에 의해 폐기(肺氣)가 울결(鬱結)되어 기침과 흉협통(胸脇痛), 소복인통(少腹引痛), 혀와 침이 마르고, 얼굴이 창백하고, 숨이 차고 끈적끈적한 가래를 토하는 금울(金鬱)의 경우에 사암도인침구요결(舍岩道人鍼灸要訣)에는 소부(少府), 어제(魚際)를 보(補)하고 경거(經渠), 부류(復溜)를 사(瀉)했으나, 사암침구정전(舍岩鍼灸正傳)에는 태백(太白), 태연(太淵)을 사(瀉)하여 자(子) 대신에 모(母)를 사(瀉)하는 변방폐승격(變方肺勝格)을 사용했다. 경거(經渠), 부류(復溜)를 보(補)하게 되면 신정격(腎正格)의 처방(處方)이 되는데, 이를 사(瀉)한다는 것은 역시 자(子) 대신에 모(母)를 사(瀉)하는 변방신승격(變方腎勝格)으로 볼 수 있다. 그렇다면 왜 폐승격(肺勝格)만을 사용하지 않고 폐승격(肺勝格)과 신승격(腎勝格)을 동시에 사용하는 합병(合倂)을 선택했을까? 폐(肺)가 실(實)하다면 금(金)이 실(實)한 것으로, 실(實)할 때는 자(子)를 사(瀉)하라 하지 않았던가? 즉 금(金)의 자(子)인 수(水)를 사(瀉)하여 실(實)한 금(金)을 조절하려 한 것으로 혈위(穴位)의 오행(五行)만을 생각한 것이 아니라 장부(臟腑)와 경락(經絡)의 오행(五行)을 같이 생각한 처방(處方)으로 보인다.

사암도인침구요결(舍岩道人鍼灸要訣) 담음문(痰飮門)의 담음(痰飮)을 보면 장간(腸間)에 물이 고여 소리가 나고 가슴이 더부룩하며 눈이 아물거리는 경우에 폐탁(肺濁)으로 보아 소부(少府), 어제(魚際)를 보(補)하고 척택(尺澤), 함곡(陷谷)을 사(瀉)했다. 담음(痰飮)이란 수액(水液)이 정체되어 순조롭게 순환하지 않아 발생하는 병증으로 폐(肺)에 사기(邪氣)가 들어 통조수도(通調水道)하지 못하는 실증(實證)으로 본 것이다. 애기(噯氣), 탄산(呑酸), 조잡(嘈囃)이 같이 있으면 폐탁(肺濁)이다. 사암침구정전(舍岩鍼灸正傳)에서는 함곡(陷谷) 대신에 음곡(陰谷)을 사(瀉)해서 온전한 폐승격(肺勝格)을 사용했는데 폐승격(肺勝格)의 처방(處方)이 옳지 않을까 한다.

복통(腹痛)에도 사용할 수 있는데, 배꼽 위의 대복(大腹)이 쌀쌀하게 아프고 가슴이 더부룩한 경우는 폐탁(肺濁)으로 보아 폐승격(肺勝

格)을 사용한다. 사암도인침구요결(舍岩道人鍼灸要訣) 복통문(腹痛門)의 기복통(氣腹痛)에는 음곡(陰谷)을 사(瀉)하는 대신에 곡천(曲泉)을 사(瀉)했고, 사암침구정전(舍岩鍼灸正傳)에서는 폐승격(肺勝格)을 사용했다. 대복(大腹)은 태음(太陰)에 속하여 중완통(中脘痛)이 있을 경우는 사기(邪氣)로 인해 폐기(肺氣)가 막혀 소통하지 못하고 뭉쳐서 발생하는 폐탁(肺濁)으로 보아 승격(勝格)을 사용한 것으로 보인다.

현훈문(眩暈門)의 담훈(痰暈)을 보면, 머리가 어지럽고 가래와 함께 구토(嘔吐)를 하고 머리가 무거운 경우에 폐실(肺實)로 보아 소부(少府), 어제(魚際)를 보(補)하고 태백(太白), 태연(太淵)을 사(瀉)하는 변방폐승격(變方肺勝格)을 사용했다. 사암침구정전(舍岩鍼灸正傳)에도 담현(痰眩)이라 표현을 달리했을 뿐 같은 처방(處方)을 사용했다. 현훈(眩暈)이란 눈앞에 아찔하면서 머리가 어지러운 것을 말하는데 이 중에서 담훈(痰暈)은 탁한 담(痰)이 폐(肺)를 어지럽혀서 나타나는 증후(證候)이다.

온몸의 유주통(流走痛)에도 사용할 수 있는데, 사암도인침구요결(舍岩道人鍼灸要訣) 통풍문(痛風門)의 백호풍(白虎風)과 사암침구정전(舍岩鍼灸正傳)의 통풍(痛風) 백호역절풍(白虎歷節風)을 보면, 온몸의 관절을 호랑이가 물어뜯는 듯이 아픈 통증이 돌아다니는 경우에 폐실(肺實)로 보아 폐승격(肺勝格)을 사용했다. 안타까운 것은 온몸 관절을 돌아다니면서 아픈 통증이 개에게 있더라도 우리가 그걸 알 수 없다는 것이다.

정격(正格)에서와 같이 안질환에도 사용이 가능한데, 사암도인침구요결(舍岩道人鍼灸要訣) 목병문(目病門)의 치다경결(眵多硬結)과 사

암침구정전(舍岩鍼灸正傳) 목병(目病) 치다결경(眵多結硬)을 보면, 눈
곱이 많고 덩어리져서 굳어서 모래알 같은 경우는 폐실(肺實)로 보아
폐승격(肺勝格)을 사용했다. 치희불결(眵稀不結)의 경우에는 폐허(肺
虛)로 보아 폐정격(肺正格)을 썼는데 눈곱이 뭉쳐서 단단해지는지 그
렇지 않은지에 따라 승격(勝格)과 정격(正格)이 나뉘게 된다.

수양명대장경(手陽明大臟經)

수양명대장경(手陽明大臟經)은 다기다혈(多氣多血)이며, 유주시간은
묘시(卯時)이다. 검지손톱 안쪽의 상양(商陽)에서 시작하여 손과 팔꿈
치의 앞, 바깥쪽을 따라 어깨로 올라가서 어깨 뒤쪽에서 수태양소장경
(手太陽小臟經)의 병풍(秉風)과 교회(交會)하고, 목 뒤에 있는 독맥
(督脈)의 대추(大椎)와 교회(交會)한 후에 다시 앞쪽 쇄골(鎖骨) 위
의 결분(缺盆)으로 들어가서 아래로 폐(肺)에 락(絡)하고 계속 내려
가 대장(大腸)에 속(屬)한다. 결분(缺盆)에서 나온 다른 가지는 목 옆
을 타고 올라가 뺨을 뚫고 아랫니로 들어가고, 다시 나와 족양명위경
(足陽明胃經)의 지창(地倉)과 교회(交會)하고 다시 독맥(督脈)의 인
중(人中)과 교회(交會)한 후에 반대로 교차되어 코 옆의 영향(迎香)
에서 그친다.

수양명대장경(手陽明大臟經)은 오행(五行)과 육기(六氣)가 모두 금
(金)이다. 이렇게 오행(五行)과 육기(六氣)가 같은 경락(經絡)을 천부

경락(天符經絡)이라고 하며, 둘의 성질이 같기 때문에 그 치료효과 또한 빠르고 크다. 또한 상양혈(商陽穴)은 수양명대장경(手陽明大腸經)의 오수혈(五兪穴) 중에 금(金)의 혈(穴)이기 때문에 천부혈(天符穴)이라 한다. 금(金)이 두 개가 겹쳐 있으므로 건조하여 말리는 데는 그만이며, 양명조금(陽明燥金)은 그 단단한 성질로 골격을 유지하여 체형(體形)을 이루게 하고, 쇠도끼처럼 몸 안의 안 좋은 뭔가를 부술 때에도 사용할 수 있다.

Ⅰ. 대장정격(大腸正格)

곡지(曲池), 족삼리(足三里) 補, 양계(陽谿), 양곡(陽谷) 瀉

대장정격(大腸正格)은 교상합(交相合)으로 볼 때, 족태음비경(足太陰脾經)의 승격(勝格)을 사용하는 것과 유사하다. 즉 족태음비경(足太陰脾經)의 사기(邪氣)를 덜어 내주는 의미가 내포되어 있기 때문에 습사(濕邪)가 쌓여서 발생하는 일체의 병증(病證)과 배부르고 등 따셔서 움직이기 싫어하고 나태하고 게으른 경우에 사용할 수 있다.

대장(大腸)은 전도조박(傳導糟粕)의 장부(臟腑)이므로 소화기에 이상이 있어서 나타나는 설사(泄瀉), 변비(便秘)에도 당연히 적용할 수 있고, 양명(陽明)의 힘으로 버티고 설 수 있게 골격계의 질환에도 사용할 수 있다.

태열(胎熱)에 사용한다. 태열(胎熱)이란 어미 뱃속의 태중(胎中)에 있을 때 열(熱)을 받아 발생하는 모든 병증(病證)을 말한다. 흔히 요

사이 많이 얘기하는 atopy만을 의미하는 것이 아니고, 그 외에도 태중 (胎中)의 문제로 인한 어린 개의 발육부전(發育不全)이나 골격이상 (骨格異狀), 부종(浮腫), 정신적인 문제를 모두 포함한다. 이때 이하부 (耳下部) 대장경(大腸經)의 유주부위에 경결(硬結)이 있는 것으로 확진하게 된다.

치은염(齒齦炎)이나 치주염(齒周炎)에 사용한다. 잇몸이 헐어서 피가 나고, 붓고, 농(膿)이 흐를 때 말려 준다는 의미로 사용하며, 경락 (經絡)의 유주가 상하치(上下齒)에 모두 걸쳐 있기는 하지만 주로 하치(下齒)의 질환에 사용한다. 사암도인침구요결(舍岩道人鍼灸要訣) 치병문(齒病門)의 풍치통(風齒痛)과 사암침구정전(舍岩鍼灸正傳) 치병 (齒病) 풍치통(風齒痛)을 보면, 잇몸이 붓고 아프고 고름이 나는 경우에 대장정격(大腸正格)을 사용했다.

아랫입술에 발생하는 모든 병증(病證)에도 사용할 수 있는데, 양명 (陽明)의 성질을 볼 때 물이 많아 생기는 병증(病證)에 주로 사용될 수 있겠다. 사암도인침구요결(舍岩道人鍼灸要訣) 구병문(口病門)의 하순병(下脣病)을 보면 아랫입술의 모든 병에 장문(章門)을 보(補)하고 태백(太白)을 사(瀉)하고 소부(少府)를 사(瀉)했지만, 사암침구정전 (舍岩鍼灸正傳)에는 하순(下脣)의 부(浮) 또는 창(瘡)을 대장허(大腸 虛)로 보고 대장정격(大腸正格)을 사용했다.

요통(腰痛)에 사용한다. 이 요통(腰痛)의 의미는 상당히 광범위해서 그것이 디스크질환이든, 염좌든, 근육통이든지 간에 허리가 아프면 다 요통(腰痛)이다. 대장정격(大腸正格)은 그중에서도 오랜 시간을 같은 자세로 유지하여 생기거나 혹은 그러다가 갑자기 움직여서 생기는 요통(腰痛)에 사용한다.

근골여절(筋骨如折)이라 하여 뼈와 근육이 잡아 꺾는 듯이 아플 때 사용한다. 사암도인침구요결(舍岩道人鍼灸要訣) 요통문(腰痛門)의 근골여절(筋骨如折)과 사암침구정전(舍岩鍼灸正傳) 요통(腰痛) 대장허통(大腸虛痛)을 보면 대장정격(大腸正格)을 사용했다. 이러한 경우에는 꼭 귀밑에 수양명대장경(手陽明大腸經)의 유주를 따라 결핵(結核 구슬처럼 뭉친 종괴)이 있다.

치질(痔疾)에 사용한다. 항문(肛門)은 대장(大腸)에 속(屬)한다. 습열(濕熱)이 쌓여 발생하는 치질(痔疾)에는 대장정격(大腸正格)으로 말리고 식혀 줄 수 있다.

사암도인침구요결(舍岩道人鍼灸要訣) 치병문(痔病門)의 치질(痔疾)을 보면 항문(肛門) 내외에 쥐젖 같은 것이 생겨 가렵다가 아픈 경우에 대장정격(大腸正格)에 통곡(通谷)을 사(瀉)했다. 사암침구정전(舍岩鍼灸正傳)에서는 치루(痔漏), 즉 치질(痔疾)이 오래 낫지 않아 구멍이 뚫리는 경우에 역시 같은 처방(處方)을 사용했다.

피부병에도 사용할 수 있는데, 폐정격(肺正格)과는 달리 아프지도 않고, 가렵지도 않으면서 헐어서 짓무르는 피부병에 사용한다. 건조하기는 해도 피부가 딱딱해지면서 안쪽은 습하고, 갈라지면서 밖으로 진물이 흐르는 경우에 사용한다. 역시나 천부경락(天符經絡)이 갖고 있는 양명(陽明)의 힘을 이용해서 피어나오는 상화지기(相火之氣)를 식히고 헐어 짓무른 것을 메우는 의도로 사용한다고 보인다. 두드러기가 온몸에 나면서 헐고, 고름이 나는 경우에도 사용한다.

각궁반장(角弓反張)에도 사용한다. 각궁반장(角弓反張)이란 발이 등 뒤로 돌아가고, 손도 머리 위로 넘기면서 얼굴도 쳐들고 눈까지 뒤

집히는 증(證)을 말한다. 용어는 어려워도 이러한 증(證)은 한두 번씩
은 보았을 것이다. 원인이 무엇이든 효과가 있다. 사암도인침구요결
(舍岩道人鍼灸要訣)에는 담실(膽實)로 보아 담승격(膽勝格)을 사용했
으나 대장정격(大腸正格)과 임독맥(任督脈)의 보사(補瀉)를 같이 사
용해도 효과가 있다.

사암침구정전(舍岩鍼灸正傳) 부인과(婦人科) 산후(産後)편의 산후
중풍(産後中風)을 보면, 산후(産後)에 좌탄우탄(左癱右瘓)하거나 각궁
반장(角弓反張)이 있을 경우에 대장정격(大腸正格)을 사용했다. 좌탄
우탄(左癱右瘓)이란 좌우에 중풍(中風)이 생겨 마비가 오는 것을 말
한다. 그러나 산후(産後)에는 몸을 냉(冷)하게 하면 안 되기 때문에
산후중풍(産後中風)에는 신정격(腎正格)을 우선 사용해야 한다고도
한다.

소화기질환에도 당연히 사용할 수 있다. 변비(便秘), 혈변(血便), 복
통(腹痛), 탈항(脫肛)에 사용할 수 있다.

사암도인침구요결(舍岩道人鍼灸要訣) 복통문(腹痛門)의 한통(寒
痛)과 사암침구정전(舍岩鍼灸正傳) 복통(腹痛) 한통(寒痛)을 보면,
한사(寒邪)가 배로 들어와 배가 더하거나 덜함 없이 쌀쌀히 아프고, 창
명(脹鳴)과 설사(泄瀉)가 있으며, 맥(脈)은 침지(沈遲)하고 따뜻하게
하면 덜한 경우는 대장허(大腸虛)로 보아 대장정격(大腸正格)을 사용
했다.

열격(噎膈)에 사용할 수 있는데, 열격(噎膈)은 목이 메고 명치
가 결린다는 뜻으로 음식을 삼킬 때 목에 걸리고 가슴과 명치가 막혀
서 잘 내려가지 않으며 먹어도 잘 토하는 경우를 말한다. 사암도인침
구요결(舍岩道人鍼灸要訣) 열격문(噎膈門)의 대장열(大腸噎)을 보면,

178

열(熱)이 대장(大腸)에 맺혀서 음식을 먹으면 곧 토하고 대변이 통하지 않는 경우를 폐탁(肺濁)으로 보아 족삼리(足三里), 곡지(曲池)를 보(補)하고 통곡(通谷), 후계(後谿)를 사(瀉)했으나 사암침구정전(舍岩鍼灸正傳)에는 대장허(大腸虛)로 보아 온전한 대장정격(大腸正格)을 사용했다. 폐탁(肺濁)은 습독(濕毒)이 심하게 쌓여서 발생하는 것으로 양명(陽明)의 기운으로 습(濕)을 제거하려 한 것으로 보인다. 또한 폐탁(肺濁), 즉 폐실(肺實)은 표리(表裏)인 대장허(大腸虛)와 일맥상통하니 상합(相合)을 적용한 것으로 보인다.

딸꾹질에도 사용할 수 있는데, 사암도인침구요결(舍岩道人鍼灸要訣) 애역문(呃逆門)의 애역(呃逆), 폐애(肺呃)를 보면, 기(氣)가 거슬러 위로 치밀어 올라 소리가 나는 경우는 폐기(肺氣)가 잘 통하지 않아 생기는 것으로 폐탁(肺濁)으로 보아 대장정격(大腸正格)을 사용했다. 사암침구정전(舍岩鍼灸正傳)에도 대장정격(大腸正格)을 사용했으나 대장탁(大腸濁)으로 보았다. 폐탁(肺濁)에 대장정격(大腸正格)을 사용한 것은 상합(相合)으로 보이나 대장탁(大腸濁)에 대장정격(大腸正格)을 사용한 것은 역시 실증(實證)의 치료에 있어서 정기(正氣)를 보(補)하는 쪽으로 가느냐 아니면 사기(邪氣)를 사(瀉)하는 쪽으로 가느냐의 차이로 보인다.

산증(疝症)에도 사용하는데, 산증(疝症)은 생식기(生殖器)의 질환을 말하는 것으로, 하복통(下腹痛), 허니아 등도 포함한다. 사암도인침구요결(舍岩道人鍼灸要訣) 산기문(疝氣門)의 한산(寒疝)과 사암침구정전(舍岩鍼灸正傳) 산증(疝症) 한산(寒疝)을 보면, 고환(睾丸)이 단단하고 차며 당기면서 아프고, 발기(勃起)가 안 되는 경우를 대장상(大腸傷)으로 보아 대장정격(大腸正格)을 사용했다.

한통(寒痛)에서도 그러했듯이 한사(寒邪)에 의해 대장(大腸)이 쉽게 상하는 것을 알 수 있다.

눈이 충혈(充血)되는 경우에도 사용하는데, 눈 흰자위의 충혈이 있으면 폐정격(肺正格)을 일단 떠올리게 되지만, 표리관계인 대정정격(大腸正格)도 유효하다. 특히 몸이 피로하여 쉽게 충혈(充血)되는 경우에 사용할 수 있다. 대장정격(大腸正格)은 상합(相合)으로 보면 폐승격(肺勝格)에 어울리겠지만 역시 실증(實證)의 치료에 사기(邪氣)를 덜어주는 방법을 택하는 것으로 보인다.

Ⅱ. 대장승격(大腸勝格)

양계(陽谿), 양곡(陽谷) 補, 이간(二間), 통곡(通谷) 瀉

대장승격(大腸勝格)은 물론 대장실증(大腸實證)에 사용할 수 있겠고, 교상합(交相合)으로 보면 족태음비경(足太陰脾經)을 보(補)하는 처방(處方)을 사용해서 치료가 되지 않을 때 좀 더 강력한 자극을 위해서 사용할 수 있다. 대장실증(大腸實證)은 대장습열(大腸濕熱)과 대장열증(大腸熱證)을 포함한다.

사암도인침구요결(舍岩道人鍼灸要訣) 통풍문(痛風門)의 통비(痛痺)를 보면, 습사(濕邪)가 사지(四肢)를 돌아다니면서 어깨가 아프고 당기고 부어오르며, 밤에 심하고 정해진 곳이 아픈 것은 한승(寒勝)이라 하여 대장승격(大腸勝格)을 사용했다. 통비(痛痺)는 요즘 말하는 통풍(痛風)이며 한승(寒勝)이란 한사(寒邪)가 성(盛)하다는 뜻이다. 사암침구정전(舍岩鍼灸正傳)의 통풍(痛風) 통비(痛痺)에서도 견우(肩髃)가 아프고 당기며 밤에 심하고, 열(熱)을 만나면 덜해지고 한(寒)을 만나면 심해지는 경우는 한승(寒勝)이라 대장승격(大腸勝格)을 사용했다.

✦ 족양명위경(足陽明胃經)

족양명위경(足陽明胃經)은 다기다혈(多氣多血)이고 유주시간은 진시(辰時)이다. 영향(迎香)에서 시작하여 위로 올라가 족태양방광경(足太陽膀胱經)의 정명(睛明)과 교회(交會)하고, 아래 눈꺼풀의 승읍(承泣)을 지나 아래로 내려와 상치(上齒)로 들어간다. 독맥(督脈)의 인중(人中)과 교회(交會)하고 입술을 옆으로 돌아서 임맥(任脈)의 승장(承漿)과 교회(交會)한 후에 아래턱의 대영(大迎)으로 나와서 뺨을 따라 위로 올라가 귀에 들어간다. 이후 족소양담경(足少陽膽經)의 상관(上關)과 교회(交會)하고 옆머리를 따라 위로 올라가 독맥(督脈)의 신정(神庭)과 교회(交會)한다. 한 가닥은 대영(大迎)으로부터 밑으로 내려와 결분(缺盆)에 이르러 등 뒤쪽 독맥(督脈)의 대추(大椎)와 교회(交會)한 후에 몸속에서 아래로 내려와 위(胃)에 속(屬)하고 비(脾)에 락(絡)하며, 계속 아래로 내려가 서혜부(鼠蹊部)에서 체표(體表)의 가지와 만난다. 결분(缺盆)에서 갈라진 다른 가지는 젖꼭지를 타고 아래로 내려와 배꼽 옆을 지나 서혜부(鼠蹊部)로 가서 복강(腹腔)을 통해 내려온 가지와 만난다. 계속해서 허벅지의 앞, 바깥쪽을 따라 무릎과 정강이를 지나 발등을 따라서 둘째 발톱 바깥쪽의 여태(厲兌)에 이른다.

무릎 아래 족삼리(足三里)에서 갈라진 가지는 셋째 발톱의 바깥쪽에서
끝나고, 발등의 해계(解谿)에서 갈라진 가지는 엄지발톱 안쪽의 은백
(隱白)으로 가서 족태음비경(足太陰脾經)과 만난다.

족양명위경(足陽明胃經)은 우리 몸의 밭과 같다. 위(胃)를 수곡(水
穀)의 바다라고 했듯이, 비(脾)와 더불어 후천지본(後天之本)이며, 생
후에 위(胃)의 작용이 부실하면 모든 신체활동을 비롯해서 그로 인해
이어지는 정신적인 부분까지도 제대로 돌아가지 않게 된다. 습토(濕
土)의 위에 조금(燥金)이 돌아다니는 모습이므로, 촉촉한 땅에 서늘하
고 적당히 건조한 날씨가 형성되면 곡물이 잘 자라지 않을 수 없을
것이다. 같은 토(土)와 금(金)을 가진 수태음폐경(手太陰肺經)과는 또
다른 의미로 단단한 틀 위에 촉촉한 기운이 흘러 다니는 것과는 차이
가 있다. 따라서 족양명위경(足陽明胃經)은 소화기질환뿐만 아니라,
수곡(水穀)으로부터 시작되는 모든 육체적인 문제에 거의 전부 사용
할 수 있다.

Ⅰ. 위정격(胃正格)

양곡(陽谷), 해계(解谿) 補, 임읍(臨泣), 함곡(陷谷) 瀉

소화기질환에 사용할 수 있다. 위(胃)는 하강(下降)을 주관하므로,
하기(下氣)가 안돼서 생기는 오심(惡心), 구토(嘔吐), 식체(食滯), 위
완부(胃脘部)가 더부룩해서 답답하고 식욕(食慾)은 있지만 불편한 병
증(病證)에 사용한다. 변비(便秘)에도 당연히 사용할 수 있겠고, 위궤

양(胃潰瘍)이나 위염(胃炎), 식도염(食道炎)에도 잘 듣는다.

대표적인 소화기질환인 설사(泄瀉)에도 사용할 수 있다. 사암도인침구요결(舍岩道人鍼灸要結) 설사문(泄瀉門) 습설(濕泄)을 보면, 위토(胃土)가 습사(濕邪)를 받아 몸이 무겁고 가슴이 더부룩하며, 입맛이 없고, 갈증이 없으며, 물 같은 설사(泄瀉)를 하지만 배는 아프지 않은 경우는 위상(胃傷)이라 하여 위정격(胃正格)을 사용했다. 사암침구정전(舍岩鍼灸正傳) 설사(泄瀉) 습설(濕泄)에도 몸이 무겁고 가슴이 가득하고 음식의 맛이 없으며 갈증이 없고 배가 아프지 않으면 위상(胃傷)이라 하여 같은 처방(處方)을 사용했다.

구토(嘔吐)에도 사용할 수 있겠는데, 사암도인침구요결(舍岩道人鍼灸要訣)의 구토문(嘔吐門)과 사암침구정전(舍岩鍼灸正傳) 구토(嘔吐)에는 구(嘔)와 토(吐)와 얼(噦)을 나눠 얼(噦), 즉 소리를 내지만 나오는 것이 없는 경우는 위허(胃虛)로 보아 위정격(胃正格)을 사용했다.

트림이 있는 경우에도 사용할 수 있는데, 사암도인침구요결(舍岩道人鍼灸要訣) 조잡애기문(嘈雜噯氣門)의 애기(噯氣)를 보면 애기(噯氣)는 반위(反胃)라 하여 중완(中脘), 양곡(陽谷)을 보(補)하고 임읍(臨泣), 함곡(陷谷)을 사(瀉)하여 위정격(胃正格)에서 해계(解谿) 대신에 위(胃)의 모혈(募穴)인 중완(中脘)을 보(補)했다. 사암침구정전(舍岩鍼灸正傳) 조잡애기(嘈雜噯氣) 애기(噯氣)에도 트림이 나타나서 오래되면 점차 위완통(胃脘痛)이 있게 되는데 이때 역시 같은 처방(處方)을 했다. 반위(反胃)는 주로 비위(脾胃)의 허한(虛寒)으로 와서 구토(嘔吐)하는 증후(證候)를 말한다. 결국은 위기(胃氣)가 하강(下降)하는 작용을 이용하는 것으로 보인다.

복통 중에 위완통(胃脘痛)에 사용한다. 사암도인침구요결(舍岩道人

鍼灸要訣) 위완통문(胃脘痛門)의 위완통(胃脘痛)과 사암침구정전(舍岩鍼灸正傳) 위완통(胃脘痛)을 보면, 중완혈(中脘穴) 부위를 누르면 특히 오른쪽이 은은히 아픈 경우에 위허(胃虛)로 위정격(胃正格)을 사용했고 중완(中脘) 정(正)을 처방했다.

역시 복통(腹痛) 중에 습(濕)이 쌓여 발생한 복통(腹痛)에 사용할 수 있는데, 사암도인침구요결(舍岩道人鍼灸要訣) 복통문(腹痛門)의 습복통(濕腹痛)과 사암침구정전(舍岩鍼灸正傳) 복통(腹痛) 습복통(濕腹痛)을 보면, 배가 아프고 소변이 잘 안 나오며 대변은 당설(溏泄)일 경우 위허(胃虛)로 위정격(胃正格)을 사용했다. 당설(溏泄)은 설사(泄瀉)가 맑고 묽으며 더럽고 소리가 나는 것을 말한다. 먹자마자 바로 화장실로 가면서 설사(泄瀉)를 하는 경우에도 사용할 수 있다.

창증(脹症)에도 사용하는데, 사암도인침구요결(舍岩道人鍼灸要訣) 종창문(腫脹門) 습창(濕脹)을 보면, 배가 더부룩하고 위완통(胃脘痛)이 있으며, 코에서 단내가 나고, 대변을 누기 어려운 경우는 습창(濕脹) 또는 위창(胃脹)이라 하고 이는 위패(胃敗)라 기해(氣海) 영(迎), 양곡(陽谷) 보(補), 임읍(臨泣), 함곡(陷谷) 사(瀉)를 사용했다. 사암침구정전(舍岩鍼灸正傳)에도 배가 부르고, 위완통(胃脘痛), 타는 냄새가 나고, 먹지 못하며, 번갈(煩渴), 소변적삽(小便赤澁)하고 대변비결(大便秘結)하면 습창(濕脹)이고 위패(胃敗)라 같은 처방(處方)을 하였다. 위패(胃敗)는 위가 망가졌다는 뜻이다. 위정격(胃正格)이 사용되는 경우를 보면 대체로 위완통(胃脘痛)이 공통적으로 있을 때라는 걸 알 수 있고, 습(濕)은 주로 외감성(外感性) 습사(濕邪)인 걸 알 수 있다.

상순(上脣), 즉 윗입술에 생기는 병에는 사암도인침구요결(舍岩道

184

人鍼灸要訣) 구병문(口病門)의 상순병(上脣病)에는 중완(中脘), 족삼리(足三里)를 보(補)하고 상염(上廉), 해계(解谿)를 사(瀉)했지만, 사암침구정전(舍岩鍼灸正傳)에서는 붓거나 부스럼이 생기는 등 모든 상순병(上脣病)에는 위허(胃虛)이기 때문에 위정격(胃正格)을 처방(處方)하고 있다.

위정격(胃正格)은 교상합(交相合)으로 보면 수태음폐경(手太陰肺經)을 사(瀉)하는 것과 유사하다. 정신적인 측면으로 수태음폐경(手太陰肺經)에 사기(邪氣)가 강해져서 교만하고 자기만 아는 경우에 사용할 수 있을 것이다. 실제로 개가 사람인 것처럼 행동하거나, 다른 개를 멀리하고 사람에게만 친하거나, 집에서 서열상 사람을 이기려고 하는 경우 등에 적용해 볼 수 있겠다.

중풍(中風)에도 사용할 수 있는데, 사암도인침구요결(舍岩道人鍼灸要訣) 중풍문(中風門) 중위(中胃)를 보면, 중부(中腑)와 같은 증상, 즉 반신불수(半身不遂), 구안괘사(口眼喎斜), 말은 똑바로 하면서 아픈 줄 아는 증상에 더해 먹은 음식이 내려가지 않고, 가래가 끓어오르며 얼굴색이 담황색(淡黃色)을 나타내는 경우는 식중(食中)이라고도 불리며 위허(胃虛)로 보고 양곡(陽谷)을 보(補)하고 임읍(臨泣)을 사(瀉)하여 모경(母經)과 관경(官經)만을 이용했으며, 사암침구정전(舍岩鍼灸正傳)에도 중풍(中風)의 위중(胃中)에 음식이 내려가지 않고 담연(痰涎)이 상옹(上壅)하며 얼굴이 담황(淡黃)이면 위허(胃虛)로 보고 같은 처방(處方)을 사용했다.

울증(鬱證)에도 사용하는데, 사암도인침구요결(舍岩道人鍼灸要訣) 울문(鬱門)의 열울(熱鬱)을 보면, 화울(火鬱)이니 소변이 붉고 걸쭉하며 번열(煩熱)이 나고, 구고(口苦), 설조(舌燥)하며 맥(脈)이 침(沈), 삭(數)하면 허(虛)이니 소(消)하라 하여 위정격(胃正格)을 사용했다. 위허(胃虛)이니 화울(火鬱)을 흩어버리라는 뜻이리라. 사암침구정전(舍岩鍼灸正傳) 울증(鬱證) 열울(熱鬱)에도 눈앞에 막이 있는 것처럼 흐릿하고 입과 혀가 마르며 소변이 붉고 탁하고 맥(脈)이 필히 침삭(沈數)하면 위허(胃虛)라 하여 위정격(胃正格)을 사용했다.

중위(中胃)에서도 마찬가지겠지만, 위정격(胃正格)은 화(火)가 울체(鬱滯)되어 치솟아 올라 문제를 일으키는 상화지기(相火之氣)를 억제해 주는 작용이 있는 듯한데, 양명(陽明)의 서늘한 기운과 위기(胃氣)의 하강(下降)작용이 발휘되는 것으로 보인다.

위허(胃虛)로 인한 허손(虛損)에도 사용하는데 사암침구정전(舍岩鍼灸正傳) 허손(虛損) 위허(胃虛)를 보면, 음식을 심하게 포식하면 위(胃)가 한출(汗出)하여 허약해지므로 음식을 기부(肌膚)에 영양공급하지 못하므로 위허(胃虛)로 위정격(胃正格)을 사용했다. 밥을 먹으면서 땀을 흘리는 사람에게 적용할 수 있겠는데, 개는 땀이 안나니 폭식을 하면서 전반적인 허증(虛證)의 모양을 보이는 경우에 적용해 볼 수 있겠다.

요통(腰痛)에도 사용할 수 있다. 사암침구정전(舍岩鍼灸正傳) 요통(腰痛)의 위경허통(胃經虛痛)을 보면, 허리를 돌이켜 보기가 힘들고 돌이켜 보려 하면 극심한 통증이 있어 슬픈 표정을 지을 경우는 위허(胃虛)로 위정격(胃正格)을 사용했다. 이때에는 필히 위완통(胃脘痛)이 같이 오게 된다. 역시 뼈대를 이루는 양명(陽明)의 성질과 육체의 병증(病證)을 다스리는 위경(胃經)의 특성을 이용하는 것이 아닌가 한다.

눈의 질환에도 사용하는데, 사암도인침구요결(舍岩道人鍼灸要訣) 목병문(目病門)의 외자적록혈암(外眥赤綠血暗)을 보면 눈의 바깥쪽 가장자리가 충혈(充血)되어 붉고 푸른 것은 위경허혈(胃經虛血)이라 하여 위퇴열(胃退熱)을 사용했다. 혈허(血虛)로 인해 허열(虛熱)이 발생한 것으로 본 것이 아닌가 싶다. 사암침구정전(舍岩鍼灸正傳) 목병(目病) 외자적록(外眥赤綠)에서는 외자(外眥)에 적록색의 사혈관(絲血管)이 창성(脹盛)하는 것은 위허(胃虛)라 하여 위정격(胃正格)을 사용했다. 같은 병증(病證)에 다른 처방(處方)을 보이고 있어 다소 헷갈리기는 하지만 위경혈허(胃經血虛)도 결국은 위허(胃虛)인 것으로 생각하면 되지 않을까 한다.

또한 사암침구정전(舍岩鍼灸正傳)에서는 눈의 외자(外眥)에 발생하는 모든 병증(病證)은 위경(胃經)에 속한다 하여 위정격(胃正格)을 처방(處方)하고 있다. 눈의 내자(內眥)는 심신(心腎)에 속한다. 안구의 출혈(出血)이 있는 경우에도 사용할 수 있다.

사암도인침구요결(舍岩道人鍼灸要訣) 목병문(目病門)의 오백정양간예막(烏白睛兩間翳膜)을 보면, 오백정(烏白睛)은 검은자와 흰자의 사이이며 이곳에 백태(白苔)가 끼는 경우는 위허(胃虛)라 하여 양곡(陽谷), 양계(陽谿)를 보(補)하고 임읍(臨泣), 함곡(陷谷)을 사(瀉)했다. 사암침구정전(舍岩鍼灸正傳)에서는 오백예막(烏白翳膜)은 위허(胃虛)라 온전한 위정격(胃正格)을 사용했다.

임신 중에도 사용할 수 있는데, 사암침구정전(舍岩鍼灸正傳) 부인과(婦人科) 태전(胎前)의 오조(惡阻)를 보면, 임신조기(姙娠早期)에 오심(惡心), 구토(嘔吐), 완복(脘腹)부위가 더부룩하고 답답하며, 전신에 힘이 없고, 나태하여 늘어지는 경우는 위허(胃虛)로 보아 함곡(陷

谷)만을 사(瀉)했다.

습사(濕邪)가 침입하여 발생하는 중습(中濕)에 사용하는데, 사암도
인침구요결(舍岩道人鍼灸要訣) 습문(濕門) 중습(中濕) 외상(外傷)을
보면, 비 오고 안개와 이슬이 내리는 것으로 인한 습증(濕證)은 다리
가 무겁고, 붓고, 잘 걷지 못하게 되는데 이때는 단전(丹田), 양곡(陽
谷)을 보(補)하고 임읍(臨泣), 함곡(陷谷)을 사(瀉)했다. 사암침구정
전(舍岩鍼灸正傳) 습증(濕症) 습종외감(濕從外感)에는 몸이 피곤하고
침중(沈重)하며, 사지관절(四肢關節)이 종통(腫痛)하거나 전신이 진통
(盡痛)하면 석문(石門), 양곡(陽谷)을 보(補)하고, 임읍(臨泣), 함곡
(陷谷)을 사(瀉)했다. 외감성습증(外感性濕證)에는 위정격(胃正格)을
사용해야 함을 알 수 있다. 비(脾)의 기능이 저하되어 발생하는 내상
성습증(內傷性濕證)에는 비정격(脾正格)을 사용한다.

Ⅱ. 위승격(胃勝格)

임읍(臨泣), 함곡(陷谷) 補, 상양(商陽), 여태(厲兌) 瀉

위승격(胃勝格)은 위실증(胃實證)에 사용하며 족양명(足陽明)의 사
기(邪氣)를 덜어내기 위해 쓸 수 있다. 교상합(交相合)으로 보면 수태
음폐경(手太陰肺經)을 보(補)하는 효과가 있으므로 폐정격(肺正格)을
써서 잘 듣지 않을 때에도 사용할 수 있다.

사암도인침구요결(舍岩道人鍼灸要訣) 울문(鬱門)의 토울(土鬱)을
보면, 온몸의 마디가 돌아다니며 아프고, 날씨가 궂거나 비 오거나 추우

면 더 심해지는 경우는 토울(土鬱)이고 실증(實證)이라고 하여 대돈(大敦), 함곡(陷谷)을 보(補)하고 중완(中脘) 정(正), 양곡(陽谷), 해계(解谿)를 사(瀉)했고, 사암침구정전(舍岩鍼灸正傳) 울증(鬱證) 토울(土鬱)에서도 위실(胃實)이라 임읍(臨泣), 함곡(陷谷)을 보(補)하고 양곡(陽谷), 해계(解谿)를 사(瀉)하는 변방위승격(變方胃勝格)을 사용했다.

신물이 올라오는 경우, 즉 탄산(吞酸)에도 사용하는데, 사암도인침구요결(舍岩道人鍼灸要訣) 탄산문(吞酸門) 식열산(食熱酸)을 보면, 음식을 먹으면 열(熱)이 나고 신물이 올라오는 증(證)에 중완(中脘) 정(正), 단전(丹田) 영(迎), 기해(氣海) 사(瀉)로 처방(處方)하였으나, 사암침구정전(舍岩鍼灸正傳)에서는 뜨거운 음식을 먹은 후에 신물이 나면 위실(胃實)로 보아 임읍(臨泣), 함곡(陷谷)을 보(補)하고 양곡(陽谷), 해계(解谿)를 사(瀉)하는 변방위승격(變方胃勝格)을 사용했다.

비증(痺證)에도 사용하는데, 사암도인침구요결(舍岩道人鍼灸要訣) 통풍문(痛風門)의 기비(肌痺)와 사암침구정전(舍岩鍼灸正傳) 통풍(痛風), 기비(肌痺)를 보면, 풍한습(風寒濕)이 허(虛)함을 틈타 피부(皮膚)에 들어와 돌아다니지 않고 한곳에 머무르며, 피부(皮膚)에 감각이 없고 땀이 나며, 사지(四肢)가 힘이 없고 늘어지면서 정신이 멍한 경우는 위실(胃實)로 위승격(胃勝格)을 처방(處方)했다.

호흡기질환 중에 누런 콧물이 흐르는 경우에 사용할 수 있는데, 사암도인침구요결(舍岩道人鍼灸要訣) 비통문(鼻痛門)의 비체(鼻涕)에서는 임읍(臨泣), 함곡(陷谷)을 보(補)하고, 해계(解谿), 음곡(陰谷)을 사(瀉)했고, 사암침구정전(舍岩鍼灸正傳) 비병(鼻病)에서는 비연(鼻淵)이라 표현했으나 증상은 같은 경우에 임읍(臨泣), 함곡(陷谷)을 보(補)

하고, 양곡(陽谷), 해계(解谿)를 사(瀉)하는 변방위승격(變方胃勝格)을 처방(處方)했다.

✔ 족태음비경(足太陰脾經)

족태음비경(足太陰脾經)은 다기소혈(多氣少血)이며 유주시간은 사시(巳時)이다. 엄지발톱 안쪽의 은백(隱白)에서 시작하여 안쪽 복사뼈의 앞을 지나 다리의 앞, 안쪽을 따라 위쪽으로 올라가서 서혜부(鼠蹊部)를 지나 복부(腹部)로 가서 임맥(任脈)의 중극(中極), 관원(關元)과 교회(交會)하고, 계속 위쪽으로 올라가 임맥(任脈)의 하완(下脘)과 교회(交會)한 후에 비(脾)에 속(屬)하고 위(胃)에 락(絡)하고 다시 올라가서 심(心)으로 들어간다. 하완(下脘)에서 갈라진 한 가지는 배의 옆쪽을 따라 올라가서 담경(膽經)의 일월(日月), 간경(肝經)의 기문(期門)과 교회(交會)한 후에 젖꼭지 바깥쪽 옆으로 계속 올라가 폐경(肺經)의 중부(中府)와 교회(交會)한다. 중부(中府)에서 목을 타고 위로 올라가서 혀 밑에 이른다.

족태음비경(足太陰脾經)은 오행(五行)과 육기(六氣)가 모두 토(土)인 천부경락(天符經絡)이다. 중앙토(中央土)의 기운이 가장 발달한 경락(經絡)이므로 가운데 서서 중심을 잡고 사방의 모든 것을 조절하는 능력이 있다. 화(火)와 수(水)를 돌려서 수승화강(水昇火降)의 변화가 있게 하고, 계절의 변화를 가져오게 하고, 몸 안에서도 상초(上焦)와 하초(下焦)의 조화를 이루게 하는 중요한 경락(經絡)인 것이다. 또한 비주운화(脾主運化)의 능력은 위(胃)와 더불어 가장 근본적인 에너지의 시작에서부터 사지말단(四肢末端)의 모든 것에까지 영향을 미치지 않는 곳이 없다.

Ⅰ. 비정격(脾正格)

소부(少府), 대도(大都) 補, 은백(隱白), 대돈(大敦) 瀉

소화기질환에 사용한다. 더 이상 말할 것도 없이 비주운화(脾主運化)이므로 다양한 소화기질환에 응용할 수 있다. 식욕부진(食慾不振), 소화불량(消化不良), 식체(食滯), 복통(腹痛), 복부팽만(腹部膨滿), 구토(嘔吐), 설사(泄瀉) 등의 소화와 관련된 병증(病證)에는 제대로 소통시킨다는 의미로 사용한다.

특히 구토(嘔吐) 중에서도 소리 없이 토물(吐物)이 나오는 사출성 구토에 사용한다. 구(嘔)는 소리는 있지만 토물(吐物)이 없고, 토(吐)는 토물(吐物)은 있으나 소리가 없다고 하였으나 실제로 구분하기는 쉽지 않다. 사암도인침구요결(舍岩道人鍼灸要訣) 구토문(嘔吐門)의 토(吐)와 사암침구정전(舍岩鍼灸正傳) 구토(嘔吐) 토(吐)를 보면, 울컥 토하면서 소리가 없는 경우에는 비약(脾弱), 상비(傷脾)로 비정격(脾正格)을 사용했다.

사암도인침구요결(舍岩道人鍼灸要訣) 곽란문(霍亂門) 폭설(暴泄)을 보면, 별안간 설사(泄瀉)를 심하게 하는 경우에 족삼리(足三里), 소부(少府)를 보(補)하고, 대돈(大敦), 은백(隱白)을 사(瀉)했다. 사암침구정전(舍岩鍼灸正傳)에서는 비한(脾寒)으로 보고 같은 처방(處方)을 했다. 곽란(霍亂)은 갑자기 구토(嘔吐), 설사(泄瀉)하고 배가 아픈 것을 말하는데, 건곽란(乾霍亂)의 경우는 토하고 싶어도 그러지 못하고 배는 아파도 대변이 나오지 않는 경우로 잘 죽는다 하였다.

설사문(泄瀉門)의 폭설(暴泄)에서도 여름에 물 같은 설사(泄瀉)를 쏟으며, 번열(煩熱), 갈증이 나고, 소변이 붉으며, 얼굴이 거칠고 땀을 흘리는 경우는 비상(脾傷)이라 비정격(脾正格)을 사용했으며, 사암침구정전(舍岩鍼灸正傳)에서도 같은 처방(處方)을 했다. 설사(泄瀉)에서 설(泄)은 묽은 변이 나왔다 그쳤다 하는 것이고 사(瀉)는 물같이 죽 나오는 것을 말하는데, 요즘은 한데 묶어서 사용한다.

이질문(痢疾門)의 열리(熱痢)를 보면, 더위로 인한 이질(痢疾)로 등이 시리고, 얼굴에 때가 끼면서 개기름이 돌고, 구갈(口渴)하여 찬물을 먹고, 대변이 적색으로 보일 경우는 비허(脾虛)로 비정격(脾正格)을 사용했다. 사암침구정전(舍岩鍼灸正傳) 이질(痢疾) 사리(瀉痢)에도 신열구갈(身熱口渴)하고 소변삽소(小便澁少)하며 대변(大便)이 급통(急痛)하면 비허(脾虛)로 비정격(脾正格)을 사용했다. 이질(痢疾)은 거품이 섞인 점액변을 보는 경우로 뒤가 무겁고 대변(大便)이 시원하게 나오지 않는 이급후중(裏急後重)이 같이 보인다.

배가 고픈 것도 같고 쓰린 것도 같으며 속이 더부룩한 경우를 조잡(嘈雜)이라 하는데 사암도인침구요결(舍岩道人鍼灸要訣) 조잡애기문(嘈雜曖氣門) 조잡(嘈雜)과 사암침구정전(舍岩鍼灸正傳) 조잡애기(嘈雜曖氣) 조잡(嘈雜)에서 상비(傷脾)라 비정격(脾正格)을 사용했다.

비주사지(脾主四肢)이므로 사지(四肢)의 질환에 일차적으로 사용할 수 있다. 특히, 부종(浮腫)이나 어혈(瘀血) 등, 뭉쳐서 흩어지지 않는 경우에는 비정격(脾正格)이 우선일 것이다.

기(氣)가 소통되지 않고 모여서 쌓이는 것을 적취(積聚)라고 하는데, 이 중 위완(胃脘)부위, 주로 우측에 쟁반모양의 딱딱한 것이 생겨 사지(四肢)를 움직이기도 힘들고, 황달(黃疸)이 생기며, 음식이 살로 가지 않는 경우를 비기(痞氣) 혹은 비적(脾積)이라 하며, 사암도인침구요결(舍岩道人鍼灸要訣) 적취문(積聚門) 비기(痞氣)와 사암침구정전(舍岩鍼灸正傳) 적취(積聚) 비적(脾積)에서 비허(脾虛)이므로 비정격(脾正格)을 사용했다.

사암도인침구요결(舍岩道人鍼灸要訣) 허로문(虛勞門)의 비허(脾虛)를 보면, 속이 더부룩하고 먹지 못하며 토하기도 하고 설사(泄瀉)하기도 하면서 살이 빠지고 사지(四肢)가 늘어져 힘이 없고 관절과 어깨, 등이 아픈 경우에 비정격(脾正格)을 사용했다. 사암침구정전(舍岩鍼灸正傳)에도 같은 처방(處方)을 했다.

사암도인침구요결(舍岩道人鍼灸要訣) 각기문(脚氣門)의 학슬풍(鶴膝風)을 보면, 허벅지와 종아리는 가늘고 무릎만 부어올라 학다리같이 되고 풍(風)이 시작할 때는 한열(寒熱)이 교차하고 호랑이가 물어뜯는 듯이 아프고 걷기도 어렵다가 오래되면 허는 경우에 중완(中脘) 정(正), 환도(環跳) 사(瀉)만을 기술했으나, 사암침구정전(舍岩鍼灸正傳)에서는 한습(寒濕)에 의한 경우에는 비정격(脾正格)을 사용했다. 각기(脚氣)는 그 시작이 주로 두 다리에서부터이기 때문에 붙여진 이름이지만 전신성 질환으로 손바닥, 아랫배, 입주위의 감각도 둔해지며, 식욕부진(食慾不振), 구토(嘔吐), 변비(便秘), 두통(頭痛)이 따르고, 심하면 두 다리가 마비(痲痺)되고 심(心)에 미치면 사망하게 된다.

열(熱)에 의해 근육이 위축되어 발생하는 위증(痿證)에도 사용할 수 있는데, 사암도인침구요결(舍岩道人鍼灸要訣) 위증문(痿證門) 육위

(肉痿)를 보면, 피부(皮膚)와 근육(筋肉)이 아프고 가려우며 느낌이 없는 경우는 비열(脾熱)이라 비정격(脾正格)을 사용했다. 사암침구정전(舍岩鍼灸正傳)에서도 같은 처방(處方)을 했다. 비(脾)에 열(熱)이 들게 되면 위(胃)가 건조하여 물을 찾게 되며 비주기육(脾主肌肉)이라 기육(肌肉)의 작용이 마비(痲痺)되게 된다.

습(濕)이 울체(鬱滯)되어 발생하는 모든 병증(病證)에 사용한다. 비(脾)는 습(濕)을 싫어하는데, 족태음비경(足太陰脾經)은 습토(濕土)로 뭉쳐진 천부경락(天符經絡)이어서 그 자체가 습(濕)의 덩어리이지만, 그렇기 때문에 자신 이외의 습사(濕邪)를 싫어하고, 운화(運化)기능을 두루 떨쳐서 그 습사(濕邪)를 없애려 한다. 주로 비기(脾氣)가 허(虛)한 경우에 내상성(內傷性)으로 발생하는 습증(濕證)을 치료할 때 비정격(脾正格)을 사용하게 된다.

사암도인침구요결(舍岩道人鍼灸要訣) 습문(濕門) 중습(中濕)을 보면, 찬 날음식을 먹고 배가 부르고 몸이 붓는 내상(內傷)에 비정격(脾正格)을 사용했다. 사암침구정전(舍岩鍼灸正傳) 습증(濕症) 습종내상(濕從內傷)에는 상복부(上腹部)가 종창(腫脹)하고 양다리의 곡천혈(曲泉穴)부터 음경(陰莖)의 좌우에 이르기까지 결핵(結核)이 있으며 풍한(風寒)을 싫어하는 경우는 비허(脾虛)로 중완(中脘), 대도(大都)를 보(補)하고, 대돈(大敦), 은백(隱白)을 사(瀉)했다.

사암도인침구요결(舍岩道人鍼灸要訣) 습문(鬱門)의 습울(濕鬱)을 보면, 관절(關節)이 옮겨 다니며 아프고 머리에 물건을 뒤집어 쓴 것 같으며, 날씨가 궂으면 통증이 즉시 생기는 경우에는 비허(脾虛)로 비정격(脾正格)을 사용했다. 사암침구정전(舍岩鍼灸正傳)에서도 같은 처방(處方)을 했다.

194

 역시 습(濕)으로 인한 문제인 습담(濕痰)에도 사용하는데, 사암도
인침구요결(舍岩道人鍼灸要訣) 담음문(痰飲門)의 습담(濕痰)을 보면,
몸이 무겁고 휘청거리며 권태감을 느끼는 경우는 폐상(肺傷)이라 하
여 변방폐승격(變方肺勝格)을 사용했으나, 사암침구정전(舍岩鍼灸正
傳)에는 비상(脾傷)일 경우도 있어 비정격(脾正格)도 같이 처방(處
方)하고 있다.

 딸꾹질에도 사용하는데, 사암도인침구요결(舍岩道人鍼灸要訣) 애역
문(呃逆門) 습애(濕呃)를 보면, 비위(脾胃)가 허약하고 한(寒)해서 유
발되는 딸꾹질은 토패(土敗)라 비정격(脾正格)을 사용했다. 사암침구
정전(舍岩鍼灸正傳)에서는 비기허약(脾氣虛弱)으로 인한 비토패(脾土
敗)라 역시 비정격(脾正格)을 사용했다.

 사암도인침구요결(舍岩道人鍼灸要訣) 협통문(脇痛門) 좌우만통(左
右挽痛)을 보면, 비(脾)가 좌우로 당기고 아프며 소화불량(消化不良)
이 있으면 비(脾)의 병(病)으로 비정격(脾正格)을 사용했고, 사암침구
정전(舍岩鍼灸正傳) 협통(脇痛) 비중만(脾中彎)에서는 비중(脾中)이
만통(彎痛)하고 호절(呼絶)하면 습담(濕痰)이 위구(胃口)에 닿은 것
이라 비허(脾虛)로 비정격(脾正格)을 사용했다.

 중풍(中風)에 사용하는데, 사암도인침구요결(舍岩道人鍼灸要訣) 중
풍문(中風門) 중비(中脾)를 보면, 오관구규(五官九竅)가 막히고 인사
불성하며 가래가 목구멍을 막아 톱 켜는 소리가 나는 중장(中臟)의
증후(證候)에 땀이 많고 몸이 더우며 특히 얼굴이 누런색을 띠면 사
려중(思慮中)이며 비허(脾虛)로 소부(少府)를 보(補)하고, 대돈(大敦)
을 사(瀉)했다. 사암침구정전(舍岩鍼灸正傳)에서도 같은 처방(處方)을
했다.

중풍문(中風門)의 구금담색(口噤痰塞)을 보면, 입을 꼭 다물고 열지 못하며 목에 가래가 막혀 톱질하는 소리가 나는 경우엔 비허(脾虛)라 하고 소부(少府)를 사(瀉)하고 경거(經渠)를 보(補)했다. 그러나 사암침구정전(舍岩鍼灸正傳)에서는 역시 비허(脾虛)로 보고 풍지영후정(風池迎後正), 소부(少府)를 보(補)하고, 대돈(大敦)을 사(瀉)했다. 비허(脾虛)인데 소부(少府)를 사(瀉)하고 경거(經渠)를 보(補)한 것은 이해가 되질 않는다.

비주사(脾主思) 사기결(思氣結)이라 하여 생각이 지나치면 기(氣)가 뭉치게 되는데, 사암도인침구요결(舍岩道人鍼灸要訣) 제기통문(諸氣痛門)의 사기결(思氣結)을 보면, 비상(脾傷)으로 비정격(脾正格)을 사용했고, 사암침구정전(舍岩鍼灸正傳)에서는 간사(間使) 침(鍼), 기해(氣海) 구(灸) 또는 비정격(脾正格)을 사용했다. 기통(氣痛)은 기(氣)가 소통되지 않아서 생기는 것으로 동통(疼痛), 적취(積聚), 비만(痞滿) 등을 일으키며, 사기결(思氣結)은 정신실상(精神失常)과 불면(不眠), 식욕부진(食慾不振)을 동반한다.

난시(亂視)에도 사용할 수 있는데, 사암도인침구요결(舍岩道人鍼灸要訣) 목병문(目病門)의 시물부진(視物不眞)과 사암침구정전(舍岩鍼灸正傳) 목병(目病) 시물부진(視物不眞)을 보면, 물건이 둘, 셋으로 보이는 경우는 비허(脾虛)로 비정격(脾正格)을 사용했다. 비위(脾胃)의 기능이 정상이어야 모든 장부(臟腑)가 제대로 돌아가게 되는데, 눈은 이 모든 장부(臟腑)가 표현되는 곳으로 특히 비허(脾虛)하여 심(心)에 신명(神明)이 머무르지 못해서 정신(精神)이 산란(散亂)하면 사물이 두세 개로 보이게 된다.

목병문(目病門)의 도첩권모(倒睫拳毛)를 보면, 속눈썹이 안으로 쓰

러져 말려서 눈동자를 찌를 경우에는 비풍(脾風)이라 비정격(脾正格)
을 사용했고, 사암침구정전(舍岩鍼灸正傳)에서는 은백(隱白)만을 사
(瀉)했다.

상하안포여도(上下眼胞如桃)에서는 아래위의 눈두덩이가 복숭아같
이 벌겋게 붙어 오른 경우는 비병(脾病)이라 비정격(脾正格)을 사용했
다. 안검은 비(脾)에 속하고 붓는다는 것은 습(濕)이 쌓이는 것이 아닐
까 한다.

수명파일(羞明怕日)에서는 햇빛을 보면 눈이 부셔 눈을 가리게 되
는 경우는 비병(脾病)이라 비정격(脾正格)을 사용했으나, 사암침구정
전(舍岩鍼灸正傳)에서는 비실(脾實)로 보아 공손(公孫), 상구(商丘)를
사(瀉)했다.

비개규어구(脾開竅於口)라 하여 입에 발생하는 질병은 비(脾)와 통
하여 비경(脾經)으로 다스릴 수 있겠고, 비(脾)의 정화(精華)는 입술
에 나타나니 입술의 질병 또한 비경(脾經)으로 다스릴 수 있겠다. 특
히 사암도인침구요결(舍岩道人鍼灸要訣) 구병문(口病門) 중설(重舌)
을 보면 혀 밑에 덧혓바닥이 생기는 경우에는 음곡(陰谷), 곡천(曲泉)
을 보(補)하고 간사(間使)를 사(瀉)했으나, 사암침구정전(舍岩鍼灸正
傳)에서는 비허(脾虛)로 보아 비정격(脾正格)을 처방(處方)했다.

사암도인침구요결(舍岩道人鍼灸要訣) 비통문(鼻痛門) 비뉵(鼻衄)을
보면, 누런 콧물에 피가 섞여 나오는 것은 비상(脾傷)이라 비정격(脾
正格)을 사용했고, 사암침구정전(舍岩鍼灸正傳) 비병(鼻病) 비뉵(鼻
衄)에서도 누런 콧물이 오래되어 적은 양의 출혈(出血)을 보이는 경
우에 같은 처방(處方)을 했다. 비주통혈(脾主統血)이라 하여 혈(血)이
맥관(脈管) 안에 머물도록 하는 비기(脾氣)의 고섭(固攝)에 문제가

생긴 것으로 판단한 것으로 보인다.

Ⅱ. 비승격(脾勝格)

은백(隱白), 대돈(大敦) 補, 경거(經渠), 상구(商丘) 瀉

비승격(脾勝格)은 교상합(交相合)으로 대장정격(大腸正格)을 사용하여 잘 듣지 않는 경우에 쓸 수 있으며 특히 비만(肥滿)하여 발생하는 질병에 다른 처방(處方)들이 잘 듣지 않을 때도 사용할 수 있다.

사암도인침구요결(舍岩道人鍼灸要訣) 습문(濕門)의 습종(濕腫)을 보면, 온몸이 붓고 특히 허리부터 다리까지 하체(下體)가 심하며 기급(氣急) 혹은 불급(不急)하고 대변이 묽기도 하고 그렇지도 않은 경우에 대돈(大敦), 은백(隱白)을 보(補)하고 경거(經渠), 상양(商陽)을 사(瀉)했으나, 사암침구정전(舍岩鍼灸正傳)에서는 비실(脾實)로 보아 비승격(脾勝格)을 처방(處方)했다. 습(濕)이 너무 성(盛)해서 정기(正氣)를 보(補)하는 것으로는 어려워 승격(勝格)을 사용한 게 아닌가 싶다.

사암도인침구요결(舍岩道人鍼灸要訣) 현훈문(眩暈門) 습훈(濕暈)을 보면, 비를 너무 맞거나 습사(濕邪)의 침입으로 상(傷)해서 어지럽고, 코가 막히고, 목소리가 무거운 경우는 비실(脾實)로 중완(中脘) 정(正), 대돈(大敦) 보(補), 소부(少府) 사(瀉)를 처방했다. 사암침구정전(舍岩鍼灸正傳)에서도 같은 처방(處方)을 했는데 이는 관보모사(官補母瀉)로 실증(實證)일 때, 자(子)를 사(瀉)하지 않고 모(母)를 사(瀉)해 얻어먹을 게 없도록 하는 방법으로 보인다.

198

요통(腰痛)에도 사용할 수 있는데, 사암침구정전(舍岩鍼灸正傳) 요통(腰痛) 비경실통(脾經實痛)을 보면, 열(熱)이 심하여 번(煩)하고 요하부(腰下部)에 가로로 나무가 매달린 듯할 경우에는 비습(脾濕)이라 비승격(脾勝格)을 사용했다.

사암침구정전(舍岩鍼灸正傳) 각기(脚氣) 학슬풍(鶴膝風)을 보면, 습열(濕熱)로 인한 경우에는 비승격(脾勝格)을 사용했다.

비증(痺證)에도 사용하는데, 사암도인침구요결(舍岩道人鍼灸要訣) 통풍문(痛風門)의 착비(着痺)를 보면, 살 속에 작은 벌레가 기어 다니는 것 같으며 만져도 덜하지 않고 긁으면 더 심하며, 남의 살같이 느껴져서 아픔도 모르는 경우에는 비승격(脾勝格)을 사용했다. 사암침구정전(舍岩鍼灸正傳)에서도 습승(濕勝)이라 비승격(脾勝格)을 사용했다.

입술의 질환 중에 입술을 잘 다물지 못하는 경우에 사암도인침구요결(舍岩道人鍼灸要訣) 구병문(口病門) 순문불수(脣吻不收)에서는 협차(頰車)와 족삼리(足三里)를 보(補)했으나, 사암침구정전(舍岩鍼灸正傳)에서는 비실(脾實)로 보아 비승격(脾勝格)을 사용했다.

수소음심경(手少陰心經)

수소음심경(手少陰心經)은 다기소혈(多氣少血)이면 유주시간은 오시(午時)이다. 심(心)에서 시작하여 일단 심(心)에 속(屬)하고 아래로 내려가서 소장(小腸)에 락(絡)한다. 심(心)에서 갈라진 한 가닥은 목과 아래턱을 지나 입술 옆을 돌아 눈 아래에 이른다. 다른 한 가닥은 폐(肺)를 지나 겨드랑이 아래에서 나와 팔의 뒤, 안쪽을 타고 팔목과 손바닥을 지나 새끼손톱 안쪽의 소충(少衝)에서 그친다.

수소음심경(手少陰心經)은 오행(五行)과 육기(六氣)가 모두 화(火)인 천부경락(天符經絡)이다. 화(火)가 두 개 겹쳤으니 분명히 덥고 열(熱)이 많은 경락(經絡)일 텐데, 심(心)은 절대로 차가워지면 안 되는 장부(臟腑)이기에 참으로 옳은 이야기라고 생각된다. 심(心)은 군주지관(君主之官)으로 모든 장부(臟腑)의 중심이며 가장 중요한 위치에 있고 또한 심(心)은 신(神)을 주관하니 모든 정신상태의 문제가 심(心)으로 이어진다. 따라서 수소음심경(手少陰心經)은 차가운 것을 데우는 정도가 아닌, 몸과 마음의 주체가 되는 경락(經絡)이라 할 수 있다.

Ⅰ. 심정격(心正格)

대돈(大敦), 소충(少衝) 補, 음곡(陰谷), 소해(少海) 瀉

더위 먹은 경우에 사용할 수 있는데, 사암도인침구요결(舍岩道人鍼灸要訣) 서문(暑門) 중서(中暑)를 보면, 서사(暑邪)의 침입으로 심박(心搏)이 약해지고, 두통(頭痛), 오한(惡寒)이 나고, 팔다리의 마디가 아프고, 심번(心煩)하는 경우에 심정격(心正格)을 사용했고, 사암침구정전(舍岩鍼灸正傳)에서도 같은 처방(處方)을 했다. 중서(中暑)는 심약(心弱)으로 더운 날에 시원한 곳에 가만히 있다가도 발생할 수 있으며 심정격(心正格)으로 잘 듣지 않는 경우에는 중충(中衝)을 보

(補)하고 곡택(曲澤)을 사(瀉)하는 중열방(中熱方)을 사용할 수 있다.

딸꾹질 중에서도 심기(心氣)가 순조롭지 못해서 발생하는 심애(心呃) 또는 화애(火呃)의 경우에 사용한다. 사암도인침구요결(舍岩道人鍼灸要訣) 애역문(呃逆門)의 심애(心呃)와 사암침구정전(舍岩鍼灸正傳) 애역(呃逆) 화애(火呃)에서 심정격(心正格)을 처방(處方)했다.

사암도인침구요결(舍岩道人鍼灸要訣) 탄산문(呑酸門)의 심열산(心熱酸)을 보면, 생목이 올라, 가슴에 신맛이 치밀어 오르고 얼굴이 붉은 경우에 대돈(大敦), 소충(少衝)을 보(補)하고, 곡천(曲泉), 소해(少海)를 사(瀉)했다. 사암침구정전(舍岩鍼灸正傳)에서도 같은 처방(處方)을 했다. 애역(呃逆)과 마찬가지로 심기(心氣)가 순조롭게 흐르지 못해서 발생하는 것으로 보았을 것이다.

복통(腹痛) 중에서도 화울통(火鬱痛)에 사용하는데, 사암도인침구요결(舍岩道人鍼灸要訣) 복통문(腹痛門)의 화울통(火鬱痛)을 보면, 배가 아프고, 끓어오르고, 아픈 곳이 뜨거운 경우에는 심정격(心正格)을 사용했으며, 사암침구정전(舍岩鍼灸正傳)에서도 같은 처방(處方)을 했다. 부인에게 많다고 하였는데, 예나 지금이나 화병은 여자들에게 많은 것으로 보이지만, 개에게서 화병은 어떤 경우에 발생할까? 잘 생각해봐야 할 부분이고 의외로 적용할 수 있는 경우가 많을 것으로 보인다.

사암도인침구요결(舍岩道人鍼灸要訣) 적취문(積聚門)의 심적(心積), 복량(伏梁)을 보면, 배꼽부위와 그 윗부분에 팔뚝 모양의 딱딱한 것이 가로로 걸려서 전혀 움직이지 않고, 오래되면 가슴이 마구 뛰고, 열(熱)이 나며, 잠을 못 자고, 몸과 다리가 붓는 경우에 심정격(心正格)을 사용했다. 적(積)이란 장(臟)의 기(氣)가 쌓여서 발생하는 것으로 기(氣)의 소통을 원활하게 해 주어야 한다. 사암침구정전(舍岩鍼灸正傳)에서도 같은 처방(處方)을 했다.

심허(心虛)의 대표적인 증후(證候)에 당연히 심정격(心正格)이 사용될 수 있는데, 사암도인침구요결(舍岩道人鍼灸要訣) 허로문(虛勞門)의 심허(心虛)를 보면, 얼굴에 정기(精氣)와 광채가 없고, 잘 놀라고 가슴이 두근거리고, 도한(盜汗), 몽유(夢遺)가 있는 경우에 심정격(心正格)을 사용했고 사암침구정전(舍岩鍼灸正傳)에서도 같은 처방(處方)을 했다.

사암도인침구요결(舍岩道人鍼灸要訣) 협통문(脇痛門)의 폐골통(蔽骨痛), 심하견(心下牽)을 보면, 검상돌기(劍狀突起)가 당기고 아픈 경우는 심(心)의 병(病)이라 대돈(大敦), 소충(少衝)을 보(補)하고 곡천(曲泉), 소해(少海)를 사(瀉)했고, 사암침구정전(舍岩鍼灸正傳)에서는 심하(心下)가 당기면서 들숨이 막히면 한랭(寒令)이 심규(心竅)를 막은 것이라 온전한 심정격(心正格)을 사용했다.

심(心)은 희(喜)를 주관하고 기쁨이 지나치면 기(氣)가 늘어진다고 하였는데, 사암도인침구요결(舍岩道人鍼灸要訣) 제기통문(諸氣痛門)의 희기완(喜氣緩)을 보면, 기쁜 일이 있은 후에 기(氣)가 느려지는 경우는 심상(心傷)이라 대돈(大敦), 소충(少衝)을 보(補)하고 음곡(陰谷), 곡천(曲泉)을 사(瀉)했고, 사암침구정전(舍岩鍼灸正傳)에서는 심정격(心正格)을 처방(處方)했다.

사암도인침구요결(舍岩道人鍼灸要訣) 산기문(疝氣門)의 혈산(血疝)을 보면, 아랫배 양쪽의 사타구니 한 가운데에 생기는 가래톳의 경우 심(心)에 속한다 하여 심정격(心正格)을 사용했고, 사암침구정전(舍岩

鍼灸正傳)에서도 같은 처방(處方)을 했다.

다리를 쓰지 못하는 위증(痿證)에도 사용하는데, 사암도인침구요결
(舍岩道人鍼灸要訣) 위증문(痿證門)의 맥위(脈痿)를 보면, 심(心)에
열(熱)이 있어 다리의 경맥(經脈)이 냉(冷)해져서 혈(血)이 위쪽으로
올라가면 다리의 혈맥(血脈)이 공허(空虛)해지면서 발생하는 맥위(脈
痿)는 심열(心熱)이라 하여 심정격(心正格)을 사용했고, 사암침구정전
(舍岩鍼灸正傳)에서도 같은 처방(處方)을 했다.

Ⅱ. 심승격(心勝格)

음곡(陰谷), 소해(少海) 補, 태백(太白), 신문(神門) 瀉

심승격(心勝格)은 교상합(交相合)으로 볼 때, 족태양방광경(足太陽
膀胱經)을 보(補)하는 작용이 있으므로 방광정격(膀胱正格)으로 치료
가 잘 되지 않는 경우에 사용할 수 있고 심실증(心實證)에 사용한다.
심실증(心實證)은 심화상렴(心火上炎), 담미심규(痰迷心竅), 담화요심
(痰火擾心) 등을 포함한다.

화병에 사용하는데, 사암도인침구요결(舍岩道人鍼灸要訣) 화열문(火熱
門)의 군화(君火)를 보면, 심화(心火)가 움직여서 마음이 편하지 않고, 말
하는 것이 이상하고, 즐거움을 모르고 통곡하고 슬퍼하며, 옷을 벗어던지는
등 크게 미친 대광증(大狂證)에 음곡(陰谷), 소해(少海)를 보(補)하고,
대돈(大敦), 소충(少衝)을 사(瀉)하는 변방심승격(變方心勝格)을 썼는데,
관보모사(官補母瀉)이다. 사암침구정전(舍岩鍼灸正傳)에서도 얼굴이 붉

고, 많이 기뻐하고, 사리 분별없이 말이 이상하고, 옷을 벗거나 높은 곳에 올라 노래를 부르는 등의 경우에는 석문영(石門迎), 음곡(陰谷), 소해(少海) 보(補), 대돈(大敦), 소충(少衝) 사(瀉)했다.

울증(鬱證)에도 사용하는데, 역시 화울(火鬱)에 사용한다. 사암도인침구요결(舍岩道人鍼灸要訣) 울문(鬱門)의 화울(火鬱)을 보면, 눈이 희미하고 소변이 붉으며 가슴이 두근거리고, 번열(煩熱), 신열(身熱), 권태(倦怠)가 있는 경우에는 음곡(陰谷), 곡천(曲泉)을 보(補)하고 단전(丹田), 대돈(大敦), 소충(少衝)을 사(瀉)했으나, 사암침구정전(舍岩鍼灸正傳)에서는 심실(心實)이라 음곡(陰谷), 소해(少海)를 보(補)하고 대돈(大敦), 소충(少衝)을 사(瀉)하는 관보모사(官補母瀉)의 변방심승격(變方心勝格)을 사용했다.

사암도인침구요결(舍岩道人鍼灸要訣) 담음문(痰飮門)의 현음(懸飮)을 보면, 왼쪽 가슴과 배에 기체(氣滯)하여 양쪽 갈비가 몹시 아픈 경우에 심화(心火)로 단전(丹田) 영(迎), 소부(少府), 태백(太白)을 보(補)하고, 소해(少海), 음곡(陰谷)을 사(瀉)했으나, 사암침구정전(舍岩鍼灸正傳)에서는 석문영(石門迎), 음곡(陰谷), 소해(少海) 보(補), 대돈(大敦), 소충(少衝) 사(瀉)의 변방심승격(變方心勝格)을 처방(處方)했다.

소화기질환 중에 열(熱)로 인해 설사(泄瀉)하는 열설(熱泄) 또는 화설(火泄)에 사용하는데, 사암도인침구요결(舍岩道人鍼灸要訣) 설사문(泄瀉門)의 열설(熱泄)을 보면, 찬물을 좋아하고, 소변이 붉고, 창명(脹鳴)이 있고, 아팠다가 설사(泄瀉)하는 증세가 연속적으로 오며, 대변이 끈끈하고 뒤가 묵직한 경우는 심조(心燥)라 소부(少府), 행간(行

204

間)을 보(補)하고 대돈(大敦), 소충(少衝)을 사(瀉)했으나, 사암침구정전(舍岩鍼灸正傳)에서는 음곡(陰谷), 소해(少海)를 보(補)하고 대돈(大敦), 소충(少衝)을 사(瀉)하는 변방심승격(變方心勝格)을 처방(處方)했다.

구토(嘔吐)에도 사용할 수 있는데, 그중에서 구(嘔), 즉 소리와 함께 음식물을 토하는 경우에는 화(火)로 보아 사암도인침구요결(舍岩道人鍼灸要訣) 구토문(嘔吐門)의 구(嘔)에서는 음곡(陰谷), 소해(少海)를 보(補)하고, 대돈(大敦), 소충(少衝)을 사(瀉)하는 변방심승격(變方心勝格)을 사용했고, 사암침구정전(舍岩鍼灸正傳)에서도 역시 심화(心火)로 보아 같은 처방(處方)을 하면서 때로 심한격(心寒格) 사용할 수 있다고 밝혔다.

사암도인침구요결(舍岩道人鍼灸要訣) 종창문(腫脹門)의 열창(熱脹)을 보면, 몸속에서 창증(脹證)이 시작되어 밖으로까지 번진 것으로 소변이 붉고, 대변이 잘 안 나오며, 기색이 붉고, 목소리가 쨍쨍 울리는 경우에는 심실로 단전(丹田) 탈(奪), 음곡(陰谷), 곡천(曲泉) 보(補), 태백(太白), 신문(神門) 사(瀉)했으나, 사암침구정전(舍岩鍼灸正傳)에서는 석문영(石門迎), 음곡(陰谷), 곡천(曲泉) 보(補), 태백(太白), 신문(神門) 사(瀉)하거나 석문영(石門迎), 심승격(心勝格)을 처방(處方)했다.

중풍(中風) 중에서 편신양여충행(遍身痒如蟲行)이라 하여 몸에 벌레가 기어 다니는 것 같이 가려워서 참을 수 없는 경우는 심실(心實)이라 음곡(陰谷)을 보(補)하고, 대돈(大敦)을 사(瀉)하여 모경(母經)과 관경(官經)만을 사용했다.

수태양소장경(手太陽小腸經)

수태양소장경(手太陽小腸經)은 소기다혈(少氣多血)이고 유주시간은 미시(未時)이다. 새끼손톱 바깥쪽의 소택(少澤)에서 시작하여 손등의 뒤를 따라 손목을 지나 팔꿈치 뒤쪽의 소해(小海)를 지난다. 상완(上腕)의 뒤, 바깥쪽을 따라 어깨로 올라가 방광경(膀胱經)의 부분(附分), 대저(大杼)와 교회(交會)한 후에 결분(缺盆)으로 들어가서 심(心)에 락(絡)하고 계속 아래로 내려가 임맥(任脈)의 상완(上脘), 중완(中脘)과 교회(交會)한 우 소장(小腸)에 속(屬)한다. 결분(缺盆)에서 나누어진 한 가지는 목을 따라 뺨으로 올라가 눈의 외측에서 담경(膽經)의 동자료(瞳子髎)와 교회(交會)하고, 귀 쪽으로 달려 삼초경(三焦經)의 화료(和髎)와 교회(交會)한 후에 귀로 들어간다. 뺨에서 갈라진 다른 가지는 코 옆으로 달려 눈의 안쪽 방광경(膀胱經)의 정명(睛)과 교회한 후 비스듬히 광대뼈 아래쪽의 권료(顴髎)에 이른다.

수태양소장경(手太陽小腸經)은 소장(小腸)의 비별청탁(泌別淸濁)을 응용하여 소화기질환에만 사용할 것으로 생각되지만, 사실 혈(血)과 관계된 일체의 병증(病證)에 사용할 수 있다. 흔히 혈(血)과 관계된 병증(病證)에는 심주혈맥(心主血脈)이므로 심(心), 간장혈(肝藏血)이므로 간(肝), 비주통혈(脾主通血)이므로 비(脾)를 응용할 수 있겠지만, 수태양소장경(手太陽小腸經)은 그 자체로 혈(血)을 의미하는 경락(經絡)이기 때문에 모든 혈병(血病)에 사용할 수 있다.

수태양소장경(手太陽小腸經)의 오행(五行)은 화(火)이고 육기(六氣)는 한수(寒水)이다. 밑에서 뜨거운 불이 위의 차가운 물을 끓이는 형상이다. 몸 안에서의 물은 쉽게 진액(津液)과 혈(血)로 볼 수 있는데, 혈(血)은 진액(津液)과 중초(中焦)의 영기(營氣)가 합해져서 화생(化生)되므로 물에 불을 지피는 형상의 수태양소장경(手太陽小腸經)은 혈(血)이 충만한 경락(經絡)일 수밖에 없다. 또한 찬물이 위에 있고 더운 불이 아래에 있으면 차가운 것은 아래로 움직이려 하고 더운 것은 위로 움직이려 하기 때문에, 이 경락(經絡)은 항상 운동성이 있고, 물과 불이 서로 극(極)으로 치닫지 않고 조화를 이루는 안전한 경락(經絡)이다.

Ⅰ. 소장정격(小腸正格)

임읍(臨泣), 후계(後谿) 補, 통곡(通谷), 전곡(前谷) 瀉

모든 혈허(血虛)증상에 사용할 수 있다. 객혈(喀血), 토혈(吐血), 변혈(便血), 육혈(衄血), 요혈(尿血), 하혈(下血) 등이 모두 해당된다. 또한 음(陰)이 허(虛)해서 발생하는 기침, 인후염(咽喉炎) 등의 호흡기질환에도 사용할 수 있다.

사암침구정전(舍岩鍼灸正傳) 울증(鬱症) 혈울(血鬱)을 보면, 사지(四肢)가 무력하고 대소변이 붉고 복강(腹腔) 내에 딱딱한 것이 있는 경우는 소장허(小腸虛)라 소장정격(小腸正格)을 사용했다. 사암도인침구요결(舍岩道人鍼灸要訣)에서는 누락되어 있는 혈울(血鬱)은 기기울결(氣機鬱結)에 의해 혈(血)이 뭉쳐 발생하게 된다.

부인병에 일차적으로 적용할 수 있는데, 이는 부인병이 대체로 혈(血)과 밀접한 관계가 있기 때문이다. 사암침구정전(舍岩鍼灸正傳) 부인과(婦人科) 월경(月經) 경래어통(經來瘀痛)을 보면, 생리통(生理痛)을 소장정격(小腸正格)으로 다스리고 있다. 개에서도 생리 때에 심한 통증을 호소하며 만지기만 해도 민감한 반응을 보이는 경우가 종종 있는데, 이런 때에 적용해 볼 수 있겠다.

피부병에도 사용할 수 있는데, 물이 있는 경락(經絡)이다 보니 건조해서 발생하는 피부병에 효과가 있고, 피풍(皮風)이라 하여 두드러기가 올라오는 경우에도 사용할 수 있고, 가려움증에도 사용한다. 태열(胎熱) 중에서 가려움증이 있는 경우나 두드러기가 있을 경우에 대장정격(大腸正格)으로 잘 치료되지 않으면 소장정격(小腸正格)을 사용할 수 있다.

혈허(血虛)에 따르는 소화기질환에도 사용할 수 있다. 몸에 혈(血)이 부족함으로 인해 각 장부(臟腑)를 영양(營養)하지 못해서 발생하는 기능상의 문제들에 적용될 수 있겠다.

열격(噎膈)에도 사용할 수 있는데, 사암도인침구요결(舍岩道人鍼灸要訣) 열격문(噎膈門)의 소장열(小腸噎)과 사암침구정전(舍岩鍼灸正傳) 열격(噎膈) 소장열(小腸噎)에서 보면, 대장열(大腸噎)과 같이 음식이 위(胃)에 들어가면 토하고 대변이 잘 나오지 않으며 혈맥(血脈)이 조(燥)한 경우에는 심조(心燥) 또는 소장허(小腸虛)라 소장정격(小腸正格)을 사용했다. 심열(心熱)이 소장(小腸)에 전달되어 나타나는 것으로 보고 처방(處方)한 것으로 보인다.

사암도인침구요결(舍岩道人鍼灸要訣) 복통문(腹痛門) 혈허복통(血虛腹痛)을 보면, 배가 은은히 아프다가 도려내는 것도 같고 찌르는 것도 같이 아플 경우에는 임읍(臨泣), 삼간(三間)을 보(補)하고, 통곡(通谷), 전곡(前谷)을 사(瀉)했으며, 사암침구정전(舍岩鍼灸正傳)에서는 소장정격(小腸正格)을 사용했다.

사암도인침구요결(舍岩道人鍼灸要訣) 허로문(虛勞門) 신염(腎䁔)을 보면, 오랫동안 허약한 몸으로 과로해서 원기(元氣)가 쇠해져 자다가 가위에 눌려 깨어나 식은땀을 흘리고 떠는 경우에 소장정격(小腸正格)을 사용했고, 사암침구정전(舍岩鍼灸正傳) 노극(勞極) 신염(腎䁔)에서도 같은 처방(處方)을 했다.

비증(痺證)에도 사용할 수 있는데, 사암도인침구요결(舍岩道人鍼灸要訣) 통풍문(痛風門)의 맥비(脈痺)와 사암침구정전(舍岩鍼灸正傳) 통풍(痛風) 맥비(脈痺)를 보면, 살이 덥고, 쥐가 기어 다니는 듯한 감이 있고, 입술이 터지면서 피부의 색이 변하는 경우는 소장허(小腸虛)로 소장정격(小腸正格)을 사용했다. 맥비(脈痺)는 주로 여름철에 풍한습(風寒濕)의 사기(邪氣)로 인해 경락(經絡)이 막혀서 발생한다.

Ⅱ. 소장승격(小腸勝格)

통곡(通谷), 전곡(前谷) 補, 족삼리(足三里), 소해(小海) 瀉

소장승격(小腸勝格)은 소장실증(小腸實證)에 사용하고 특히 소장실열(小腸實熱)이 극심한 경우에 주로 사용할 수 있다. 교상합(交相合)으로 보면, 족소음신경(足少陰腎經)을 보(補)하는 작용이 있으므로 신정격(腎正格)으로 치료가 되지 않을 경우에도 사용할 수 있다.

사암도인침구요결(舍岩道人鍼灸要訣) 화열문(火熱門)의 장열(壯熱)

을 보면, 소장(小腸)의 열(熱)이 왕성(旺盛)하여 곱게 미친 경우에는 중완(中脘) 정(正), 임읍(臨泣), 후계(後谿) 보(補), 족삼리(足三里), 충양(衝陽) 사(瀉)를 했으나, 사암침구정전(舍岩鍼灸正傳)에서는 슬퍼 울며 기뻐하지 않고, 토하며, 먹지 않고, 조급하고 어지러워하며, 아프고 저리는 경우에는 소장열(小腸熱)로 중완(中脘) 정(正), 통곡(通谷), 전곡(前谷) 보(補), 족삼리(足三里), 충양(衝陽) 사(瀉)를 사용하거나 중완(中脘) 정(正), 통곡(通谷), 전곡(前谷) 보(補), 해계(解谿), 양곡(陽谷) 사(瀉)의 소장한격(小腸寒格)을 사용했다.

코피가 날 경우에도 사용하는데, 비뉵(脾衄)처럼 누런 콧물에 피가 약간 비치는 정도가 아닌 출혈량(出血量)이 많은 코피에 사용한다. 사암도인침구요결(舍岩道人鍼灸要訣) 비통문(鼻痛門)의 비혈(鼻血)을 보면, 위열(胃熱)이라 전곡(前谷), 내정(內庭)을 보(補)하고 소해(小海), 족삼리(足三里)를 사(瀉)했으나, 사암침구정전(舍岩鍼灸正傳)에서는 비멸(鼻衄)은 위열(胃熱)인 경우에는 위한격(胃寒格)을 처방(處方)하고, 소장실(小腸實)의 경우에는 내정(內庭), 전곡(前谷)을 보(補)하고, 족삼리(足三里), 소해(小海)를 사(瀉)했다.

족태양방광경(足太陽膀胱經)

족태양방광경(足太陽膀胱經)은 소기다혈(少氣多血)이고 유주시간은 신시(申時)이다. 눈의 안쪽 정명(睛明)에서 시작하여 이마로 올라가 담경(膽經)의 신정(神庭), 임읍(臨泣)과 교회(交會)하고 정수리로 가서 독맥(督脈)의 백회(百會)와 교회(交會)한 후에 귀 뒤쪽으로 가서 담경(膽經)의 곡빈(曲鬢), 솔곡(率谷), 부백(浮白), 규음(竅陰), 완골(完骨)과 교회(交會)한다. 다른 가지는 뇌로 들어가 독맥(督脈)의 뇌호(腦戶)와 교회(交會) 후에 다시 나와 목 뒤를 따라 내려가서 독맥(督脈)의 대추(大椎), 도도(陶道)와 교회(交會)한 후에 척추 옆을 따라 허리까지 내려가서 갈라져 신(腎)에 락(絡)하고 방광(膀胱)에 속(屬)하며, 계속 내려가서 회음부(會陰部) 옆의 둔부(臀部)를 지나 허벅지 뒤쪽을 타고 위중(委中)으로 간다. 뇌에서 나온 다른 가지는 조금 더 척추의 바깥쪽을 따라 내려가서 둔부(臀部)에서 담경(膽經)의 환도(環跳)와 교회(交會)한 후에 위중(委中)에서 다른 가지와 만난다. 장딴지를 따라 계속 내려가서 바깥쪽 복사뼈의 뒤를 돌아 새끼발톱 바깥쪽의 지음(至陰)에서 마친다.

족태양방광경(足太陽膀胱經)은 오행(五行)과 육기(六氣)가 모두 한수(寒水)인 천부경락(天符經絡)이다. 제일 차가운 경락(經絡)일 것은 말할 나위도 없을 것이고, 물에 물이 더해졌으니 몸의 70%를 차지하는 수분의 움직임에는 족태양방광경(足太陽膀胱經)이 가장 큰 영향을 미칠 것이다. 또한 족태양방광경(足太陽膀胱經)은 일체의 사기(邪氣)가 몸에 침입할 때, 가장 최일선에서 그 사기(邪氣)와 맞서게 되는 제일차 방어선이다. 물론, 바로 안으로 침입하는 직중(直中)의 경우도 있지만 대체적으로 외감병(外感病)을 일으키는 사기(邪氣)의 침입은 족태양방광경(足太陽膀胱經)이 가장 먼저 당하여 맞서 싸우게 된다.

Ⅰ. 방광정격(膀胱正格)

상양(商陽), 지음(至陰) 補, 족삼리(足三里), 위중(委中) 瀉

족태양방광경(足太陽膀胱經)은 사기(邪氣)가 들어오는 일차 관문이므로, 특히 한사(寒邪)가 침입해서 처음 발생하는 오한(惡寒), 발열(發熱)에 사용한다. 뒷머리와 목 뒤가 아픈 후두통(後頭痛)은 태양두통(太陽頭痛)이라 하여 역시 방광정격(膀胱正格)을 사용할 수 있으나, 개에서는 두통(頭痛)의 여부를 알 길이 없어 판단하기 힘들다.

사암도인침구요결(舍岩道人鍼灸要訣) 한문(寒門)의 상한1일(傷寒一日), 상한태양병(傷寒太陽病)을 보면, 발열(發熱), 오한(惡寒) 등이 있는 상한(傷寒)의 일차관문은 족태양방광경(足太陽膀胱經)이므로 상양(商陽)을 보(補)하고 족삼리(足三里)를 사(瀉)했으며, 사암침구정전(舍岩鍼灸正傳)에서도 같은 처방(處方)을 했다.

그 유주방향이 척추를 끼고 경추에서부터 천추까지 달리기 때문에 일체의 척추질환에 사용할 수 있으며, 뇌 속으로 들락거리는 경락(經絡)이므로 뇌척수질환에도 사용할 수 있다.

요통(腰痛)에 사용할 수 있는데, 사암도인침구정전(舍岩鍼灸正傳) 요통(腰痛) 방광허통(膀胱虛痛)을 보면, 요배경항(腰背頸項)이 어통(瘀痛)하여 항척(項脊)과 고배골(尻背骨)이 당기고 무거우며, 유뇨(遺尿), 소변불금(小便不禁), 융폐(癃閉) 등이 나타나는 경우에 방광정격(膀胱正格)을 사용했다. 실제로 방광정격(膀胱正格)은 신정격(腎正格)과 더불어 요통(腰痛)이 있을 경우에 가장 먼저 떠오르는 처방(處方)이다.

당연히 비뇨기질환에도 사용할 수 있다. 방광에 습(濕)이 쌓여 발생하는 방광염(膀胱炎)이나 결석(結石), 소변이상에 사용한다.

사암도인침구요결(舍岩道人鍼灸要訣) 열격문(噎膈門)의 삼양열(三陽噎)을 보면, 족삼양경(足三陽經)에 열(熱)이 맺혀서 대소변이 불통(不通)하고 음식이 들어가지 않으며 들어가도 다시 토하는 경우는 방광허냉(膀胱虛冷)으로 방광정격(膀胱正格)을 사용했고, 사암침구정전(舍岩鍼灸正傳)에서도 같은 처방(處方)을 했다.

방광정격(膀胱正格)은 그 유주방향과 물이 많은 경락(經絡)이라는 특성 때문에 관절(關節)의 질환에도 많이 사용될 수 있다.
풍습(風濕)에 의한 학슬풍(鶴膝風)의 경우에도 사암침구정전(舍岩鍼灸正傳)에서는 방광정격(膀胱正格)을 처방(處方)했다.
사암도인침구요결(舍岩道人鍼灸要訣) 통풍문(痛風門)의 골비(骨痺)를 보면, 아픈 것이 심(心)에 미치고, 사지(四肢)가 뒤틀리고, 관절(關節)이 붓고, 몸이 차지만 옷을 두껍게 입지 못하고, 기름기가 없고, 힘줄에 힘이 없는 경우는 방광허(膀胱虛)라 방광정격(膀胱正格)을 사용했으며, 사암침구정전(舍岩鍼灸正傳)에서도 같은 처방(處方)을 했다.

Ⅱ. 방광승격(膀胱勝格)

족삼리(足三里), 위중(委中) 補, 임읍(臨泣), 속골(束骨) 瀉

방광승격(膀胱勝格)은 방광실증(膀胱實證)에 사용하며, 교상합(交相合)으로 보면 수소음심경(手少陰心經)을 보(補)하는 작용이 있으므로 심정격(心正格)이 잘 듣지 않을 때도 사용할 수 있다.

사암도인침구요결(舍岩道人鍼灸要訣) 울문(鬱門)의 수울(水鬱)을 보면, 날이 차면 가슴이 아프고 허리가 묵직하고 뻐근하며, 마디마디를 굴신(屈伸)하기 어렵고, 때로는 사지(四肢)가 차고, 배가 결리고 딱딱하며 그득한 느낌이 있고, 얼굴이 황흑색(黃黑色)인 경우는 실(實)이라 하여 족삼리(足三里), 위중(委中)을 보(補)하고, 속골(束骨), 삼간(三間)을 사(瀉)했고, 사암침구정전(舍岩鍼灸正傳)에서는 방광실(膀胱實)이라 족삼리(足三里), 위중(委中)을 보(補)하고, 상양(商陽), 지음(至陰)을 사(瀉)하는 관보모사(官補母瀉)의 변방방광승격(變方膀胱勝格)을 처방(處方)했다.

방광실통(膀胱實痛)으로 나타나는 요통(腰痛)에도 사용하는데, 사암침구정전(舍岩鍼灸正傳)에서 목을 잡아 빼는 것 같고, 척추 사이사이가 아파서 허리가 꺾이는 것 같아 구부리지 못하고, 융폐(癃閉), 요탁(尿濁) 등이 있는 경우는 방광실(膀胱實)이라 족삼리(足三里), 위중(委中)을 보(補)하고, 임읍(臨泣), 속골(束骨)을 사(瀉)하는 방광승격(膀胱勝格)을 사용했다.

족소음신경(足少陰腎經)

족소음신경(足少陰腎經)은 다기소혈(多氣少血)이고 유주시간은 유시(酉時)이다. 새끼발가락 끝에서 시작하여 발바닥의 용천(湧泉)을 지나 발의 안쪽으로 올라와서 안쪽 복사뼈를 우회전으로 한 바퀴 돌아

서 발목 위로 올라가서 비경(脾經)의 삼음교(三陰交)와 교회(交會)하
고 다리 뒤, 안쪽을 따라 계속 올라가서 허벅지 안쪽을 지나 독맥(督
脈)의 장강(長强)과 교회(交會)하고 척추 안쪽을 관통하여 몸 안으로
들어간다. 척추를 타고 위로 올라가서 신(腎)에 속(屬)하고 방광(膀
胱)에 락(絡)한 후에 배로 나와 임맥(任脈)의 관원(關元), 중극(中極)
과 교회(交會)하고 정중선 옆을 타고 위로 올라가서 쇄골부위에 이른
다. 신(腎)에서 갈라진 가지는 위로 올라가서 간(肝)을 통해 폐(肺)로
갔다가 기관(氣管)을 타고 위로 올라가 혀뿌리에 이른다. 폐(肺)에서
갈라진 가지는 심(心)을 지나 흉부(胸部)에 퍼진다.

족소음신경(足少陰腎經)은 오행(五行)이 수(水)이고 육기(六氣)는
군화(君火)이다. 수태양소장경(手太陽小腸經)과는 반대로 뒤집어진 형
상을 가지고 있다. 그렇다고 해서 족소음신경(足少陰腎經)이 부조화스
런 경락(經絡)이라는 의미는 절대 아니다. 찬물 속에서 뜨거운 불기운
이 움직이는 형상, 물 속에서도 꺼지지 않는 불, 이것은 바로 정(精)
을 의미한다. 정(精)이란 생명의 시작이면서 그 생명을 유지하기 위한
가장 근본적인 원천이기 때문에 족소음신경(足少陰腎經)은 생식(生
殖)과 생장(生長), 발육(發育)에 가장 크게 작용한다.

Ⅰ. 신정격(腎正格)

경거(經渠), 부류(復溜) 補, 태백(太白), 태계(太谿) 瀉

당연히 비뇨생식기계 질환에 일차적으로 사용할 수 있다.
사암도인침구요결(舍岩道人鍼灸要訣) 산기문(疝氣門)의 수산(水疝)

을 보면, 음낭(陰囊)이 붓고 땀이 나고 가렵고 긁으면 누런 물이 흐르며, 아랫배를 누르면 물소리가 나는 경우에 신정격(腎正格)을 사용했고, 사암침구정전(舍岩鍼灸正傳)에서도 같은 처방(處方)을 했다.

그 유주와 연관하여 요통(腰痛)에 사용할 수 있다. 요통(腰痛) 중에서도 구부리거나 펼 때 찌르듯이 아픈 굴신자통(屈伸刺痛)에 사용한다.

사암도인침구요결(舍岩道人鍼灸要訣) 요통문(腰痛門)의 굴신자통(屈伸刺痛)을 보면, 허리를 구부리거나 펼 때, 찌르듯이 아픈 경우는 신상(腎傷)이라 신정격(腎正格)을 사용했고, 사암침구정전(舍岩鍼灸正傳)에서도 같은 처방(處方)을 했다.

신양(腎陽)이 허(虛)해서 발생하는 식욕부진(食慾不振)과 손설(飱泄) 등에 사용한다. 손설(飱泄)이란 소화되지 않은 음식물이 설사(泄瀉)로 나오는 것을 말한다. 특히나 오경설(五更泄)이라 하여 오경(五更, 寅時, 새벽 5-7시)에 설사(泄瀉)를 한다면 신정격(腎正格)이다.

사암도인침구요결(舍岩道人鍼灸要訣) 설사문(泄瀉門)의 유설(濡泄)에서는 비토(脾土)가 허(虛)해서 습사(濕邪)를 제어하지 못해 소화가 되지 않고, 몸이 무거우며, 힘이 없고, 배에서 소리가 나는 경우는 신상(腎傷)이라 하여 경거(經渠), 음곡(陰谷)을 보(補)하고, 태백(太白), 태연(太淵)을 사(瀉)했으나, 사암침구정전(舍岩鍼灸正傳)에서는 신정격(腎正格)을 처방(處方)했다.

사암도인침구요결(舍岩道人鍼灸要訣) 이질문(痢疾門)의 허리(虛痢)를 보면, 피곤하고 권태롭고 힘이 없으며 소화가 잘 되지 않는 경우는 신정격(腎正格)을 사용했고, 사암침구정전(舍岩鍼灸正傳)에서도 같은 처방(處方)을 했다.

딸꾹질 중에 한기(寒氣)로 인해 발생하는 냉애(冷呃)에 사용하는데,

사암도인침구요결(舍岩道人鍼灸要訣) 애역문(呃逆門)의 냉애(冷呃)를 보면, 입을 벌릴 때 양기(陽氣)가 적당히 상승하였다가 한기(寒氣)가 들어오면서 양기(陽氣)가 제대로 움직이지 못해서 발생하는 경우에 신정격(腎正格)을 사용했고, 사암침구정전(舍岩鍼灸正傳)에서도 신수갈(腎水渴)이라 신정격(腎正格)을 처방(處方)했다.

복통(腹痛) 중에서 아랫배가 쌀쌀하게 아픈 냉복통(冷腹痛)의 경우는 신약(腎弱)이라 사암도인침구요결(舍岩道人鍼灸要訣)과 사암침구정전(舍岩鍼灸正傳)에서 모두 신정격(腎正格)을 처방(處方)했다.

눈은 오장(五臟)이 모이는 곳이라 신(腎)도 눈에 반영되어 눈의 질환에 사용할 수 있다.

동자탁(瞳子濁)에도 사용하는데, 눈의 동자(瞳子)는 신(腎)을 반영한다고 하였다. 사암도인침구요결(舍岩道人鍼灸要訣) 목병문(目病門)의 동자탁(瞳子濁)을 보면, 눈동자가 뿌연 경우는 신허(腎虛)로 신정격(腎正格)을 사용했고, 사암침구정전(舍岩鍼灸正傳)에서도 같은 처방(處方)을 했다.

영풍출루(迎風出淚), 좌와생화(坐臥生花)를 보면, 바람을 맞으면 눈물이 흐르고, 눈앞에서 꽃 모양이 나타났다 사라지는 경우는 신병(腎病)이라 경거(經渠), 부류(復溜)를 보(補)하고, 태백(太白), 태연(太淵)을 사(瀉)했고, 사암침구정전(舍岩鍼灸正傳)에서는 부류(復溜) 수(隨), 태계(太谿) 사(瀉) 또는 신정격(腎正格)을 처방(處方)했다.

사암침구정전(舍岩鍼灸正傳) 근시불명(近視不明)에서는 가까이 있는 것을 잘 보지 못하는 경우에는 신허(腎虛)라 신정격(腎正格)을 처방(處方)했다. 근시불명(近視不明)은 요새 말하는 원시(遠視)이다.

사암침구정전(舍岩鍼灸正傳) 청맹(靑盲)에서는 동자와 흑정(黑睛)

이 분명하여 직시하지만 보이지 않는 경우에 신허(腎虛)로 신정격(腎
正格) 또는 간정격(肝正格)을 사용했고, 사암도인침구요결(舍岩道人鍼
灸要訣)에서는 청예(靑翳)에서 파란 구름 같은 것이 눈동자를 덮어서
가리는 경우는 간허(肝虛)로 간정격(肝正格)을 처방했다.

중풍(中風) 중에서 중신(中腎) 또는 허로중(虛勞中)에 사용할 수 있
는데, 사암도인침구요결(舍岩道人鍼灸要訣)과 사암침구정전(舍岩鍼灸正
傳) 모두에서 오관구규(五官九竅)가 막히는 중장(中臟)의 증후(證候)와
함께 땀이 많이 나고, 몸이 차며, 얼굴이 흑색(黑色)인 경우는 신허(腎
虛)라 경거(經渠)를 보(補)하고, 태백(太白)을 사(瀉)했다.

역절풍(歷節風)의 경우에는 사암도인침구요결(舍岩道人鍼灸要訣)에
서는 전신 관절(關節)을 이곳저곳 호랑이가 물어뜯는 듯이 아픈 경우
는 신허(腎虛)라 경거(經渠)를 보(補)하고, 대돈(大敦)을 사(瀉)했으
나, 사암침구정전(舍岩鍼灸正傳)에서는 완골(完骨) 영(迎), 경거(經
渠) 보(補), 태백(太白) 사(瀉)를 처방(處方)했다.

사암침구정전(舍岩鍼灸正傳) 담증(痰症) 한담(寒痰)을 보면, 한사
(寒邪)가 신(腎)에 들어 발과 무릎이 저리고 힘이 없으며, 허리와 등
이 강직되어 아프고, 관절이 차갑게 마비되며 뼈가 아프고, 얼굴이 흑
색(黑色)인 경우는 신허(腎虛)라 신정격(腎正格)을 사용했다.

호흡기질환 중에서 습사(濕邪)가 신(腎)에 들어 기침하면 허리와
등이 당기고 아프며 심하면 기침할 때마다 걸쭉한 침을 많이 흘리는
경우는 사암도인침구요결(舍岩道人鍼灸要訣) 해수문(咳嗽門)의 신한
천(腎寒喘)에서 신정격(腎正格)을 처방(處方)했고, 사암침구정전(舍岩
鍼灸正傳)에서도 신허(腎虛)로 신정격(腎正格)을 사용했다.

사암도인침구요결(舍岩道人鍼灸要訣) 적취문(積聚門)의 분돈(奔豚),
신적(腎積)을 보면, 아랫배에 딱딱한 것이 생겨서 가슴으로 치밀고 오르
며 심하면 목까지 치밀어 오르는 경우에 신정격(腎正格)을 사용했고, 사
암침구정전(舍岩鍼灸正傳)에서는 오래되면 천역(喘逆), 골위(骨痿), 소
기(少氣)하게 된다고 하며, 신허(腎虛)로 신정격(腎正格)을 처방하였다.

신허(腎虛)에 의한 허손(虛損)에도 사용할 수 있는데, 모든 허증
(虛證)은 결국은 신허(腎虛)로 이어지게 된다. 사암도인침구요결(舍岩
道人鍼灸要訣) 허로문(虛勞門)의 신허(腎虛)를 보면, 허리가 아프고,
유정(遺精)이 있고, 얼굴이 검고 지저분하며, 등이 아픈 경우에 신정
격(腎正格)을 사용했고, 사암침구정전(舍岩鍼灸正傳)에서도 신허(腎
虛)로 같은 처방(處方)을 했다.

두통(頭痛)에도 사용하는데, 사암침구정전(舍岩鍼灸正傳) 두통(頭痛)
한습두통(寒濕頭痛)을 보면, 상실하허(上實下虛)한 두통(頭痛)으로 상태
가 전질(癲疾), 즉 미친 증세와 같다고 했으며, 신상(腎傷)이라 신정격
(腎正格)을 사용했다.

위증(痿證)에도 사용하는데, 사암도인침구요결(舍岩道人鍼灸要訣)
위증문(痿證門)의 골위(骨痿)를 보면, 뼈가 마르고, 골수(骨髓)가 허
약해서 앉았다가 일어나지 못하는 경우는 신열(腎熱)로 신정격(腎正
格)을 사용했으며, 사암침구정전(舍岩鍼灸正傳)에서도 같은 처방(處
方)을 했다.

신주골(腎主骨)이고 치아(齒牙)는 뼈의 여분이라 치아(齒牙)의 질
환에도 사용할 수 있는데, 사암침구정전(舍岩鍼灸正傳) 치통(齒痛) 치
동요(齒動搖)를 보면, 치은(齒齦)이 치솟고 심하게 동요하는 경우에는

신허(腎虛)로 신정격(腎正格)을 사용했다.

코의 질병에도 사용할 수 있는데, 사암도인침구요결(舍岩道人鍼灸要訣) 비통문(鼻痛門) 비치(鼻痔)를 보면, 코 속에 대추씨 같은 군살이 생겨서 콧구멍을 막을 경우에 신정격(腎正格)을 사용했으나, 사암침구정전(舍岩鍼灸正傳) 비병(鼻病) 비식(鼻瘜)에서는 간허(肝虛)로 보아 간정격(肝正格)을 처방(處方)했다.

사암침구정전(舍岩鍼灸正傳)의 비창(鼻瘡)에서는 콧구멍에 창(瘡)이 발생해서 고통스러운 경우에는 신상(腎傷)으로 신정격(腎正格) 또는 폐열(肺熱)로 폐한격(肺寒格)을 처방(處方)했다.

혈병(血病) 중에 선홍색의 피가 침을 따라 출혈(出血)하는 경우에 사암침구정전(舍岩鍼灸正傳) 혈병(血病) 타혈(唾血)에서 신허(腎虛)라 신정격(腎正格)을 사용했다.

Ⅱ. 신승격(腎勝格)

태백(太白), 태계(太谿) 補, 대돈(大敦), 용천(湧泉) 瀉

신승격(腎勝格)은 실제로 많이 쓰이지 않는다. 교상합(交相合)으로 수태양소장경(手太陽小腸經)을 보(補)하는 작용이 있으므로 소장정격(小腸正格)이 잘 듣지 않을 경우에 사용할 수 있다.

사암침구정전(舍岩鍼灸正傳) 이질(痢疾) 신전비미사(腎傳脾微邪)를 보면, 선농혈(先農血)하고 후에 수사(水瀉)하는 경우는 신실비허(腎實脾虛)라 대도(大都), 태백(太白)을 보(補)하고, 은백(隱白), 경거(經

渠)를 사(瀉)해서 비보신사(脾補腎瀉)했다.

사암도인침구요결(舍岩道人鍼灸要訣) 종창문(腫脹門)의 수창(水脹)을 보면, 물이 위(胃)에 잠겨 피부(皮膚)에 넘쳐흐르고 배에서 소리가 나며 가슴이 두근거리고 숨이 찰 경우에는 신일(腎溢)로 수분(水分)을 사(瀉)하고, 태백(太白), 태계(太谿)를 보(補)하고, 경거(經渠), 부류(復溜)를 사(瀉)하는 변방신승격(變方腎勝格)을 사용했고, 사암침구정전(舍岩鍼灸正傳)에서는 수분(水分)을 사(斜)하고 태백(太白), 태계(太谿)를 보(補)하고, 경거(經渠), 부류(復溜)를 사(瀉)하는 변방신승격(變方腎勝格)을 처방했다.

신주공(腎主恐)이라 사암침구정전(舍岩鍼灸正傳) 제기통(諸氣痛) 공기하(恐氣下)를 보면, 과도한 공포로 신(腎)을 상하면 기(氣)가 하초(下焦)로 돌아가므로 창만(脹滿)하게 되어 신창(腎脹)이 되므로 태백(太白)을 보(補)하고 경거(經渠)를 사(瀉)했다.

🍃 수궐음심포경(手厥陰心包經)

수궐음심포경(手厥陰心包經)은 소기다혈(少氣多血)이고 유주시간은 술시(戌時)이다. 가슴에서 시작하여 심포(心包)에 속(屬)하고 아래로 내려가 삼초(三焦)에 두루 락(絡)한다. 한 가지는 젖꼭지 바깥쪽에서 나와 어깨의 안쪽을 돌아서 팔의 안쪽 중앙을 따라 내려가 손바닥의 노궁(勞宮)을 지나 가운데 손톱 안쪽의 중충(中衝)에서 마친다. 노궁(勞

宮)에서 갈라진 한 가지는 넷째 손톱 바깥쪽의 관충(關衝)으로 간다.

수궐음심포경(手厥陰心包經)은 상화(相火) 위에 풍목(風木)이 자리한 형상으로 불 위에 나무를 얹어 활활 타게 하는 모양이나, 바람이 불을 더 거세게 일으키는 모양으로도 볼 수 있다. 더운 경락(經絡)임에는 틀림이 없어 보인다. 또한 흐르는 기운은 바람의 기운이므로 막힌 것을 뚫어주고 소통시키는 의미도 있을 것이다.

심포(心包)는 삼초(三焦)와 더불어 그 쓰임은 있으나, 형(形)은 없는 장부(臟腑)로, 예로부터 지금까지도 심포(心包)에 대해서는 논란이 많다. 그러나 심(心)을 지켜주고 보조하는 역할을 하는 것만은 확실하다. 내관지관(內官之官)이라 하여 군주인 심(心)을 보좌하고 왕명의 출납을 담당하는 내시부(內侍府)와 같은 존재이다.

I. 심포정격(心包正格)

대돈(大敦), 중충(中衝) 補, 음곡(陰谷), 곡택(曲澤) 瀉

사암도인침구요결(舍岩道人鍼灸要訣)과 사암침구정전(舍岩鍼灸正傳)에서 온전한 심포정격(心包正格)을 이용한 예는 없다.

심포(心包)는 기억과 의식의 저장창고라고 한다. 따라서 의식불명(意識不明)의 상태나 중독 등에 의해서 졸도한 경우에도 사용해 볼 수 있다.
또한 심정격(心正格)을 사용할 수 있는 증후(證候)들에서도 심정격(心正格) 대신에 사용할 수 있는데, 심포(心包)는 심(心)을 보좌하기 때문이다.

Ⅱ. 심포승격(心包勝格)

음곡(陰谷), 곡택(曲澤) 補, 태백(太白), 대릉(大陵) 瀉

사암도인침구요결(舍岩道人鍼灸要訣)이나 사암침구정전(舍岩鍼灸正傳)에서 온전한 심포승격(心包勝格)을 사용한 예는 없다. 교상합(交相合)으로 족소양담경(足少陽膽經)을 보(補)하는 작용이 있으므로 담정격(膽正格)이 잘 듣지 않을 때 사용할 수 있다.

궐음(厥陰)은 지식욕이나 권력욕을 나타낸다고 한다. 개에서 지식욕이 있을지는 미지수지만, 권력욕은 분명히 있는 것 같다. 애완견과 사람과의 관계에서도 한집에 같이 살면, 개가 스스로 자기 자신의 서열을 매기는 경우가 많다. 적당한 정도라면 별 문제가 없겠지만, 주인을 주인으로 여기지 않고 우습게 보는 경우라면 심포승격(心包勝格)을 사용해 볼 수 있다.

수소양삼초경(手少陽三焦經)

수소양삼초경(手少陽三焦經)은 다기소혈(多氣少血)이고 유주시간은 해시(亥時)이다. 넷째 손톱 바깥쪽의 관충(關衝)에서 시작하여 손등과 팔의 바깥쪽 가운데를 따라 어깨로 올라가 담경(膽經)의 견정(肩井)과 교회 후 결분(缺盆)으로 들어가 전중(膻中)에 퍼져 심포(心包)에 락(絡)하고 아래로 내려가 삼초(三焦)에 속(屬)한다. 한 가지는 가슴에서 다시 결분(缺盆)으로 올라가 소장경(小腸經)의 병풍(秉風), 독맥(督脈)

의 대추(大椎)와 교회(交會)하고 목으로 올라가 귓바퀴 뒤를 돌아 옆 이
마에서 담경(膽經)의 현리(懸釐), 함염(頷厭)과 교회(交會) 후 뺨을 타
고 내려왔다 휘어져서 소장경(小腸經)의 권료(顴髎)에 이른 후 위로 올
라가 눈 밑에 이른다. 한 가지는 귀 뒤에서 귓속으로 들어갔다가 귀 앞으
로 나와 소장경(小腸經)의 청궁(聽宮), 담경(膽經)의 상관(上關)과 교회
(交會) 후 눈썹 바깥쪽의 사죽공(絲竹空)에 이른 후 눈 바깥쪽의 담경
(膽經)의 동자료(瞳子髎)와 교회(交會)한다.

수소양삼초경(手少陽三焦經)은 오행(五行)과 육기(六氣)가 모두 상
화(相火)인 천부경락(天符經絡)이다. 상화(相火)의 기운이 넘치는 경
락(經絡)이니 물론 더울 테지만, 열성(熱性)만을 가지고 있는 것으로
이해하기에는 그 활용범위가 훨씬 넓다. 삼초(三焦)는 모든 장부(臟
腑)를 포함하여 그 안에 담고 있으며 또한 각 장부(臟腑)의 연락을
담당하고 있기 때문이다.

Ⅰ. 삼초정격(三焦正格)

임읍(臨泣), 중저(中渚) 補, 통곡(通谷), 액문(液門) 瀉

상화지기(相火之氣)의 성질을 이용해서 태워서 또는 데워서 말리는
작용이 필요한 때에 사용하게 된다. 그게 입이든, 피부(皮膚)이든, 귀
이든, 코이든 질퍽해서 또는 차가워서 생기는 일체의 수습(水濕)을 제
거하기 위해 사용할 수 있다.

사암도인침구요결(舍岩道人鍼灸要訣) 구병문(口病門)의 구중생창

(口中生瘡)을 보면, 입속이 헐어서 부스럼이 생기는 경우에 액문(液門), 중저(中渚)를 보(補)하고, 승장(承漿), 노궁(勞宮)을 사(瀉)했으나, 사암침구정전(舍岩鍼灸正傳)에서는 삼초열결(三焦熱結)하여 큰 좁쌀 같은 창(瘡)이 생기는 경우에는 삼초허(三焦虛)라 삼초정격(三焦正格)을 처방(處方)했다.

사암침구정전(舍岩鍼灸正傳) 비병(鼻病) 비옹(鼻齆)을 보면, 풍한(風寒)을 쏘이지 않아도 코가 막혀서 냄새를 맡지 못하는 경우에는 삼초상(三焦傷)이라 삼초정격(三焦正格)을 사용했다.

II. 삼초승격(三焦勝格)

통곡(通谷), 액문(液門) 補, 족삼리(足三里), 천정(天井) 瀉

삼초승격(三焦勝格)은 삼초실증(三焦實證)일 때 사용할 수 있고, 교상합(交相合)으로 족궐음간경(足厥陰肝經)을 보(補)하는 작용이 있으므로 간정격(肝正格)으로 치료되지 않는 경우에 사용해 볼 수 있다.

사암도인침구요결(舍岩道人鍼灸要訣) 두통문(頭痛門)의 미능골통(眉稜骨痛)을 보면, 눈썹이 난 부위의 뼈가 아픈 경우는 삼초실(三焦實)로 통곡(通谷), 액문(液門)을 보(補)하고, 임읍(臨泣), 중저(中渚), 양지(陽池)를 사(瀉)했고, 사암침구정전(舍岩鍼灸正傳)에서도 몸이 무겁고 눈을 뜨기 힘들고 미능골(眉稜骨)부위가 아프면 삼초실(三焦實)이라 통곡(通谷), 액문(液門)을 보(補)하고, 임읍(臨泣), 중저(中渚)를 사(瀉)하는 변방삼초승격(變方三焦勝格)을 처방(處方)했다.

💅 족소양담경(足少陽膽經)

　족소양담경(足少陽膽經)은 다기소혈(多氣少血)이고 유주시간은 자시(子時)이다. 눈 바깥쪽의 동자료(瞳子髎)에서 시작하여 귀 앞에서 삼초경(三焦經)의 화료(和髎)와 교회(交會) 후 옆머리를 따라 위로 올라갔다가 다시 내려와 귀 위에서 삼초경(三焦經)의 각손(角孫)과 교회(交會)하고 귀 뒤를 따라 내려갔다가 머리 위로 올라가 옆 이마에 이른 후 다시 내려와 옆 목으로 간다. 목에서 어깨로 내려와 등 뒤로 가서 독맥(督脈)의 대추(大椎)와 교회(交會)하고 소장경(小腸經)의 병풍(秉風)과 교회(交會)한 후에 결분(缺盆)으로 들어가 아래로 내려가서 담(膽)에 속(屬)하고 간(肝)에 락(絡)한다. 한 가지는 귀 위에서 삼초경(三焦經)의 예풍(翳風)과 교회(交會) 후에 귓속으로 들어갔다가 다시 나와 귀 앞에서 소장경(小腸經)의 청궁(聽宮), 위경(胃經)의 하관(下關)과 교회(交會)한 후에 다시 눈의 바깥쪽으로 향한다. 동자료(瞳子髎)에서 갈라진 한 가지는 뺨 아래로 내려갔다가 다시 눈 밑으로 올라가고 악관절부위로 다시 내려가서 목을 타고 결분(缺盆)으로 간다. 담(膽)에서 계속 아래로 내려간 가지는 음모(陰毛) 부위를 빙글 돌아서 대퇴골 대전자 부위에서 다른 가지와 만난다. 결분(缺盆)에서 갈라진 한 가지는 겨드랑이를 지나 옆구리를 타고 내려와서 서혜부(鼠蹊部) 위에서 뒤로 돌아가 방광경(膀胱經)의 상료(上髎), 하료(下髎)와 교회(交會)한 후에 대퇴골 대전자 부위에서 다른 가지와 만나 다리의 바깥쪽 가운데를 타고 내려와 바깥쪽 복사뼈 앞을 지나 넷째 발톱 바깥쪽의 규음(竅陰)으로 간다. 임읍(臨泣)에서 갈라진 한 가지는 엄지발가락으로 간다.

226

족소양담경(足少陽膽經)은 오행(五行)은 목(木)이고 육기(六氣)는 상화(相火)이다. 담(膽)은 물론 쓸개즙을 내어 소화를 돕는 작용도 하지만 예로부터 담(膽)은 중정지관(中正之官)이라 하여 어느 쪽에도 치우치지 않는 우직한 마음을 담고 있다. 육기(六氣)가 상화(相火)이기 때문에 담기(膽氣)는 쉽게 상역(上逆)하기도 한다.

Ⅰ. 담정격(膽正格)

통곡(通谷), 협계(俠谿) 補, 상양(商陽), 규음(竅陰) 瀉

담정격(膽正格)은 그 유주를 보아 귀질환, 눈질환, 측부(側部)의 요통(腰痛)에 사용할 수 있다. 항척여추(項脊如錘)라 하여 목과 등에 무거운 것으로 누르는 듯한 증(證)에 사용한다. 소화기질환에도 물론 사용할 수 있는데 특히 복부팽만(腹部膨滿)에 사용한다.

요통(腰痛) 중에 목과 척추가 쇳덩어리로 누르는 것처럼 아픈 경우에 사용할 수 있는데, 사암도인침구요결(舍岩道人鍼灸要訣) 요통문(腰痛門)의 항척여추(項脊如錘)를 보면, 담상(膽傷)이라 담정격(膽正格)을 사용했고, 사암침구정전(舍岩鍼灸正傳) 요통(腰痛) 담경허통(膽經虛痛)에서는 피부(皮膚)를 침으로 찌르듯이 아프고, 아래위로 구부렸다 펴는 것과 돌아보는 것이 안 되는 경우에 담허(膽虛)라 담정격(膽正格)을 처방했다.

중풍(中風)에도 사용할 수 있는데, 사암도인침구요결(舍岩道人鍼灸要訣) 중풍문(中風門) 중담(中膽), 경중(驚中)을 보면, 반신불수(半身

不遂)나 구안괘사(口眼喎斜)가 오고, 아픈 줄은 알지만 말은 잘하며, 눈이 당기고 코를 골며, 정신을 잃고 얼굴이 녹색을 나타내는 경우는 담허(膽虛)라 통곡(通谷)을 보(補)하고 위중(委中)을 사(瀉)했으나, 사암침구정전(舍岩鍼灸正傳)에서는 통곡(通谷)을 보(補)하고, 상양(商陽)을 사(瀉)했다.

다리에 쥐가 나는 경우에도 사용하는데, 사암도인침구요결(舍岩道人鍼灸要訣) 각기문(脚氣門)의 각족전근(脚足轉筋)을 보면, 담허(膽虛)로 담정격(膽正格)을 사용했고, 사암침구정전(舍岩鍼灸正傳)에서도 같은 처방(處方)을 했다.

사암도인침구요결(舍岩道人鍼灸要訣) 통풍문(痛風門)의 통풍(痛風)과 사암침구정전(舍岩鍼灸正傳) 통풍(痛風)을 보면, 아픈 곳의 피부가 퍼렇게 멍든 것처럼 보이고 닿기만 하면 불로 지지는 것처럼 아플 경우는 담허(膽虛)로 담정격(膽正格)을 사용했다.

Ⅱ. 담승격(膽勝格)

상양(商陽), 규음(竅陰) 補, 양곡(陽谷), 양보(陽補) 瀉

담승격(膽勝格)은 담실증(膽實證)에 사용하며, 교상합(交相合)으로 수궐음심포경(手厥陰心包經)을 보(補)하는 작용이 있으므로 심포정격(心包正格)이 잘 듣지 않을 경우에 사용할 수 있다.

사암침구정전(舍岩鍼灸正傳) 중풍(中風) 구안괘사(口眼喎斜)를 보면, 눈과 입이 삐뚤어지고 눈을 감지 못하는 경우에 담실(膽實)로 상양(商陽)을 보(補)하고 통곡(通谷)을 사(瀉)했다.

비증(痺證) 중에서 이리저리 돌아다니는 행비(行痺)에 사용할 수 있는데, 사암도인침구요결(舍岩道人鍼灸要訣) 통풍문(痛風門)의 행비(行痺)를 보면, 허사(虛邪)가 혈기(血氣)와 함께 얽혀서 관절(關節)에 모여 아래위로 흘러 다니면서 염증(炎症)을 일으키고 부어오르며 근육(筋肉)과 혈관(血管)이 늘어져서 말을 듣지 않는 경우는 담승(膽勝)이라 담승격(膽勝格)을 사용했고, 사암침구정전(舍岩鍼灸正傳)에서도 풍승(風勝)이라 담승격(膽勝格)을 처방(處方)했다.

족궐음간경(足厥陰肝經)

족궐음간경(足厥陰肝經)은 소기다혈(少氣多血)이고 유주시간은 축시(丑時)이다. 엄지발톱 안쪽의 대돈(大敦)에서 시작하여 발등을 타고 안쪽 복사뼈 앞을 지나 발목 위에서 비경(脾經)의 삼음교(三陰交)와 교회하고 다리의 안쪽 가운데를 따라 위로 올라가 서혜부(鼠蹊部)에서 생식기(生殖器)를 한 바퀴 돌아 아랫배를 지나 옆구리로 가서 위(胃)를 끼고 간(肝)에 속(屬)하고 담(膽)에 락(絡)하며 한 가지는 횡격막(橫膈膜)을 지나 협륵(脇肋)에 분포된다. 다른 한 가지는 폐(肺)를 돌아 기관(氣管)의 뒤쪽을 따라 올라가 눈을 지나 머리 위에서 독맥(督脈)의 백회(百會)와 교회(交會)한다. 눈 밑에서 갈라진 한 가지는 아래로 내려와 입술을 돈다.

족궐음간경(足厥陰肝經)은 오행(五行)과 육기(六氣)가 모두 목(木)인 천부경락(天符經絡)이다. 간(肝)은 간주노(肝主怒)라 하여 스트레스가 쌓여서 발생하는 모든 병증(病證)에는 일차적으로 사용할 수 있다. 간(肝)은 양(陽)이 강한 장(腸)으로 음허(陰虛)가 되기 쉬우며, 음허(陰虛)로 인해서 간양(肝陽)이 상항(上亢)하는 경우가 많다. 또한 간장혈(肝藏血)이므로 혈허(血虛)로 인한 병증(病證)에도 사용할 수 있다.

I. 간정격(肝正格)

음곡(陰谷), 곡천(曲泉) 補, 경거(經渠), 중봉(中封) 瀉

사지(四肢)에 힘이 없어 비틀거리는 근무력증(筋無力症)에 사용한다. 간주근(肝主筋)을 생각해 볼 수 있다. 실제로 후구마비를 치료할 경우에 일단 일으켜 세운 뒤에는 간정격(肝正格)을 사용해서 약해진 근육(筋肉)의 힘을 북돋아 줘야 하는 경우가 많다.

사암침구정전(舍岩鍼灸正傳) 요통(腰痛) 간경허통(肝經虛痛)을 보면, 강급(强急)하게 아프고 장궁노현(長弓弩弦)처럼 허리가 구부러지는 경우는 간허(肝虛)라 간정격(肝正格)을 사용했다.

사암도인침구요결(舍岩道人鍼灸要訣) 각기문(脚氣門) 근만(筋彎)을 보면, 다리의 힘줄이 오그라들어 굽히고 펴는 것이 어려울 경우는 간약(肝弱)이라 간정격(肝正格)을 사용했고, 사암침구정전(舍岩鍼灸正傳)에서도 같은 처방(處方)을 했다.

사암도인침구요결(舍岩道人鍼灸要訣) 통풍문(痛風門)의 근비(筋痺)

를 보면, 풍한습(風寒濕)이 근(筋)에 들어와 혈기(血氣)와 함께 관절(關節)에 뭉쳐서 근(筋)이 늘어지고 염증(炎症)을 일으키며 부어오르는 경우는 간약(肝弱)이라 간정격(肝正格)을 사용했고, 사암침구정전(舍岩鍼灸正傳)에서도 같은 처방(處方)을 했다.

위증(痿證)에도 사용할 수 있는데, 사암도인침구요결(舍岩道人鍼灸要訣) 위증문(痿證門) 근위(筋痿)에서는 색(色)을 밝힘으로 인해서 온몸의 힘줄이 늘어지는 경우에 간정격(肝正格)을 사용했고, 사암침구정전(舍岩鍼灸正傳)에서도 간열(肝熱)이라 간정격(肝正格)을 처방(處方)했다.

사암도인침구요결(舍岩道人鍼灸要訣) 울문(鬱門)의 담울(痰鬱)을 보면, 가슴이 그득하고 숨이 차며, 앉았다 일어서기도 힘든 경우에 간정격(肝正格)을 사용했고, 사암침구정전(舍岩鍼灸正傳)에서도 간허(肝虛)라 같은 처방(處方)을 했다.

담음문(痰飮門)의 지음(支飮)을 보면, 풍한습(風寒濕)이 오래된 담연음(痰涎飮)을 끼고 발생한 것으로 손발이 뻣뻣하고 팔이 아프고 어지럽고 잠이 많으며 소변이 탁하고 대변이 잘 나오지 않고 무릎이 차고 뻣뻣한 경우는 간허(肝虛)로 간정격(肝正格)을 사용했고, 사암침구정전(舍岩鍼灸正傳)에서도 같은 처방(處方)을 했다.

소화기질환에도 사용할 수 있는데 설사(泄瀉) 중에서 한기(寒氣)에 의해 발생하는 냉설(冷泄)에 사용한다. 사암도인침구요결(舍岩道人鍼灸要訣) 설사문(泄瀉門) 냉설(冷泄), 한설(寒泄)을 보면, 오한(惡寒), 신중(身重)이 있고, 배가 더부룩하고 끊어지듯이 아프며, 희고 푸른색의 소화되지 않은 설사(泄瀉)를 하는 경우는 간상(肝傷)으로 간정격(肝正格)을 사용했다. 사암침구정전(舍岩鍼灸正傳)에서도 같은 처방(處方)을 했다.

사암도인침구요결(舍岩道人鍼灸要訣) 탄산문(呑酸門) 간열산(肝熱酸)을 보면, 생목이 오르면서 얼굴이 푸른색인 경우에 간정격(肝正格)을 사용했으나, 사암침구정전(舍岩鍼灸正傳)에서는 간열(肝熱)이 심하여 탄산(呑酸)하고 얼굴이 붉을 경우에 간허(肝虛)로 간정격(肝正格)을 처방(處方)했다.

복통(腹痛)에도 사용하는데, 사암도인침구요결(舍岩道人鍼灸要訣) 복통문(腹痛門) 울복통(鬱腹痛)을 보면, 배가 당기고 아픈 것은 간쇠(肝衰)라 간정격(肝正格)을 사용했고, 사암침구정전(舍岩鍼灸正傳)에서는 배꼽 아래가 아프고 소복(小腹)이 당기며 아픈 경우는 간허(肝虛)라 같은 처방(處方)을 했다.

사암침구정전(舍岩鍼灸正傳) 애역(呃逆) 풍애(風呃)를 보면, 간기부족(肝氣不足)으로 인한 애역(呃逆)으로 간목상(肝木傷)이며 간정격(肝正格)을 사용했다.

좌간우폐(左肝右肺)라 좌측에 발생하는 일체의 병증(病證)에 적용할 수 있는데, 사암도인침구요결(舍岩道人鍼灸要訣) 적취문(積聚門)의 비기(肥氣), 간적(肝積)을 보면, 왼쪽 옆구리 밑에 거북이 같은 딱딱한 것이 생기고, 오래되면 기침, 구역(嘔逆)이 나는 경우는 간기역(肝氣逆)으로 인해 어혈(瘀血)이 쌓인 것으로 간정격(肝正格)을 사용했고, 사암침구정전(舍岩鍼灸正傳)에서도 간허(肝虛)로 같은 처방(處方)을 했다.

사암도인침구요결(舍岩道人鍼灸要訣) 허로문(虛勞門) 간허(肝虛)를 보면, 얼굴과 눈이 건조하고 거무스레하고, 눈이 밝지 못하며 눈물이 자주 나고, 근골(筋骨)에 경련과 마비가 오며, 심하면 머리와 눈이 어지럽고 희미해지는 경우에 간정격(肝正格)을 사용했고, 사암침구정전(舍岩鍼灸正傳) 허손(虛損) 간허(肝虛)에서도 같은 처방(處方)을 했다.

232

사암도인침구요결(舍岩道人鍼灸要訣) 협통문(脇痛門)의 좌협통(左脇痛)을 보면, 왼쪽 옆구리가 아픈 경우는 간(肝)의 병(病)으로 간정격(肝正格)을 사용했고, 사암침구정전(舍岩鍼灸正傳)에서도 눈이 희미하고 잘 보이지 않으면 협부(脇部)가 아픈 경우에는 간허(肝虛)로 간정격(肝正格)을 처방(處方)했다.

두통(頭痛) 중에서 목과 머리가 같이 아픈 경우에도 사용하는데, 사암도인침구요결(舍岩道人鍼灸要訣) 두통문(頭痛門) 두항통(頭項痛)에서 간약(肝弱)으로 간정격(肝正格)을 사용했고, 사암침구정전(舍岩鍼灸正傳) 두통(頭痛) 경항두통(頸項頭痛)에서는 목과 머리가 심하게 아프고, 거품침을 토하기도 하며, 사지(四肢)가 궐냉(厥冷)하면 간허(肝虛)라 간정격(肝正格)을 처방(處方)했다.

사암도인침구요결(舍岩道人鍼灸要訣) 산기문(疝氣門) 근산(筋疝)을 보면, 생식기(生殖器)가 붓고, 가려우며, 힘줄이 당기고 또는 늘어지면서 정액(精液)이 흐르는 경우에 간정격(肝正格)을 사용했고, 사암침구정전(舍岩鍼灸正傳)에서도 같은 처방(處方)을 했다.

간(肝)은 눈으로 열리기 때문에 그 유주를 보아서도 일체의 눈병에 사용할 수 있다.

사암도인침구요결(舍岩道人鍼灸要訣) 목병문(目病門)의 청예(靑翳)와 사암침구정전(舍岩鍼灸正傳) 목병(目病) 청예(靑翳)를 보면, 파란 구름 같은 것이 눈동자를 덮는 경우는 간허(肝虛)라 간정격(肝正格)을 사용했다.

원시불명(遠視不明)을 보면, 먼 것을 잘 보지 못하는 경우는 간허(肝虛)라 간정격(肝正格)을 사용했고, 사암침구정전(舍岩鍼灸正傳)에서는 간정격(肝正格) 또는 심정격(心正格)을 처방(處方)했다. 원시불명(遠視不明)은 요즘 말하는 근시(近視)이다.

오정홍백예장막(烏睛紅白翳障膜)을 보면, 검은 동자에 붉고 흰색의 이끼 같은 것이 가리는 것은 간병(肝病)으로 간정격(肝正格)을 사용했고, 사암침구정전(舍岩鍼灸正傳) 목병(目病) 오정예막(烏睛翳膜)에서는 간병(肝病)으로 간사(間使)를 사(瀉)하거나, 음곡(陰谷)을 보(補)하고 경거(經渠)를 사(瀉)했다.

사암도인침구요결(舍岩道人鍼灸要訣) 비통문(鼻痛門)의 비치(鼻痔)를 보면 코 속에 대추씨 같은 군살이 생기는 경우에 신정격(腎正格)을 사용했으나, 사암침구정전(舍岩鍼灸正傳) 비병(鼻病) 비식(鼻瘜)에서는 간허(肝虛)로 간정격(肝正格)을 처방(處方)했다.

혈병(血病) 중에서도 토혈(吐血)에 사용되는데, 사암도인침구요결(舍岩道人鍼灸要訣) 혈증문(血證門)의 토혈(吐血)을 보면, 소리가 없이 피를 토해내는 경우는 간경(肝驚)으로 음곡(陰谷)을 보(補)하고, 중봉(中封)을 사(瀉)하고, 족삼리(足三里) 영(迎)을 사용했고, 사암침구정전(舍岩鍼灸正傳)에서도 간허(肝虛)로 같은 처방(處方)을 했다.

II. 간승격(肝勝格)

경거(經渠), 중봉(中封) 補, 소부(少府), 행간(行間) 瀉

간승격(肝勝格)은 간실증(肝實證)에 사용하고, 교상합(交相合)으로 수소양삼초경(手少陽三焦經)을 보(補)하는 작용이 있으므로 삼초정격(三焦正格)으로 치료되지 않을 경우에 사용할 수 있다.

사암도인침구요결(舍岩道人鍼灸要訣) 울문(鬱門) 목울(木鬱)을 보면, 간허(肝虛)로 보고 간정격(肝正格)을 사용했으나, 사암침구정전(舍岩鍼灸正傳)에서는 간실(肝實)이라 경거(經渠), 중봉(中封)을 보(補)하고, 음곡(陰谷), 곡천(曲泉)을 사(瀉)하는 관보모사(官補母瀉)의 변방간승격(變方肝勝格)을 처방(處方)했다.

사암도인침구요결(舍岩道人鍼灸要訣) 담음문(痰飮門)의 풍담(風痰)을 보면, 가슴이 답답하고 어지럽고, 사지(四肢)에 마비가 오거나 감각이 없고 무력하며, 가래가 맑고 거품이 많은 경우에 족삼리(足三里), 곡지(曲池)를 보하고, 어제(魚際), 함곡(陷谷)을 사했으나, 사암침구정전(舍岩鍼灸正傳)에서는 간실(肝實)이라 경거(經渠), 중봉(中封)을 보하고, 음곡(陰谷), 곡천(曲泉)을 사하는 변방간승격(變方肝勝格)을 처방(處方)했다.

어지러움증에도 사용할 수 있는데, 사암도인침구요결(舍岩道人鍼灸要訣) 현훈문(眩暈門) 풍현(風眩)을 보면, 풍열(風熱)로 인해 어지럽고 가슴이 편하지 않고 바람이 싫고 땀이 저절로 나는 경우는 간실(肝實)이라 간승격(肝勝格)을 사용했고, 사암침구정전(舍岩鍼灸正傳)에서도 같은 처방(處方)을 했다.

질병에 따른 사암침(舍岩鍼) 적용

이상과 같이 사암도인침구요결(舍岩道人鍼灸要訣)과 사암침구정전(舍岩鍼灸正傳)의 내용을 주로 하여 십이정경맥(十二正經脈)의 정승격(正勝格)의 활용에 대해 알아보았다. 그러나 그 내용이 쉽지 않고 이해하기 난해한 부분들이 상당히 많은 부분을 차지하고 있어서 사암침(舍岩鍼)에 입문하는 이들이 편하게 활용하기에는 난감할 때가 많을 것이다. 물론, 그 심오한 속 내용을 연구하여 깨우치는 것은 앞으로 우리들이 해야 할 일이겠지만, 실제 수의임상에서 사암침(舍岩鍼)이 주로 어떤 경우에 활용될 수 있는지를 간략하게 밝혀 도움이 되고자 한다.

실제 수의임상에서 주로 접하면서 서양의학적인 치료로 만족할 만한 결과를 얻지 못하는 질병들뿐만 아니라, 잘 낫는 질병들도 포함해서, 가장 많이, 또 가장 쉽게 침치료(鍼治療)로 접근할 수 있는 증상들에 대해서 이야기하려 한다.

사암도인침구요결(舍岩道人鍼灸要結)과 사암침구정전(舍岩鍼灸正傳), 월오사암오행침법(月悟舍岩五行鍼法), 사암침법체계적연구(舍岩鍼法體系的研究), 도해교감사암도인침법(圖解校勘舍嚴道人鍼法)에서 사람의 치험례를 인용하였으며, 개에서의 치험례는 필자와 사암침(舍岩鍼)을 적용하고 있는 다른 원장님들의 치험례를 실었으며 약물치료 등 다른 치료방법들을 병용한 경우는 제외했다.

아래의 처방(處方)들이 100% 옳다고 할 수도 없고, 어떤 경우든지 이러한 처방(處方)을 한다고도 할 수 없다. 짧은 공부에서 나온 미진한 결과물이기 때문에 이 처방(處方)만을 보고 단순히 흉내 내어 낭패를 당하는 일이 없길 바라면서 또 한편으로는 기초부터 차근차근 더 깊이 공부하여 아래의 처방(處方)들에 대한 질타와 논의와 질문이 넘치길 바란다.

🌙 구토(嘔吐)

구토(嘔吐)는 일반적으로 임상에서 가장 많이 접하는 증후(證候)일 것이다. 구토(嘔吐)가 주증일 경우에는 일반적으로 다음의 세 가지로 먼저 구분할 수 있다.

* 꿱꿱거리는 소리와 함께 토하는 경우

－내경(內徑)에 구(嘔)는 격화(膈火)에 속하고 유성유물(有聲有物)하다 하였다. 격화(膈火)는 심화(心火)이니 심승격(心勝格) 또는 심한격(心寒格)으로 치료한다.

－사암침구정전: 35세의 한 남자가 화형체질인데, 매년 여름이면 힘들어하는 사람이며 이번 여름에도 예외 없이 토사(吐瀉)가 교차하여 원기가 탈진하였다. 여름이면 더위가 몹시 두렵다고 하는 사람이다.

심화(心火)에 속하므로 음곡(陰谷), 심해(心海, 少海를 말함)를 보(補)하고 대돈(大敦), 소충(少衝)을 사(瀉)하니 1度에 반감하고 3度에 회복되었다.

度은 한 차례의 염전보사(捻轉補瀉)가 모두 끝나는 횟수를 말한다.

* 소리가 없이 토하는 경우

－내경(內徑)에 토(吐)는 비상(脾傷)이고 무성유물(無聲有物)하다 하였다. 비정격(脾正格)을 사용할 수 있다.

－사암치험례: 한 남자가 늘 여름만 되면 토(吐)하고 설사(泄瀉)를 자주 하여 죽을 지경인지라 비정격(脾正格)을 사용하였더니 몇 번만에

치료되었다.

-사암침구정전: 42세의 한 남자가 토형체질인데, 간경화로 고생하다 치료하여 생활하며 여름이면 식욕을 절제하지 못하여 구토하는데 무성유물(無聲有物)한다 하였다. 비장(脾臟)의 손상으로 발병한 것으로 비정격(脾正格)을 유양수(幼陽數)로 보사(補瀉)하니 1度에 증상이 감(減)하고 3度에 완쾌하였다.

* 꿱꿱거리기는 하지만 나오는 게 없는 경우

-내경(內徑)에 얼(噦)은 위허(胃虛)에 속하고 유성무물(有聲無物)하다 하였다. 위정격(胃正格)을 사용할 수 있다.

-사암치험례: 한 여자가 늘 얼기(噦氣)가 있고, 두어 달에 한 번씩 위완부(胃脘部)가 아프기 시작하면 수십 일간을 죽었다가 살아날 정도로 심한데 위정격(胃正格)으로 數度에 병이 나았다.

-사암침구정전: 60세의 한 여자가 구토로 10일 동안 입원하였는데 1일에 16회나 주사하여도 차도 없이 퇴원하였다. 맥진(脈診)에 우수가 부이무력(浮而無力)하여 위허(胃虛)로 위정격(胃正格)을 유양수로 보사(補瀉)하니 1度에 증상이 좋아지고 맥도 회복되었다.

심승격(心勝格)이나 심한격(心寒格)을 사용한다는 것은 심화(心火)가 성(盛)해져 있다는 애기이므로 심실증(心實證) 또는 심열증(心熱證)의 증후(證候)가 같이 있는지를 살펴야 하고, 비정격(脾正格)을 사용한다는 것은 비허(脾虛)이므로 비허증(脾虛證)의 증후(證候)가 있는지를 살펴야 하고, 위정격(胃正格)을 사용한다는 것은 위허(胃虛)이므로 위허증(胃虛증)의 증후(證候)가 있는지를 같이 살펴야 한다는 뜻이다.

앞으로의 모든 처방(處方)에서도 동일하게 적용될 수 있는 원칙이라면 원칙일 수 있는 것이 바로, 제시된 처방(處方)을 사용할 경우에는 그 처방(處方)에 맞는 증후(證候)들이 있는지를 먼저 살펴야 한다는 것이다.

위의 세 가지로 딱 떨어지게 나눠지지 않는 경우가 또한 많이 있을 것이다. 그럴 경우에는 다음을 참조하여 처방(處方)할 수 있다.

* 아랫배에 열감(熱感)이 있고 대변을 잘 못 누면서 토(吐)하는 경우

-내경(內徑)에 삼양(三陽)이 결체(結滯)한 것을 열격(噎膈)이라 하였다. 이 중에서 대장에 열결(熱結)하면 대변이 불통(不通)하며, 양화(陽火)가 하강(下降)하지 못하여 상행(上行)하므로 구토(嘔吐)가 일어나게 되므로 대장정격(大腸正格)으로 치료한다.

-사암치험례: 나이 20세 된 한 남자가 얼굴이 찌들고 노랗고, 약간 부어 있으며 몸통이 비대하며, 항상 먹은 음식이 체하여 고통을 받고 뒷목 쪽으로 덩어리진 것이 있어 연주창 같은지라 대장열(大腸噎)로 치료하였더니 효과가 있었다.

-사암침구정전: 38세의 한 남자가 목형체질인데, 간암 환자이고 구토가 심하며 대변불통하였다. 간병의 대변불통은 대장열(大腸噎)이다. 대장정격(大腸正格)으로 3度에 대변소통이 되었다.

* 꿱꿱거리면서 황록색의 쓴 물을 토하는 경우

-담즙을 토(吐)하는 경우로, 담화(膽火)가 위(胃)를 쳐서 상역(上逆)하는 담실(膽實)로 담승격(膽勝格) 또는 담한격(膽寒格)으로 치료한다.

  * 트림을 하면서 울컥 올라와 혀를 날름거리거나 깜짝 놀라 뱉어내려고
하거나 머리를 터는 경우

  ─위산이 울컥 치밀어 올라 심(心)을 쳐서 가슴이 쓰린 경우를 탄산
(呑酸)이라 하고 산수(酸水)를 토(吐)해 내는 것을 토산(吐酸)이라 한
다. 이는 내경(內徑)에서 열(熱)로 인해 발생한다 하였으나, 초기에 외감
풍한(外感風寒)이나 내상생냉(內傷生冷)으로 위(胃)가 냉(冷)하면서 발
생하는 경우도 있는데 이럴 때는 위정격(胃正格)으로 단기간 처방(處方)
할 수 있다.

  * 위의 증상을 보이면서 썩는 냄새가 나는 경우

  ─위열(胃熱)로 인한 탄산(呑酸)의 경우에는 구취(口臭)가 썩는 냄새
가 나게 되는데 이럴 때는 위승격(胃勝格) 또는 위한격(胃寒格)으로 치
료하게 된다.

  * 꿱꿱거리면서 나오는 게 없지만 숨차하는 경우

  ─소리가 있으나 나오는 것이 없을 경우에는 위허(胃虛)로 위정격(胃
正格)을 처방(處方)한다 하였으나, 호흡이 가쁘고 숨차 하는 경우는 외
감(外感)에 의한 폐실증(肺實證)일 수 있으며, 특히 발열(發熱)이 동반
된다면 폐승격(肺勝格)을 사용한다. 폐승격(肺勝格)은 또한 교상합(交相
合)으로 위정격(胃正格)과 부합한다.

  * 음식 먹은 후에 울컥 토하면서 입 안에서 다시 씹어 삼키는 경우
  ─무성유물(無聲有物)로 비상(脾傷)의 경우이나, 토(吐)하고 나서 다

시 먹는 경우와, 입 안에 물고 다시 먹는 경우에도 비정격(脾正格)으로 치료한다.

-사암치험례: 한 남자가 항상 복통이 상충(上衝)하는데 식사 후 조금 지나서 먹었던 음식물을 토하여 입 속에 가득히 머금었다가 혹 토하거나 혹 삼키기도 하는데 이런 지가 5-6년이 되었다. 비정격(脾正格)을 사용하였더니 1度에 쾌차하였다.

-사암침구정전: 28세의 한 남자가 목형체질인데, 칠상(七傷) 후에 음식물을 먹으면 조잡(嘈雜)이 심하여 어찌할 바를 모르고 병원과 한의원에서 수차례 치료를 받았었다. 맥진(脈診)에 우관현급심(右關弦急甚)하였다. 체질이 목형이고 우관맥(右關脈)의 현급(弦急)은 목극토(木剋土)의 비허(脾虛)에 속하며 난치(難治)이다. 비정격(脾正格)을 노양수로 보사(補瀉)하니 3度에 견효(見效)하고, 6度에 70-80% 정도 호전되었고, 12度에 약을 겸용하고 쾌차하였다.

-월오사암오행침법: 아저씨 예민한 스타일. 소화 안 되고 되새김질한다. 손발이 차다. ─비정격(脾正格) 合 臨泣 後谿 補

* 음식 먹은 후에 바로 토하는 경우

-위열증(胃熱證)에서 음식을 먹으면 바로 토(吐)하는 경우가 많으므로 위한격(胃寒格)으로 치료한다.

* 폭식이나 이식(異食) 후에 토(吐)하는 경우에는 소화되지 않은 음식물을 토(吐)하고 입에서 냄새가 많이 나게 된다.

-위열증(胃熱證)에서는 식욕이 줄지 않고 오히려 늘어나는 경향이 있으며, 냄새가 많이 나고 먹은 후에 바로 토(吐)하는 경우가 많아서 소화

되지 않은 음식물을 토(吐)하게 된다. 하기(下氣)시키는 의미로 위정격(胃正格)을 사용할 수도 있으나, 위열(胃熱)이므로 위한격(胃寒格)이 더 어울릴 수 있겠다.

* 맑은 침을 많이 흘리면서 꿱꿱거리며 토하는 경우

－간한위기상역(肝寒胃氣上逆)의 궐음한증(厥陰寒證)으로 간열격(肝熱格)을 사용할 수 있으나 궐음(厥陰)에까지 병이 든 경우에는 치료되지 않는 경우가 많다.

* 새벽이나 아침 공복 시에 노란 물을 토하는 경우

－위기허(胃氣虛)를 동반한 위한증(胃寒證)에서 발생할 수 있으며 위정격(胃正格) 또는 위열격(胃熱格)으로 치료한다.

* 따뜻한 것을 좋아하고 자주 토하며, 양이 많고, 다량의 물을 토할 경우

－한사(寒邪)에 의해 위기(胃氣)가 막히는 경우에 발생하며 위열격(胃熱格)을 적용한다.

구토(嘔吐)는 원인이 어떤 것이든지 간에 위기(胃氣)가 제대로 하강(下降)하지 못하고 상역(上逆)하여 발생하는 것이다. 그 원인이 간담(肝膽)이든, 심(心)이든, 비위(脾胃)의 문제이든 결국은 거꾸로 치솟는 기역(氣逆)을 바로잡는 것이 관건이다. 따라서 구토(嘔吐)에는 위정격(胃正格)이 일차 선택이 될 수 있을 것이다.

－치험례: 1년령의 중성화한 수컷 시추. 새벽이나 아침에 주로 구토(嘔吐)를 하고 구토(嘔吐)한 후에는 사료를 섭취하지 않고 저녁에

약간 먹으며, 맑은 물을 토하면서 냄새가 많이 난다고 하여 위한증(胃寒證)으로 보고 위정격(胃正格)과 위열격(胃熱格)을 사용하여 수차례 치료하였으나 침 맞은 며칠 후에 다시 구토(嘔吐)하기를 반복하여 입원하여 4일간을 연달아 위정격(胃正格)으로 보사(補瀉)하여 30분씩 유침하고 입원 이틀째 이후로는 구토가 없어 퇴원하였다. 퇴원 후 2개월이 지난 현재까지 구토(嘔吐)없이 정상적인 식욕을 보이며 생활하고 있다.

-치험례: 4년 6개월령의 중성화한 수컷 요크셔테리어. 2일간 맑은 물을 토함. 복부 촉진 시 통증과 함께 대복(大腹)부위의 경결 확인. 대복(大腹)은 태음(太陰)이 주관하므로 비정격(脾正格) 20분간 유침 후에 증상 소실.

-치험례: 4년령의 암컷 요크셔테리어. 전날부터 식욕부진이 있으면서 내원 당일은 오전에 물을 먹고 잠시 후에 구토(嘔吐)를 2회 했다고 함. 음식이나 환경의 변화는 없었음. 촉진 시 중완부의 압통. 침 치료에 비협조적이어서 유침하지 않고 좌측 위정격(胃正格) 보사(補瀉)만을 행하고 보냄. 다음날 확인 결과 구토(嘔吐)가 없었고 정상적인 식욕으로 돌아왔음.

-치험례: 3년 10개월령의 중성화한 수컷 푸들. 전날 아이스크림 섭취 후에 복통을 호소하며 계단과 침대에 오르지 못함. 구토(嘔吐)는 없었으나 식욕이 저하되고 촉진 시에 대복(大腹) 부위 압통. 차가운 음식물로 인해 상했을 경우에는 간정격(肝正格)을 사용할 수 있겠으나, 대복(大腹)의 압통이 있었으므로 비정격(脾正格)을 적용하여 다음날 확인 결과 정상적으로 활동하고 계단과 침대에도 잘 오른다고 함.

🦋 설사(泄瀉)

　설사(泄瀉) 또한 아주 많이 겪게 되는 질병이다. 흔히 우리가 말하는 설사(泄瀉)는 변이 묽으면 설사(泄瀉)라 표현하는 경우가 많은데, 설(泄)은 변이 묽고 나오다 쉬었다 하는 것이며, 사(瀉)는 주르륵하고 물 같은 변이 쏟아져 나오는 것을 말한다. 흔히 점액변 또는 점액 혈변이라고 말하는 것은 이질(痢疾)인데, 이급후중(裏急後重)을 동반하게 된다.

　* 물 같은 설사(泄瀉)를 쏟아내는 경우

　－비상(脾傷) 또는 비허(脾虛)로 인해서 수습(水濕)을 운화(運化)하지 못하는 경우가 있으므로 비정격(脾正格)을 사용하거나, 전도조박(傳導糟粕)의 기능이 실조되어 진(津)을 주관하는 대장의 기능이 정상적이지 못해도 발생할 수 있으므로 대장정격(大腸正格)도 사용할 수 있다.
　－사암치험례: 10세 안팎의 한 아이가 항상 설사로 고통스러워하였는데 혹은 희고 탁한 설사 혹은 질퍽한 설사 혹은 음식물이 그대로 나오는 설사 등의 증(證)과 함께 얼굴과 배가 붓고, 먼저는 탁하다가 뒤에는 물 같은 설사를 하며 심하(心下)에 복량(伏梁, 心積)이 있는 것 같이 여겨지나 대장증후(大腸證候)가 보여 대장정격(大腸正格)으로 치료하니 유효하였다.

　* 소화되지 않은 음식물을 설사(泄瀉)하면서 주로 새벽에 나타나는 경우

　－손설(飧泄) 또는 오경설(五更泄)에는 신정격(腎正格)으로 치료한다.

* 물 같은 설사(泄瀉)를 하지만 갈증이 없고 배가 아프지 않은 경우

-위토(胃土)가 습사(濕邪)를 받아 몸이 무겁고 가슴이 더부룩하면서 나타나는 습설(濕泄)에는 위정격(胃正格)을 처방(處方)한다.

* 창명(脹鳴)이 있고 갑자기 설사(泄瀉)하다가 조금 안정되는 듯하다가 다시 설사(泄瀉)하는 경우

-기(氣)가 중완(中脘)에 정체하여 음식물이 갈 곳을 모르는 상황이므로 폐정격(肺正格)으로 치료한다.

* 오한(惡寒)이 있으면서 배가 아프고 푸른색의 설사(泄瀉)를 하는 경우

-이는 냉설(冷泄)로 한사(寒邪)가 간(肝)을 침입하여 발생한 간상(肝傷)이므로 간정격(肝正格)으로 치료한다.

-사암치험례: 한 부인이 산후조리를 잘못하여 하루에 5-6회 설사한 지가 이미 근 수십 년에 살이 말라 수척하고 겨우 집안에서만 다닐 정도였다. 간정격(肝正格) 1일에 설사가 그치고 4-5일에 완쾌되었다.

35세의 한 부인이 여름철에 출산하고 당일에 하혈(下血)을 쉴 새 없이 하고 복통이 심하며 눈이 희미하여 볼 수 없었는데 삼음교(三陰交)를 보(補)했더니 지혈이 되고 며칠 후에 조금 움직일 수 있었다. 다시 며칠 후에 갑자기 복통이 위로 치밀어 오르며 설사가 수없이 나서 겨우 대여섯 발자국밖에 걸을 수 없었다. 간정격(肝正格)을 사용하였더니 잠깐 사이에 병이 나았다.

* 이질(痢疾)과 이급후중(裏急後重)이 있는 경우

-이질(痢疾)은 그 원인에 따라 비허(脾虛), 신허(腎虛) 등으로 나눌

수 있으나, 결국은 대장(大腸)에 쌓인 습열(濕熱)이 원인이 되는 경우가 많으므로 대장정격(大腸正格)을 일차로 적용할 수 있다.

－월오사암오행침법: 혈변을 3일 정도. 대장정격(大腸正格) 1회에 절반으로 줄어들고, 4－5번 치료로 완치됨.

85세 할머니. 항문이 열려서 대변이 줄줄 나오고 혈변이 있고, 소변도 흘린다. 대장정격(大腸正格) 보름 치료 후 괜찮아짐.

－치험례: 13년령의 암컷 푸들. 식욕저하와 함께 점액변, 혈변, 이급후중. 분변검사 시 유의점 없음. 대장정격(大腸正格) 2회 치료 후에 정상식욕으로 돌아오면서 증상이 소실되었음.

* 먹고 나면 바로 설사(泄瀉)하는 경우

－먹자마자 바로 설사(泄瀉)하는 경우는 위허(胃虛)로, 위기(胃氣)가 허(虛)하면 음식물을 일정 시간 동안 잡아두고 부숙(腐熟)하지 못하기 때문에 발생하게 되므로 위정격(胃正格)을 사용한다.

－월오사암오행침법: 87세 할머니. 배가 아프지도 않고 음식만 먹으면 수저 놓기 바쁘게 설사하기를 55년이나 되었다. 바짝 마른 체격에 설사병 외에는 다만 눈이 침침할 뿐이었고 불편한 데가 없고 노인이라 잠이 없어서 자식들이 하는 일을 도와주며 큰 몫을 하고 있었다. 위정격(胃正格) 1회에 절반이 낫고 2회에 설사가 거의 안 나오고 3회에 완치되었다. 그 후 15일 정도 지나서 큰일 났다고 하면서 달려왔는데 물어보니 돼지고기를 3점 먹었는데 돼지고기는 찬 음식이라 간정격(肝正格) 1회에 설사가 뚝 그쳤다.

23세 여. 직장에서 일하는 보통 체격의 아가씨. 음식을 먹기만 하면 배가 아프지 않으면서 설사를 좍좍하기를 3년이 되었다. 그 사이 장이 나쁘다고 온갖 치료를 받아 봤으나 효과가 없었는데 위정격(胃正格)

3회로 완치되었다.

　역시나 소화기증상이기 때문에 비위(脾胃)에 관련되어 있는 경우가 대부분이다. 비위(脾胃)의 기능이 약해져서 운화(運化)가 제대로 일어나지 못해서 생기는 경우와 대장허(大腸虛), 대장습열(大腸濕熱)로 인해서 발생하는 설사(泄瀉)와 이질(痢疾)이 많은 편이다. 설사(泄瀉)에는 비정격(脾正格)이 이질(痢疾)에는 대장정격(大腸正格)이 일차 선택이 될 수 있을 것이다.

　-치험례: 1년령의 요크셔테리어 중성화한 수컷. 일주일 전부터 무른 변을 보다가 내원 당일에는 냄새가 많이 나는 설사를 했음. 식욕은 정상이고 구토도 없음. 대장정격(大腸正格) 보사(補瀉)하여 30분 유침 후에 이틀 간격으로 3-4회 치료받으라고 하였으나 내원하지 않음. 한 번 치료 후에 정상으로 돌아왔다고 함.

　-치험례: 1년령의 중성화한 시추 수컷. 3-4일 전부터 황색의 묽은 변(수양성은 아님)을 보고 식욕은 정상이며 그 이외의 증상은 없음. 비정격(脾正格)을 보사(補瀉)하여 30분간 유침하고 다음날 다시 내원하기로 했으나 증상이 개선되어 내원하지 않음.

변비(便秘)

　변비(便秘)는 대장(大腸)의 전도조박(傳導糟粕)에 이상이 생기거나, 열(熱)이 있거나, 음허(陰虛)로 인해 진액(津液)이 타는 경우에 나타날 수 있다.

* 처음에는 굵고 단단하다가 나중에 물러지는 경우는

－대장(大腸)에 열(熱)이 맺혀 하기(下氣)하지 못하여 심하면 토(吐)하는 경우에 대장정격(大腸正格)을 쓴다.

* 변비(便秘)가 있다가 피가 섞인 점액변이나 농변(膿便)을 보는 경우

－대장(大腸)에 습열(濕熱)이 쌓여 변비(便秘)와 이질(痢疾)을 동반하는 경우에 대장승격(大腸勝格)을 사용한다. 이때 역시 대장정격(大腸正格)도 사용할 수 있겠는데 정기(正氣)를 보(補)하느냐 사기(邪氣)를 사(瀉)하느냐의 선택일 것이다.

* 방귀에서 냄새가 많이 나거나 변에서 냄새가 지독하게 나는 경우

－대장(大腸)에 열독(熱毒)이 쌓여서 나타나는 경우에 대장한격(大腸寒格)을 사용할 수 있다.

비위(脾胃)와도 떼려야 뗄 수 없는 관계가 있겠지만, 변비(便秘)의 일차 선택은 대장정격(大腸正格)이 될 수 있겠다.

파보바이러스 장염

파보바이러스 장염은 외사(外邪)가 비위(脾胃)에 직중(直中)한 것으로 보아진다. 구토(嘔吐)와 설사(泄瀉), 출혈(出血)이 주증으로 진

248

행되면 침울하고, 탈수되고, 기력이 쇠해져서 전신적인 기허(氣虛)와
혈허(血虛)증세를 동시에 보이게 된다. 일단, 구토(嘔吐)와 설사(泄
瀉), 출혈(出血)에 초점을 맞춰서 침치료(鍼治療)를 행해야 하며, 많
이 쇠약해진 경우에는 신허(腎虛)를 다스리고, 뜸을 떠야 하는 경우도
있을 수 있다.

* 설사(泄瀉)가 주증일 경우

－비정격(脾正格)

* 구토(嘔吐)가 주증일 경우

－위정격(胃正格)

* 설사(泄瀉)와 구토(嘔吐)가 병행된 경우

－구토(嘔吐)를 우선으로 보고 위정격(胃正格)을 선택할 수도 있으나
신정격(腎正格)으로 원기(元氣)의 회복을 노려볼 수도 있다.

* 설사(泄瀉)와 혈변(血便)이 병행된 경우

－비(脾)와 간(肝)은 통혈(通血)과 장혈(藏血)로 출혈성질환에 응용
될 수 있다. 비정격(脾正格)＋간정격(肝正格)

* 제 증상과 함께 허약하여 기력이 쇠한 경우

－근본이 되는 원기(元氣) 회복을 위해 신정격(腎正格)＋기해(氣海),
관원(關元), 구토(嘔吐)와 설사(泄瀉)에 천추(天樞), 중완(中脘) 뜸을

적용해 볼 수 있다.

복합적인 질병이기 때문에 상황에 따라 대처해야 하며, 그렇게 하는 수의사는 없겠지만 탈수에 따르는 수액요법을 배제하고 침만 가지고 승부를 보려는 것은 좋은 방법은 아닐 것이다. 복통(腹痛)이 심한 경우가 많은데 그럴 때는 습복통방(濕腹痛方)인 위정격(胃正格)을 사용할 수 있다.

🐟 식욕부진(食慾不振)

별다른 증상이 없이 밥을 잘 안 먹는 경우가 꽤 많다. 자견과 성견으로 나눠서 생각해봐야 하는데, 자견의 경우는 태생이 허약해서 식욕이 없는 경우와 질병에 의한 경우가 대부분이다. 질병에 의한 경우는 제외하고 원기(元氣)가 쇠약(衰弱)해서 식욕이 떨어지는 경우에는 볼 것 없이 신정격(腎正格)이다. 비정격(脾正格), 위정격(胃正格)도 사용해 볼 수 있으나 효과가 없을 경우에는 신정격(腎正格)에 중완(中脘), 천추(天樞)에 뜸을 뜨면 대체로 바로 또는 집에 가서 먹는다.

－치험례: 2일 전 샵에서 구입한 시추 수컷, 2개월령, 1차접종과 구충을 했다고 함. 딸꾹질을 자주 하며, 구입 다음날에 항문 주위에 묽은 변이 묻어 있었고, 내원한 날에는 사료를 섭취하지 않는다고 함. 위정격(胃正格)을 좌측에 12분간 보사(補瀉) 후에 유침하였고, 중완(中脘)과 천추(天樞)에 각 2장씩 뜸을 뜨고 나니 딸꾹질이 멎고 바로

불린 사료를 섭취하였다.

　성견의 경우에는 태생이 허약한 경우, 잘 먹다가 입맛이 까다로워진 경우가 있다. 물론 질병의 경우는 배제한다. 태생이 허약한 아이가 근근이 버티면서 살아온 경우에는 자견의 경우와 같이 처방(處方)한다. 하지만, 그 효과는 자견의 경우처럼 빨리 나타나지 않고 지지부진한 경우가 많다. 대체로 비쩍 말라 있는 경우가 많은데, 물도 잘 안 먹고 어렸을 때부터 간식과 고기류로 살아온 경우가 많기 때문에 비뇨기계 이상을 겸비한 아이들이 많다. 조급히 해결하려 하지 말고 시간을 두고 천천히 바꿔줘야 한다. 육미(六味) 또는 팔미(八味)를 투여하면서 침치료(鍼治療)를 같이해 볼 수 있다.

　태생이 허약하지 않은데 어렸을 때는 삽으로 퍼 넣듯이 잘 먹다가 어느 순간부터 덜 먹고 이제는 사료에 입도 잘 안 댄다는 보호자들의 말을 우리는 하루에도 몇 번씩 듣는다. 이런 아이들은 대체로 새벽 또는 아침나절에 한두 번씩 노란 물을 토하고, 간식이나 사람음식을 종종 얻어먹으며, 주인이 잠든 후에 자기 사료를 죽지 않을 만큼만 먹는다.

　가장 좋은 처방(處方)은 굶기는 것이다. 몸이 허약해서 안 먹는 것이 아니고 정신적인 배부름에 자기 사료는 눈에 차지 않는 것이므로 사료의 소중함을 알게 해 주는 것이 가장 중요하다. 주로 통통한 체격의 아이들이 많이 있는데, 물론 마른 경우도 있긴 하지만 태생이 허약한 아이들처럼 삐쩍 마른 경우는 드물다. 이런 아이들은 소화기능을 촉진하기 위해서 비정격(脾正格), 위정격(胃正格)을 처방(處方)해도 가끔씩 토하던 것만 잠시 가라앉고 식욕에는 별다른 변화가 없는 경우가 많다. 이럴 땐 정신병 치료를 해야 하므로 대장정격(大腸正格)을 추천한다. 비정격(脾正格)을 3-5회 맞아도 식욕에 변화가 없던 아이

가 대장정격(大腸正格) 한 번에 밥을 먹는 경우가 종종 있다. 등 따시
고 배부른 녀석한테는 그 나태한 정신상태를 양명의 배고픔이 도끼날
처럼 날아가 깨부술 것이다.

　－치험례: 7개월령의 암컷 푸들. 어렸을 때부터 사료에 바로 덤비
지 않고 먹는 양도 많지 않음. 겁이 많고 마른 체형으로 사료를 잘 안
먹는 것을 제외하고는 모두 정상. 비정격(脾正格)을 1회 적용하였으나
식욕에 전혀 변화가 없음. 다음날부터 대장정격(大腸正格)을 2회 적용
하고 나서는 밥을 주면 잠시 머뭇거리다가 그 자리에서 섭취함. 많이
말라 있기 때문에 대장정격(大腸正格)으로 효과를 보지 못하면 신정
격(腎正格)을 적용해 보려 했으나 대장정격(大腸正格)으로 유효함.

치과질환(齒科疾患)

　개에서 치과질환의 대부분을 차지하는 것은 치석일 것이다. 물론 치
석제거를 해줘야 하지만 치석에 따르는 다른 질환들은 침치료(鍼治療)
를 할 수 있다. 치아(齒牙)는 골(骨)의 여분으로 골(骨)은 신(腎)이
주관하므로 치통(齒痛)에 신정격(腎正格)을 우선 생각해 볼 수 있다.

　－사암침법체계적연구: 45세 여자. 신경을 써서 목이 쉬더니 풍치(風
齒)로 전치(前齒)가 시리면서 아프다고 한다. 갱년기가 온 것이며 치
(齒)는 신(腎)의 표(標)이며 골(骨)의 여분이다. 정(精)이 건완(健完)하
면 치견(齒堅)하고 신쇠(腎衰)하면 치조직(齒組織)이 연화(軟化)되며
허열(虛熱)이 있으면 치동(齒動)하므로 신보침(腎補鍼, 腎正格)을 놓았

더니 다음날로 나았다.

* 상치(上齒)의 문제가 있을 경우

-상치(上齒)는 위경(胃經)이 유주하며 위열(胃熱)로 인해 발생하는 경우가 많으므로 위한격(胃寒格)으로 치료할 수 있다.

-사암치험례: 40세의 한 부인이 윗니가 충치로 부서지며 아프고 때로 복통이 있어 몸이 편치 않아 반대쪽에 위한격(胃寒格)으로 치료하니 1度에 반감하고 2度에 쾌차하였다.

* 하치(下齒)의 문제가 있을 경우

-하치(下齒)는 대장경(大腸經)이 유주하며 한사(寒邪)가 대장(大腸)에 맺혀 발생하거나 폐열(肺熱)로 인해 발생할 수 있기 때문에 대장열격(大腸熱格)이나 폐한격(肺寒格)으로 치료할 수 있다.

-사암침구정전: 38세의 한 남자가 토형체질인데, 하치통(下齒痛)으로 동통(疼痛)이 심하고 협부(頰部)가 부종(浮腫)하였는데, 통증 때문에 2일 동안 식사를 못하였다. 치료는 하치통(下齒痛)이 폐열(肺熱)에 속하므로, 폐한격(肺寒格)을 유양수로 황두침(黃頭鍼)을 사용하여 보사(補瀉)하니 1度에 지통(止痛)이 되고 저녁식사를 하였다.

* 잇몸이 붓고 농이 흐르는 경우

-입으로 바람을 마실 때 통증이 심하면 양명경(陽明經)에 풍사(風邪)가 든 경우이므로 풍치(風齒)에는 대장정격(大腸正格) 또는 궐음풍목(厥陰風木)을 생각하여 간정격(肝正格)을 사용할 수 있다.

-사암치험례: 60세의 한 남자가 왼쪽 아래 잇몸의 종통이 극심하

여 미친 듯 취한 듯한 지가 3일이 되었다. 대장정격(大腸正格)으로 치료하니 1度에 반감하고 2度에 쾌차하였다.

－사암침구정전: 65세의 한 남자가 목형체질인데, 풍치(風齒)로 치은(齒齦)의 종통(腫痛)이 극심하여 어찌할 바를 모르고, 우측 협부(頰部)가 많이 부종(浮腫)하였다. 치료는 풍치(風齒)가 대장(大腸)에 속하므로 대장정격(大腸正格)을 유양수로 보사(補瀉)하니 1度에 지통(止痛)이 되고, 2度에 부종(浮腫)도 쾌차하였다.

전구치 농양이 종종 있는 편인데, 이럴 때에 발치를 하지 않고 치료할 경우에는 대장정격(大腸正格) 또는 간정격(肝正格)을 사용할 수 있다.

✦ 정신질환(精神疾患)

정신질환으로 의심되는 이상행동들에 대해 문의하는 경우가 종종 있다. 발정기 근처가 되어 구석에 들어간다거나, 밥을 안 먹는다거나, 갑자기 안 하던 행동을 한다거나 하는 경우에는 교배를 시켜주든지, 아니면 기다리는 수밖에는 없다. 일정 시일이 지나도 변화가 없거나 그 행위가 너무 심해서 견디기 힘든 경우에는 군화방(君火方)을 사용한다. 석문영(石門迎), 음곡(陰谷), 소해(少海) 보(補), 대돈(大敦), 소충(少衝) 사(瀉).

발정과는 무관하게 나타나는 정신질환의 경우에, 높은 곳에 올라가서 울거나, 갑자기 미친 듯이 뛰거나, 문이나 벽을 격렬하게 긁거나 하는 증세가 보이면 상화방(相火方)을 사용한다. 중완정(中脘正), 음곡(陰谷), 대도(大都) 보(補), 지구(支溝), 곤륜(崑崙) 사(瀉).

－사암치험례: 20세의 한 부인이 갑자기 광증이 발생하여 혹 마을을 질주하거나 혹 욕하기를 그치지 않거나 혹 두려워하고 겁을 내거나 혹 자신의 대변을 벽에 칠하고, 발병 후에 잠을 못 잤는데 이런 지가 수십 일이 되었다. 내가 그 집에 도착하니 처음에는 문을 열고 내다보다가 곧 일어나서 큰절을 하였다. 즉시 상화방으로 치료하였더니 미처 침을 빼기도 전에 누워서 포근히 잠이 들었기에 오래 보사(補瀉)를 하였더니 언어와 행보가 보통 사람과 조금 달랐는데, 또 침놓은 지 1度에 완쾌되었다.

50세의 한 부인이 며느리와 말다툼을 하다가 남편이 가볍게 구타하였는데 한쪽 손에 작은 상처가 났을 뿐이다. 그날 밤 남편과 같이 자다가 부인이 성교의 뜻을 암시하였으나, 남편이 괴이하게 여겨 따르지 않았다. 잇달아 암시하여도 따르지 않자, 갑자기 대광(大狂)하여 욕하기를 그치지 않고, 혹 무릎 위에 앉아서 남편의 행동을 만류하는 것이 수십 일이 지났다. 상화방으로 3－4度에 완쾌하였다.

－사암침구정전: 20세의 한 여자가 목형체질인데, 갑자기 광기가 발작하여 발병 후에 이미 30주야를 수면을 못한다고 하였다. 상화방으로 치료하여 보사(補瀉)를 하니 행침(行鍼) 4度에 약간 사리분별을 하였고 행침(行鍼) 5度에 나에게 감사 인사를 하였으며 10度에 완쾌하였다.

24세의 한 여자가 토형체질인데 1998년 4월부터 1999년 9월까지 병원에서 정신과 약을 계속 복용하면서 생활하였는데, 여름이면 증상이 더욱 악화되어 2－3개월씩 입원하곤 하였다. 병원에서 증상이 심하면 복용약의 분량은 많아지고, 부작용이 나타나면 가족들의 면회를 금지시켰다고 한다. 치료는 1999년 9월 26일부터 1주에 3차례씩 상화방으로 10度을 치료하여 완치되었다. 2000년 1월 31일 만나보니 머리도 맑고 기억력도 정상으로 회복되었으며 복학등록을 하고 왔다고 하였다.

* 우울증(憂鬱症)을 보여 식욕절폐(食慾切閉)하고 가만히 누워 있기만 하고, 매사에 의욕이 없는 경우에는 비정격(脾正格)을 사용하고, 안되면 대장정격(大腸正格)이나 담정격(膽正格)을 사용한다. 울증(鬱症)에도 여러 처방(處方)이 가능하겠으나, 소화기 문제를 같이 보이면 일단 비정격(脾正格)을 먼저 사용해 볼 수 있겠고, 의욕이 없고 늘어져 있는 경우에 양명(陽明)의 칼날로 자극을 주거나 소양상화(少陽相火)의 불길로 뜨거운 맛을 보여주는 처방(處方)이다.

* 겁이 많고, 경계심이 많아 소심한 경우에는 신정격(腎正格), 방광정격(膀胱正格)을 사용한다. 신주공경(腎主恐驚), 공기하(恐氣下), 경기난(驚氣亂)이라 하였다. 공포와 경계에 의한 경우는 신방광(腎膀胱)을 일차적으로 이용해 볼 수 있겠고, 기쁨으로 공포를 상쇄시키려는 의도로 심정격(心正格)도 처방(處方)할 수 있겠다.

* 희기완(喜氣緩)이라 하여 기쁨이 너무 지나치면 기(氣)가 늘어진다 하였다. 심정격(心正格)을 적용해 볼 수 있겠다.

-사암침법체계적연구: 천호동 시장의 주인이 시장 건설 준비가 4년에 걸쳐 지연되고 허가가 나지 않아 걱정하던 중 허가가 나오자 기뻐 어찌할 줄 몰랐다. 그 후 발병하였는데 일어서면 하반신이 떨린다고 하였다. 너무 기뻐 병이 난 것으로 보고 심보침(心補鍼, 心正格)을 놓으니 3일 만에 효과가 나타났다.

* 잠을 잘 못자고 두려움은 없어 보이나 이것저것 다 신경 쓰는 경우에는 비정격(脾正格)을 사용하고, 두려움이 있는 경우에는 담정격(膽正格)을 사용한다. 비주사(脾主思), 사기결(思氣結)이라 하였으니 생각이 많아 잠을 못 이루는 경우에 비정격(脾正格)을 사용할 수 있겠고, 담(膽)이 허(虛)해도 중심을 못 잡고 이리저리 흔들리며 두려움과 불면(不眠)이 나타날 수 있으므로 담정격(膽正格)을 사용할 수 있다.

* 공격적이고 포악하며 쉽게 분노하는 경우에는 간승격(肝勝格)을 사용할 수 있겠으나 침치료(鍼治療)의 접근 자체가 불가능한 경우가 많다. 간주노(肝主怒)를 떠올릴 수 있겠다.

이들 정신질환에 대한 처방(處方)은 주위환경을 특히 더 고려해서 적절한 처방(處方)을 선택해야 하며, 그와 동시에 원인이 되는 환경의 변화를 위해서도 노력해야 한다.

피부질환(皮膚疾患)

참으로 다양한 피부질환을 겪게 되는데, 아마도 동물병원에 내원하는 케이스 중에 단연 가장 많을 것으로 생각된다. 귀질환을 포함한다면 예방접종을 제외하는 경우에 절반 이상이 피부질환일 것이다.

* 피부가 건조하고 비듬이 많은 경우

－폐주피모(肺主皮毛)이며 폐(肺)는 위기(衛氣)를 선발(宣發)하는데

위기(衛氣)가 막혀 피모(皮毛)를 자양(滋養)하지 못하면 건조하고 비듬이 생기게 된다. 또한 태음(太陰)의 촉촉한 성질로 건조한 피모(皮毛)를 적셔주는 의미도 있으므로 폐정격(肺正格)으로 치료한다.

－사암치험례: 50세의 한 여자가 머리에 하얀 비듬이 나서 백회(百會)에서부터 전발제(前髮際, 이마에 머리카락이 나기 시작하는 부위)까지 이르렀고 크기가 손바닥만 하고 그 두께가 창호지 같았는데 육색(肉色)은 풍후(豊厚)하여 조증(燥症)이라 하기는 곤란하였으나 폐정격(肺正格)을 사용하여 견효(見效)하였다.

17－18세의 한 남자가 백설(白屑)이 오른쪽 무릎의 앞쪽에서 시작하여 버드나무잎 같은 것이 몇 곳에 있었고, 나중에 머리 위로부터 양 미간에 이르렀으며 또한 양쪽 팔꿈치에도 나타났는데 머리털 있는 곳이 더욱 심하였다. 처음에는 소장증(小腸症)으로 의심하고 치료하여도 효과가 없어서 다시 폐정격(肺正格)으로 치료하여 유효하였다. 그 사람의 육색(肉色)은 본래 담백(淡白)하였으나, 증상이 나타나면서 전신이 순흑색(純黑色)으로 변하였다.

－도해교본사암도인침법: 1996년 18세 여자고등학생이 두부에 백설(白屑)이 생기면서 매우 가렵고 두께가 1－2mm, 폭이 2－3cm 정도로 여러 군데 산재해 있었으며, 진물이 약간 나면서 찐득찐득한 백설(白屑)을 떼어낸 자리에는 벌겋게 두피가 드러났고 머리카락도 일부가 빠졌는데, 전형적인 조증(燥症)으로 보고 우측 폐정격(肺正格)을 1회 시술한 다음날에는 가려움증이 없어지고 3회 시술했을 때에는 찐득찐득하던 백설(白屑)이 딱딱해지면서 비듬처럼 떨어지기 시작했다. 그러므로 자극이 약한 유아용 비누로 머리를 감게 하면서 3회 더 시술한 후 머리 밑이 깨끗해지기 시작했다. 이로써 치료를 끝냈고, 그 뒤에 확인한 결과 별 이상 없다고 했다.

* 피부가 건조하고 딱딱해지면서 진물이 나는 경우

  - 겉은 딱딱하지만 속은 짓무르는 경우에 주로 수양명경(手陽明經)의 건조함을 이용하여 말려 준다는 생각으로 대장정격(大腸正格)을 사용할 수 있다.

  - 월오사암오행침법: 피부 윤기가 없고, 심하면 딱딱하게 굳으면서 갈라터짐. 진물 나옴. 대장정격(大腸正格)으로 1달부터 괜찮아져서 5-6개월이 지나니 술을 먹어도 괜찮더라.

  - 서울 고덕동물병원 정영래 원장 치험례: 13년령의 암컷 시추. 이전부터 수차례 피부와 귀의 문제로 내원하여 치료하였으나, 주기적이지 못하고 간헐적인 내원으로 인해 치료가 되지 않았던 상태로 재발을 반복하였음. 피부는 곰팡이 감염 후에 외부기생충까지 감염되어 복합적인 양상을 보였고, 귀도 말라세치아 감염 후에 다시 곰팡이도 감염되어 있는 상태였음. 어릴 때부터 계속 보아 왔던 녀석이라 보호자인 할머니께서 지친 마음에 포기하고 버리시겠다는 걸 한 달간 맡아서 데리고 있으면서 치료해 보겠다고 하고 본격적인 치료를 시작함. 처음 일주일간은 폐정격(肺正格)을 하루 두 번 적용하고 퓨리나 사의 H/A 사료를 급여함(2일간 사료에 관심 없음). 3일째부터 대장정격(大腸正格)을 같이 적용하면서 약간씩 사료 섭취를 시작하였으나 배변이 시원치 않고 입만 댔다 떼는 정도임. 일주일쯤 후부터는 절반씩 먹더니 열흘 후부터는 밥그릇을 싹 비움. 피부와 귀도 침치료를 받으면서 발적이 가라앉고 소양감이 조금씩 감소하면서 20일간의 치료 끝에 식욕도 정상이고 대변도 정상이면서 냄새나는 방귀를 뀌던 것도 소실되었으며, 피부와 귀도 호전되어 돌려드림. 그 후 두 번 지간부 피부염 때문에 다시 내원하였으나 이내 호전되어 현재는 너무 잘 먹고 뛰어 다녀서 걱정이라고 하심.

* 좁쌀만 한 두드러기가 나면서 가렵고 진물이 나는 경우

－소장경(小腸經)은 혈(血)과 밀접한 관계가 있다. 혈허(血虛)가 발생하면 허열(虛熱)이 생기면서 가려움증과 두드러기가 날 수 있으므로 소장정격(小腸正格)을 이용한다.

－월오사암오행침법: 아주머니. 은행 만지고 나서부터 양쪽 겨드랑이, 엉덩이를 비롯하여 온몸이 가렵다. 저녁이면 더 가렵다. 가슴이 답답. 상부로 열이 나고 땀이 많이 나서 미치겠다. 오른쪽 팔이 아프다. 왼쪽 천종혈 압통. 소장정격(小腸正格)으로 치료.

－일산 올리브동물병원 김기철 원장 치험례: 병원 매니저 강아지. 최근 다른 분에게 몇 달간 강아지 위탁을 했음. 9살 된 시추 암컷 짜짜. 출산 1회경력, 녹내장으로 왼쪽 눈 실명(작년에 겐타요법). 사료는 프롬포스타(유기농) 먹다가 로얄캐닌 하이포알러제닉 먹다가(원래 발적 등의 증상 있었음) 최근 2주 전부터 힐스 울트라 z/d로 변경한 상태.

강아지 방 구한 위치가 반지하 방이라 습해서 거주자가 최근 난방을 자주 했다고 함(뜨거운 환경). 전신 발적 및 소양감 소견. 체온은 상대적으로 매우 높은 상태. 일단 열기가 굉장히 느껴지는 상황이라 식혀보기로 하였고, 하루 2회씩 폐정격(肺正格)으로 치료 시작. 일단 폐정격(肺正格) 4일 2회씩 실시 결과 발적 소견은 많이 완화되었고 주관적인 수준의 열감도 많이 저하되었으며 오히려 좀 추워하는 편임.

그 후 소장정격(小腸正格) 2일간 실시하여 발적 및 염증이 많이 가라앉았으며 소양감도 박박 긁어서 혼나는 정도에서 이따금 핥는 정도로 약화되었음.

* 접촉성 피부염의 경우

–자극에 의해 발적하고 소양감이 발생하는 경우에도 대장정격(大腸正格) 또는 소장정격(小腸正格)을 적용해 볼 수 있다.

–월오사암오행침법: 접촉성 피부염. 천추혈(天樞穴)의 압통과 단단함. 대장정격(大腸正格) 후 천추혈의 압통이 사라지고 누르면 쑥 들어간다.

* 탈모가 있는 경우

–양탈(陽脫)과 음탈(陰脫)의 경우가 있겠으며 피부가 건조하면서 탈모가 있는 양탈(陽脫)의 경우에는 폐정격(肺正格)을 사용할 수 있겠다.

* 탈모가 있으면서 짓무르는 경우

–음탈(陰脫)로 삼초정격(三焦正格) 또는 담정격(膽正格)으로 불을 지펴 말려볼 수 있겠고 또는 대장정격(大腸正格)도 적용할 수 있겠다.

* 욕창처럼 잘 아물지 않는 경우

–상처부위가 오래되도록 아물지 않고 진물이 흐르는 경우에는 습(濕)을 사(瀉)한다는 의미와 혈(血)을 돌려 재생시킨다는 의미로 위승격(胃勝格)+소장정격(小腸正格)을 사용해 볼 수 있다.

* 귀에서 진물이 나는 경우

–진물이 흐르고 축축한 경우에는 피부와 마찬가지로 양명(陽明)의 힘으로 말린다는 생각으로 대장정격(大腸正格) 또는 위정격(胃正格)을 사

용해 볼 수 있다.

　-월오사암오행침법: 60대 후반 할머니. 어릴 때부터 귀속에 진물
이 나고 귀젖(이문혈, 청회혈) 앞으로 쌀알 크기의 구멍이 있고 젊어
서는 그 구멍에서 비지박 같은 진액이 나왔으나 늙어서는 썩는 냄새
나는 분비물이 나와서 주위 사람들에게 많은 불편을 주는 것이 민망
스러웠다. 나이가 들면서 잇몸이 약해지더니 치주염이 있어서 입에서
또한 냄새가 심하게 나서 온갖 치료를 받아 봤으나 무효. 대장정격(大
腸正格) 2개월 치료하고 중이염과 치주염이 70% 정도 호전되었고 귀
젖 앞의 구멍이 아물고 냄새나는 분비물 또한 거의 사라졌다. 그 후
한 달 정도 더 치료받고 거의 완치에 가깝게 치료된 것 같아 본인이
치료를 중단했다.

　* 귀에 통증이 심할 경우

　-귀에 유주하는 경맥(經脈)이 여럿 있지만, 통증이 심한 경우는 양명
경(陽明經)의 실증(實證)으로 대장승격(大腸勝格)을 사용한 후에 오래
낫지 않으면 위승격(胃勝格)을 사용해 볼 수 있다.

　* 귀가 가려워서 마구 긁는 경우

　-혈허(血虛) 또는 혈열(血熱)로 발생하는 소양감에는 소장정격
(小腸正格)을 사용할 수 있고 또는 비승격(脾勝格)도 적용해 볼 수
있겠다.

　아토피, 즉 태열(胎熱)은 대장병(大腸病)이므로 대장정격(大腸正格)
이 우선이고, 가려움증이 있으면 소장정격(小腸正格)을 사용한다. 귀
질환도 피부질환에 준해서 치료하는데, 진물이 줄줄 흐를 정도는 아니

더라도 축축하게 젖어 있는 경우에도 대장정격(大腸正格)을 사용할 수 있으며, 삼초정격(三焦正格)이나 담정격(膽正格)도 사용할 수 있다.

✗ 비뇨기계질환(泌尿器系疾患)

비뇨기계질환 역시 자주 접하는 질환이며, 주로 결석(結石), 요도염(尿道炎), 방광염(膀胱炎), 신부전(腎不全), 혈뇨(血尿), 요폐(尿閉) 등을 만날 수 있다. 우선적으로 신방광(腎膀胱)을 떠올릴 수 있겠지만 상황에 따라 다른 처방(處方)이 필요할 때가 많다.

* 신부전(腎不全)은 전형적인 신허(腎虛)이다.

－만성이든 급성이든 신정격(腎正格)을 사용할 수 있다.

* 요도, 방광결석이 있는 경우

－결석은 습열(濕熱)이 쌓여 발생하므로 방광정격(膀胱正格)을 적용해 볼 수 있다.

－치험례: 3년령의 중성화하지 않은 수컷 시추. 3년령 거세 안 된 시추 수컷, 한 달 전부터 간헐적인 혈뇨를 보임. 방사선, 초음파, 촉진 시 방광 내 결석 확인, 11.9*13.7mm, 요pH 6.5, 요침사시 struvite crystal, 혈액검사 시 임파구 증가 이외에 정상. 유리나리를 처방하고 일주일에 두 번씩 총 4주간 방광정격(膀胱正格)으로 침치료, Cepha,

Lysozyme po bid.

4주 후에 초음파, 방사선 검사 시 결석이 없어졌고 요검사 시에 크리스탈도 발견되지 않았음. 처방식을 병용했기 때문에 유의성은 떨어지나 가능성을 보인 치험례라고 생각됨.

－치험례: 13년령의 중성화한 암컷 시추. 방광 내에 2－3mm 정도의 struvite calcium oxalate 결석이 다수 존재하며 결석 제거 수술을 5회 실시하였으나 계속 재발하는 상태임. 처방식을 급여하고 있으나 간식류를 계속 급여하기 때문에 처방식의 효과는 미지수로 보임. 방광정격(膀胱正格) 적용 시에는 소변이 편하고 소변에 작은 결석들이 같이 빠져나오는 경우가 많으나 침을 맞지 않을 때는 혈뇨를 보이거나 소변이 잘 나오지 않는다. 침을 맞는 동안에 눈물이 많아지는 경향이 있다. 물을 너무 많이 주는 것일까?

* 소변실금(小便失禁)이 있는 경우

－신(腎)의 개합(開合)이 비정상이거나 방광(膀胱)의 기(氣)가 허(虛)해서 발생하므로 신정격(腎正格) 또는 방광정격(膀胱正格)을 사용한다.

－치험례: 6개월령의 암컷 코카 스파니엘. 주인이 만지기만 하면 소변을 지림. 작은 소리에도 잘 짖는 성격임. 방광정격(膀胱正格)으로 4회 치료하여 50% 이상 개선되었으나 개의 크기와 털 빠짐을 감당하지 못하여 다른 곳으로 보내면서 끝을 보지 못함. 신정격(腎正格)이 더 유효하지 않았을까 하는 생각이 듦.

* 소변이 맑고 잦으며 시원하지 않은 경우

－혈울(血鬱)의 경우로 사지(四肢)가 무력(無力)하고 소화가 안 될 때는 소장정격(小腸正格)을 사용할 수 있다.

* 소변이 붉고 적은 경우

－대장(大腸)에 열(熱)이 맺혀 아랫배에 열감(熱感)이 있는 경우에 대장한격(大腸寒格)을 사용할 수 있다.

* 소변이 붉고 껄끄러운 경우

－심열(心熱)이 소장(小腸)에 전달되어 진액(津液)을 태우는 소장실 열증(小腸實熱證)의 경우에는 소장승격(小腸勝格) 또는 소장한격(小腸寒格)을 사용할 수 있다.

* 소변이 잘 안 나오고 방울방울 떨어지는 경우

－기림(氣淋)으로 방광(膀胱)에 기(氣)가 울체(鬱滯)되어 소변(小便) 후에 뻐근하게 아프면 탁기(濁氣)를 뚫어주는 의미로 폐승격(肺勝格)을 적용할 수 있다.

* 소변이 탁하고 맑지 못한 경우

－방광실증(膀胱實證)으로 습열(濕熱)이 쌓여 발생하는 경우에 방광 승격(膀胱勝格)을 사용할 수 있다.

* 소변이 쌀뜨물 같은 경우

 -고림(膏淋)의 경우로 서양의학에서 말하는 단백뇨에 해당하며, 실증(實證)의 경우는 요도가 열감이 있고 통증이 발생하는데 이럴 때는 위승격(胃勝格)을 적용할 수 있다.

* 소변이 쌀뜨물 같고 허리가 아픈 경우

 -고림(膏淋)의 허증(虛症)으로 신허(腎虛)로 인해 요통(腰痛)과 함께 요도의 열감과 통증은 없을 때 신정격(腎正格)을 사용할 수 있다.

* 소변에 피가 섞인 경우

 -열(熱)이 없고 통증이 미약한 경우는 허증(虛症)으로 혈(血)을 고섭(固攝)하지 못하여 발생하므로 방광정격(膀胱正格)을 사용할 수 있다.

* 소변에 피와 농이 섞인 경우

 -습열(濕熱)이 뭉쳐서 혈뇨(血尿)와 함께 발열(發熱)과 배뇨통(排尿痛)이 있는 경우는 방광승격(膀胱勝格)으로 치료할 수 있다.

 비뇨기계질환은 만성질환(慢性疾患)이 많고, 급성이더라도 만성으로 가는 경우가 많기 때문에 지속적인 관리가 필요하며, 초기에 정확한 진단을 내리는 것이 중요한 것은 어떤 수의사라도 다 알고 있을 것이다. 어느 질환이든지 똑같겠지만, 개인적으로 비뇨기계질환은 무턱대고 침치료(鍼治療)로 덤비기보다는 최대한 할 수 있는 검사를 병행하여 좋은 예후를 계속 유지하는 것이 나을 것으로 보인다.

🐟 요통(腰痛)

후구마비로 내원하는 케이스가 종종 있다. 아마도 침치료(鍼治療)를 원해서 오는 케이스 중에는 단연 제일 많지 않을까 싶은데, 꼭 추간판허니아가 아니더라도, 꼭 마비가 아니더라도 허리의 통증으로 인해서 내원하는 경우를 가끔씩 겪었을 것이다. 요통(腰痛)의 치료를 꼭 정해진 대로 또는 원래 해오던 대로 신(腎)이나 방광(膀胱)에 의지하거나 혹은 추간판허니아를 꼭 습(濕)에 의해 생기는 것으로만 단정지어서 치료하려는 것은 간혹 실패를 불러올 수도 있으며 추간판허니아라는 병명 자체가 동양의학에서는 없는 것으로 요통(腰痛)을 바라볼 때는 병명이 어떻든 간에 요통(腰痛)으로 바라보는 것이 바람직할 것으로 보인다.

－사암침구정전 의안(醫案) 요통례: 무릇 사람의 요통(腰痛)은 모두 방광경(膀胱經)에서 연계되었다 하면서 시의(時醫)들이 보사법(補瀉法)을 모르고, 단지 위중(委中)을 자침하거나 혹 곤륜(崑崙)을 자침하여 때로 낫지 않으면, 그 허물을 병자의 조리와 간병자의 수발로 돌려버리고 장부별로 분류하여 치료를 다르게 할 줄 몰랐으니, 배를 움켜잡고 웃을 일이 아닌가! 무릇 대장경요통(大腸經腰痛)은 혹 나력(瘰癧, 구슬처럼 뭉치는 병소)이 생겨서 견전방(肩前方)의 함중처(陷中處)로부터 이주(耳珠)하부에 이르거나 또 곡령하부(曲領下部)에 구슬꾸러미 같아도, 대장정격(大腸正格)을 사용하니 효과가 나지 않는 것이 없었다.

요통(腰痛)도 요통(腰痛) 나름으로 각각 정확한 변증(辨證)을 통해 알맞은 처방(處方)을 해야 하며, 획일적인 처방(處方)이 실패를 불러올 수 있다는 경고라고 생각한다.

  * 장궁노현(長弓弩弦), 즉 머리가 땅을 쳐다보듯이 허리가 굽어지는 경우

  -임맥(任脈)이 허(虛)하고 독맥(督脈)이 실(實)할 경우에도 발생할
수 있으므로 임맥(任脈)을 보(補)하고 독맥(督脈)을 사(瀉)할 수도 있
으며, 수태음폐경(手太陰肺經)이 허(虛)하면 나타날 수 있으므로 폐정
격(肺正格)으로 치료할 수 있다. 척추만곡증에 적용해 볼 수 있겠다.
  -사암치험례: 10세의 남자아이가 제 8-9추가 돌출되어 주먹만 하고
걸을 때 두 손으로 무릎을 짚고 걸은 지가 벌써 여러 해가 되었다. 어
떤 침사(鍼師)에게 위중(委中)에 침 맞은 후 즉시부터 누워서 일어나
지도 못하고, 양다리는 쭉 뻗고 구부리지도 못하고 부드럽기가 힘줄이
없는 것 같으며 발목에 있는 중봉혈(中封穴)을 만지면 몸을 부들부들
떨었다. 처음에는 근위(筋痿)로 의심하여 간정격(肝正格)을 사용하니
수일 만에 갑자기 눈에 열이 생기고 입술과 입속이 헐고, 두 눈의 검
은자와 흰자위에 검은 점이 3-4개씩 생겨 물건이 보이지 않았다. 그
래서 다시 폐정격(肺正格)을 사용했더니 몇 번만에 두 눈이 전과 같
고 다리가 굴신하게 되었고 허리에 불거졌던 것이 반감되었다. 그러나
사정상 계속 치료를 받지 못하고 돌아갔는데 3-4개월 후에 들으니
타인의 부축을 받아 걸어 다닌다 하였다. 몇 번만 더 치료를 받았으면
좋았을 것인데 애석한 일이다.
  20세의 한 남자가 등이 굽기 시작하더니 나이를 먹을수록 자꾸 더
심해졌다. 폐정격(肺正格)을 사용하니 1度에 반쯤 펴지고 드러누우면
등에서 우두둑하는 소리가 났다.
  -사암침구정전: 60세의 한 여자가 요둔(腰臀), 대퇴(大腿), 소퇴
(小腿)와 족관절이 인통(引痛)한 증상을 보여, 동의보감에 폐증후(肺

症候)라는 기록에 따라 폐정격(肺正格) 1度에 쾌차하였다.

　-월오사암오행침법: 항상 고개를 숙이고 허리를 펴지 못함. 땅만 보고 다님. 자식의 도움을 받지 못하고 산다. 서글픈 마음이 많은 것 같다. — 폐정격(肺正格)

　* 통증이 극심하고 피부(皮膚)가 거칠고 같은 자세로 오래 있다가 생긴 경우

　-일반적으로 요통(腰痛)을 신방광(腎膀胱)으로 주로 생각하게 되는데, 사암침(舍岩鍼)에서는 대장경(大腸經)을 상당히 중요시한다. 양명(陽明)의 **뼈**대를 생각하는 것으로 보인다. 특히 귀 아래 대장경(大腸經) 유주부위에 경결이 있으면 대장병(大腸病)으로 확진하고 대장정격(大腸正格)을 사용한다.

　-사암치험례: 내가 소시(少時)부터 은은한 요통(腰痛)이 있었는데, 혹 환절기에 손이 수종(水腫)과 같다가 2-3월에 풀리기도 하고 혹은 사계절 내내 풀리지 않다가 혹은 가을이면 더욱 심해지기도 하며, 흉배(胸背)가 묵직하면서 상복부가 부풀어 오르고 이명(耳鳴)이 심하게 일어나며 때로는 곤히 잠이 드나 때로는 공포증이 있기도 했다. 약 짓는 사람들에게 물었더니 혹은 내종(內腫)이라 하고 혹은 심화(心火)라 하며, 여러 사람의 말이 다 달랐고, 한 사람도 대장증후(大腸證候)라고 말하는 이가 없었다. 당시의 사람들이 혹은 허로(虛勞)라 잘못 일컬으면서 침약(鍼藥)으로 치료하여 목숨을 재촉한 경우가 많이 있었는데 이것은 대장허증(大腸虛證)이다.

　한 부인이 항상 허리가 아프고 괴로워 잘 먹지를 못하고 전신에 부종(浮腫)이 있었는데, 머리와 얼굴이 더 심하며 혹은 두드러기가 생기고 혹은 복통이 있는지라 대장정격(大腸正格)을 사용하였더니 쾌차하였다.

　－사암침법체계적연구: 50세 남자. 오른쪽 하복(下腹)에 복창만(腹脹滿)이 있고, 창명(腸鳴), 설사(泄瀉)하면서 요통(腰痛)이 은근히 계속되는데 대장허증(大腸虛證)으로 인한 요통(腰痛)으로 보고 대장보침(大腸補鍼, 大腸正格)을 놓았더니 오른쪽 하복통(下腹痛)과 설사(泄瀉)가 나아지면서 요통(腰痛)이 치유되었다.

　－월오사암오행침법: 할아버지 허리가 아파서 10m도 걷지 못하는데 대장정격(大腸正格)으로 나아짐. 허리가 아파 한 달 동안 밥도 못해 먹었는데, 병원에서 X－ray 찍어보니까 대장이 굳어 있다고 대장을 자르자고 함. 대장정격(大腸正格) 맞고 굳고 굵은 대변을 보고 나니 다 나았다.

　* 구부렸다 폈다 할 때 뜨끔거리며 아프고, 허리와 다리의 힘이 없으며 하초(下焦)가 냉(冷)한 경우

　－신허(腎虛)이면 굴신자통(屈伸刺痛)이 있고, 요부(腰部)와 슬부(膝部)가 무력해지며 신양(腎陽)의 기화(氣化)가 이뤄지지 않아 수승화강(水昇火降)이 안 되므로 물이 하초에 몰려 붓고 냉(冷)해지게 된다. 신정격(腎正格)을 사용할 수 있다.

　* 자세를 자주 바꾸며 오래된 요통(腰痛)의 경우

　－주로 어혈(瘀血)에 의한 요통(腰痛)이 많은데 뭉친 어혈(瘀血)을 풀어주기 위해서는 비정격(脾正格)을 사용할 수 있다.

　－월오사암오행침법: 원주의 할아버지 발끝만 보고 다님. 걸음 아기장 거림. 허리를 못 편다. 강직성 척추염. 비정격(脾正格) 合 양손의 요퇴점 한 달 치료로 나음.

　할머니. 요통. 18년 전 자궁염증으로 자궁을 다 들어냈다. 목 뒤가 저

리다. 목 고개가 저려서 잠도 못 잔다. 소화는 잘 됨. 좌측 슬개골 바깥쪽
도 아프다.

  아주머니 허리 통증. 오래 앉아 있지 못한다. 앉았다 일어나는 데
힘들고 걷다가도 힘들어서 쉬어야 함. 비정격(脾正格), 至陰 商陽 補.

  * 몸에 두드러기가 있고 소장수(小腸俞) 압통(壓痛)이 있는 경우

  ─소장정격(小腸正格)

  * 엉덩이를 빼고 얼굴을 뒤로 돌리면 아파하는 경우

  ─옆으로 돌릴 때 옆구리 쪽의 허리가 아픈 경우이며 당기는 느낌
은 없을 때는 소양경요통(少陽經腰痛)으로 담정격(膽正格)을 사용할
수 있다.

  * 갑자기 나타나고 몸을 웅크리는 경우

  ─장궁노현(長弓弩鉉)과 같이 허리가 구부러지나 급격하게 통증이
나타나면 간정격(肝正格)을 사용할 수 있다. 오그라드는 것은 궐음(厥
陰)에 든 병이다.

  * 하퇴와 발의 4, 5지에 마비(痲痺)가 있고 방광경(膀胱經) 압통(壓痛)이
있는 경우

  ─경맥(經脈)의 유주상으로 방광허(膀胱虛)일 경우가 많으므로 방
광정격(膀胱正格)을 사용할 수 있다.
  ─사암침법체계적연구: 50세 남자. 가끔 까닭 없이 허리가 잘 아프

며 소변이 자주 마렵고 기침도 잘 하는 사람인데, 최근 과로해서 허리에 힘이 없고 꼿꼿이 서지 못하며 은근히 허리가 아프다고 한다. 방광(膀胱)과 신(腎)에 보침(補鍼. 膀胱正格, 腎正格)을 놓았더니 점차 나아졌다.

-일산 올리브동물병원 김기철 원장 치험례: 코카 스파니엘 유기견. 공장들 많은 곳에서 식당주인이 키우다가 식당 폐업하면서 버리고 갔다고 함. 방사선 결과 T13-L1의 연속성이 의심되는 소견. 첫 내원 시 이 부위에 Back pain 심하게 느끼면서 부어 있는 상황이었음. 후지는 강직된 상태로 반사소실된 상태이며, deep pain, superficila pain에는 모두 양호한 반응을 보임.

첫날은 pds 처치, 둘째 날부터 mpss처치하여 3일간 처치하였으나 큰 차도는 없었음. 셋째 날까지는 T12~L4까지 지속 온침을 실시하였으나 별다른 반응은 없었음. 넷째 날부터는 방광정격(膀胱正格) 및 비정격(脾正格)을 동시에 적용. 일주일 정도는 매일 유침하였으며 그 이후로는 2~3일에 한 번씩 치료하였음.

치료 5일째부터 그냥 끌려 다니던 뒷다리를 조금씩 들기 시작했으며 치료 9일째에 아직 힘이 없어 X자로 꼬이기는 하지만 완전한 기립이 가능하며 많이 좋아진 모습임. 이후로는 주로 비정격(脾正格)만을 사용하였고 중간에 간정격(肝正格)도 병행하였으나 3주차부터는 비정격(脾正格)만 일주일에 두 번 실시하였음. 치료 한 달째에 80% 정도 회복한 모습을 보이며 잘 걷고 뛰기도 함.

첫 내원 시 안락사까지 생각할 정도였는데 일주일 안에 큰 변화를 보게 되어 사암침(舍岩鍼)의 위력을 실감하게 되었으며 본 환축은 일단 퇴원하였고 1~2주 간격으로 치료하기로 하였음.

치험례: 10년령의 중성화한 수컷 허스키. 후지파행, 서 있을 경우에

272

후지 진전. 주인이 집에 들어오는 것을 반가워하다가 갑자기 통증을 호소하며 파행이 나타나고 다음날 아침부터 기립불능. 누워서 움직일 때에도 극심한 통증을 호소함. 방사선 검사상 L1-2, L2-3, L6-7에 변형성 척추증 소견. 10일간 입원하여 방광정격(膀胱正格)으로 치료. 1회 치료 후부터 움직일 때의 통증 격감. 퇴원 시 정상보행과 통증 호소가 없었으며 서 있을 때 후지 진전만 미약하게 남아 있는 상태. 퇴원 후에 4개월간 8회 더 추가로 침치료로 회복.

요통(腰痛)으로 내원한 경우에는 일단 타박의 여부를 분별해야 한다. 낙상(落傷)이나 구타(毆打) 등의 타박이 있었을 경우에는 우선 비정격 (脾正格)이나 어혈방(瘀血膀)을 적용하고, 증상에 따른 대처를 해야 한다. 방사선촬영이나 씨티, 엠알아이 등의 검사를 물론 선택적으로 행하겠지만, 급성으로 발병한 경우에는 침치료(鍼治療)로 해결되지 않는 병증을 감별하여 룰아웃해야 하기 때문에 대뜸 침 들고 덤볐다가 어려운 경우를 당하지 않도록 주의하기 바란다. 만성으로 오래된 경우에는 일단 일어서게 되면 오랜 기간 위축된 근육의 힘을 기르기 위해서 비정격 (脾正格)이나 간정격(肝正格)을 추가로 처방(處方)해야 한다.

-치험례: 40일령의 시추 잡종 암컷. 걸음마할 때부터 기립이 어려웠으며 후지부터 마비되어서 전지까지 진행된 상태. 사지에 힘은 들어가나 조절이 되지 않아 기립과 보행이 불가능함. 얼굴을 들기도 힘들어서 억지로 들려하면 목에 스프링 달린 인형처럼 흔들거림. 척추 촉진 시 통증반응 없음. 전지보다는 후지가 후지 중 우측이 마비가 심함. 식욕은 정상이며 방사선상 유의점 없음.

일단 척추 뼈대에 힘을 줘서 일으켜 세운다는 의미로 방광정격(膀胱正格) 20분 유침하였고 이틀 후에 다시 내원하여 입원치료하기로

함. 입원 3일째부터 넘어지면서 완전하지는 않았으나 기립하려고 함. 근육에 힘을 주려는 의미로 간정격(肝正格)을 병행하여 시술함. 2007 년 1월 6일부터 2월 3일까지 총 17회의 침치료를 받고 차차로 좋아져 서 정상적인 기립과 보행을 하여 치료 종료함.

✦ 안면마비(顔面痲痺)

구안괘사(口眼喎斜)와 편풍구괘(偏風口喎)가 있을 수 있는데, 구안 괘사(口眼喎斜)는 눈과 입이 동시에 비뚤어지고 정상적으로 움직이지 않는 경우이다. 심한격(心寒格)이나 족삼리영(足三里迎), 완골정(腕骨 正), 양보정(陽輔正), 소해보(少海補), 연곡사(然谷瀉)를 사용할 수 있 다. 편풍구괘(偏風口喎)는 눈에는 이상이 없고 입만 돌아가면서 반신 (半身)이 마비되는 경우이다. 간정격(肝正格)이나 노궁보(勞宮補), 조 해(照海), 완골(腕骨) 사(瀉), 전곡영(前谷迎)을 사용할 수 있다.

구안괘사(口眼喎斜)나 편풍구괘(偏風口喎)는 상황에 따라 다른 처 방(處方)들이 얼마든지 가능할 수 있기 때문에 항상 발병시점의 환경 과 변화들을 면밀히 살피고 그 증상이 나타나는 경맥(經脈)의 유주를 고려하여 처방(處方)해야 할 것이다.

－사암침법체계적연구: 구안괘사(口眼喎斜) 환자가 발병 초에 또는 이 후측(耳後側) 예풍(翳風), 완골(完骨), 뇌공(腦空) 부위에 통증을 호소 할 때가 많은데 이것이 일반 치료로는 잘 낫지 않는다. 이때 담보침(膽補 鍼 膽正格)을 쓰면 빨리 소실된다.

🎵 관절질환(關節疾患)

다양한 경우의 관절질환(關節疾患)이 있겠지만, 주로 많이 접하는 것이 고관절(股關節)과 슬관절(膝關節)일 것이다. 수술을 요하는 심각한 경우에는 일차적으로 외과적인 방법을 택할 수도 있겠지만, 수술이 불가능한 상황인 경우에는 다음과 같이 적용해 볼 수 있다.

* 대퇴부의 퇴행성 관절염인 경우

－관절의 질환은 거의 대부분이 습(濕)에서 유발되며 또한 소화기의 이상으로 오는 경우가 많다. 비위(脾胃)의 기능이 비정상으로 수곡(水穀)을 제대로 받아들이지 못하면 마른 땅에서 자라는 나무가 옹이가 많듯이 관절에 이상이 생기게 된다. 대퇴부의 퇴행성 관절염은 위경(胃經)이 그 부위를 유주하면서 습(濕)을 제거한다는 의미로 위승격(胃勝格)을 사용할 수 있겠다.

* 대퇴골두 괴사의 경우

－대퇴골두 무혈성(無血性) 괴사의 경우에는 방광경(膀胱經)의 유주가 그 부위를 지나고, 혈(血), 즉 넓은 의미로 물을 넣어준다는 의미로 방광정격(膀胱正格)을 사용해 볼 수 있겠고, 신주골(腎主骨)이므로 골(骨)이 정상적으로 형성되어 견고하게 유지되게 한다는 의미로 신정격(腎正格)도 가능하겠다.

* 슬개골 탈구의 경우는

-무릎 뒤쪽의 통증에는 그 유주로 보아 주로 방광정격(膀胱正格)을 사용할 수 있으며 무릎 안쪽의 통증에는 비정격(脾正格)을 사용할 수 있는데 소형견에서의 슬개골 탈구는 주로 내측탈구이기 때문이다.

관절(關節)의 질환에는 일반적으로 위와 같이 처방(處方)할 수 있으나, 경락(經絡)의 유주를 살펴보아 그 유주방향에 따른 통증이나 염증이 있는 경우에는 그에 맞게 처방(處方)할 수 있다. 특히, 급성의 관절질환(關節疾患)인 경우에는 비정격(脾正格)이나 어혈방(瘀血方)이 우선 처방(處方)될 수 있다.

✶ 호흡기질환(呼吸器疾患)

임상에서 다양한 호흡기질환을 접할 수 있다. 그 모든 것을 논할 수는 없고 몇 가지만을 예로 들겠다.

* 비염증세를 보이는 경우

-한열(寒熱)을 막론하고 폐기(肺氣)가 막혀서 발생하는 경우에 선발(宣發)하는 의미로 폐정격(肺正格) 또는 교상합(交相合)으로 위승격(胃勝格)을 사용할 수 있다.
-사암치험례: 20세의 한 남자가 비색(鼻塞)이 된 지 이미 10여 년

이 되었는데, 문진(問診)하니 홍역을 앓은 후 찬바람을 쏘여서 그렇다고 하였다. 폐정격(肺正格)으로 치료하여서 1度에 쾌차하였다.

　-사암침법체계적연구: 천화당 한의원 이희수 원장은 만성 축농증 환자가 찾아왔는데, 허증(虛證)으로 보고 폐보침(肺補鍼, 肺正格)을 2개월간 놓았던바 완치되었다고 한다.

　42세 남자. 3년 전부터 아침마다 콧물이 나오고 병원에서 알레르기성 비염이라고 한다는데 여름에 더하고 기후가 변할 때면 재채기가 나고 콧물이 더 나오며 공기가 맑으면 좋아진다고 한다. 나는 공해 때문이라고 여겼다. 비(鼻)는 폐(肺)의 규(竅)이며 신기(神氣)가 출입하는 문이기도 한데 폐기(肺氣)가 불화(不和)하면 제증(諸症)이 생(生)한다. 하(夏)는 화(火)요 폐(肺)는 금(金)이므로 화극금(火克金)해서 여름에 더한 것이다. 먼지는 먼저 피부와 호흡기로 침입하니 폐보침(肺補鍼, 肺正格)을 오래 놓아 개선되었다. 맑은 콧물은 폐기(肺氣)가 풍한(風寒)을 감수해서 발생하며 폐기(肺氣)가 약할 때 더 심해진다.

　* 맑은 콧물을 흘리는 경우

　-폐한(肺寒)으로 폐승격(肺勝格) 또는 폐열격(肺熱格)을 사용할 수 있다.

　* 누런 콧물을 흘리는 경우

　-폐열(肺熱)로 폐정격(肺正格) 또는 폐한격(肺寒格)을 사용할 수 있다.

　-치험례: 11년령의 암컷 푸들. 2004년 6월에 처음 내원하여 좌측 농성비루, 재채기, 양안의 백내장, 청색증, 사상충검사 음성, 방사선상

심비대와 기관지 주위 석회화. 재채기와 농성비루의 개선을 원하여 다른 검사 없이 3주간을 투약하여 증세가 호전되었음. 그 후 가끔씩 재채기와 농성비루가 재발하여 타 병원에서 약을 받아먹었다고 함.

2007년 1월에 다시 재발하여 타 병원에서 2주간 투약하였으나 증상이 개선되지 않아 다시 내원. 수년 전에 유선종양 절제술 실시. 혈액검사와 방사선, CT촬영, 분비물의 배양과 항생제 감수성 검사를 충남대학교 동물병원에 의뢰. 좌측 경구개의 mild한 lysis가 있으며 비강 내에 염증성 분비물이 차 있고, 방사선상 전이 소견은 없었으며 Staphylococcus와 E. coli가 배양되었고, Cipro, Enro, Genta의 순으로 감수성이 있는 것으로 나옴. 3주간 약물치료 하여 재채기도 없어지고 농성비루도 장액성으로 바뀌면서 호전되어 가끔씩 쿵쿵거리는 증상 이외에는 정상으로 돌아왔음.

투약을 중지 한 후 10일 만에 다시 재발하여 일주일간 다시 투약하면서 증상의 개선이 보이는 듯했으나, 시간이 없어 내원하지 못하는 사이에 다시 심해져서 2월에 다시 내원하였다. 투약을 중지하고 침으로만 치료해 보기로 보호자와 협의하여 일주일에 한 번은 꼭 내원하여 침을 맞기로 하고 2월 24일부터 폐정격(肺正格)으로 보사(補瀉)하고 30분간 유침하였으며 3월 3일 내원 시에 약을 끊었음에도 농성비루와 재채기가 소실되고 코가 막힌 듯이 쿵쿵거리는 소리를 내기만 하였다. 3월 17일에 한 번 더 침을 맞은 후 현재까지 재발 없이 잘 지내고 있다.

* 기침이 있는 경우(다양한 경우가 있겠지만)

－폐기(肺氣)가 숙강(肅降)되지 않아 기역(氣逆)하여 기침이 나오는 경우에 폐정격(肺正格)을 사용할 수 있다.

-사암침구정전: 35세의 한 여자가 목형체질인데, 담연(痰涎)이 응결하여 가래가 나오지 않고, 삼킬 수도 없으며 얼굴이 창백하며 기허(氣虛)가 심하였다. 치료는 폐허(肺虛)에 속하므로 폐정격(肺正格)을 유양수로 보사(補瀉)하니 6度에 쾌차하였다.

55세의 한 여자가 매핵기(梅核氣, 목에 뭐가 걸린 듯하여 넘어가지도 않고 나오지도 않는 것)가 있고 목소리가 나오지 않으며 무력감이 심하여 기진맥진하였다. 폐정격(肺正格)으로 다스려서 1度에 쾌차하였다.

-사암침법체계적연구: 모 학교 교사 50세 남자. 감기로 인해 발열, 신통(身痛) 등의 증상이 발생하여 양약을 써서 해열진통은 되었으나 기침이 연속되었다. 약을 짓는 동안에 폐보침(肺補鍼, 肺正格)을 놓으니 바로 숨쉬기가 편해지면서 기침이 덜해지기 시작했다. 연 3일 동안 자침하여 양호한 효과를 얻었다.

-월오사암오행침법: 8세 때 홍역 후부터 64세 때까지 기침 계속됨 —폐정격(肺正格)이 기가 막히게 잘 듣는다. 1주일 치료 후 좋아졌다.

19년 기침환자—35세 때 홍역 후 기침발생 현 54세—폐정격(肺正格) 사용.

-치험례: 5개월령의 말티스 수컷. 보름 전부터 기침과 비루로 타 병원에서 치료하여 증상이 조금 개선되었음. 좌측 폐정격(肺正格) 15분간 유침하여 다음날부터 호전되었음.

-치험례: 2개월령의 비글 암컷. 농성비루와 기침으로 타 병원에서 방사선 촬영결과 폐렴으로 진단받음. 일주일간 치료를 받았으나 호전되지 않아 본 병원에 내원. 캔사료만 약간 섭취하고 구토, 설사 없음. 건성기침을 보이고 있으며 양측의 농성비루를 보임. 1일 2회 폐정격(肺正格) 10분간 유침. 치료 2일째부터 기침횟수가 감소하며 식욕이 정상으로 돌아옴. 3일째부터는 1일 1회 침치료하여 4일째까지 치료 후

증상이 개선되어 치료 종료.

* 움직이면 기침이 나는 경우

－몸을 움직이면 기침이 지속적으로 나면서 기(氣)가 치밀어 올라 숨이 차는 경우에는 간기(肝氣)가 하강(下降)하지 못하여 기역(氣逆)하는 경우이므로 간정격(肝正格)을 사용할 수 있다.

* 숨이 차고 가래에 피가 섞이는 경우

－신(腎)의 납기(納氣)가 이뤄지지 않아 숨이 차며 깊은 호흡을 하지 못하고 하초(下焦)로 당기지 못하기 때문에 상초(上焦)에 출혈이 발생하는 경우에 신정격(腎正格)을 사용할 수 있다.

기침, 가래, 콧물이 대부분의 호흡기질환에서 보이는 일반적인 증세일 것이다. 역시나 상황에 따라 대처를 해야 하겠지만, 특별히 기관협착이나 후두마비의 경우에는 폐음허(肺陰虛)이므로 폐정격(肺正格)을 우선 적용하고, 잘 듣지 않는 경우에는 신정격(腎正格)을 첨가한다.

안과질환(眼科疾患)

안과질환으로 내원한 경우에는 다음과 같은 처방(處方)들을 사용해 볼 수 있다.

* 안검경련이 있는 경우

　-위기(胃氣)가 상역(上逆)하여 얼굴로 올라가 안검경련을 일으키는 경우에는 위승격(胃勝格)을 사용할 수 있고 간목풍(肝木風)이 작동하는 경우에는 간정격(肝正格)을 사용할 수 있다.

* 눈 아래가 붓는 경우

　-상하(上下)의 안검은 비(脾)에 속한다고 하나 특히 하안검은 위(胃)에 속하므로 위승격(胃勝格) 또는 위정격(胃正格)을 사용할 수 있다. 안검이 붓는 경우는 급성이며 실증(實證)인 경우가 많다.

* 눈 위가 붓는 경우

　-상안검은 비(脾)에 속하므로 비승격(脾勝格) 또는 비정격(脾正格)을 사용할 수 있다.
　-사암침법체계적연구: 71세 노인. 오른쪽 안검 상하가 씰룩거리면서 상안검이 하수되었다. 상하가 씰룩거리는 것은 간목풍(肝木風)이니 간보침(肝補鍼. 肝正格)을 놓았으며 상검은 비경(脾經)이요 하검은 위경(胃經)이니 15분 후에 발침하고, 다시 비보침(脾補鍼. 脾正格)을 놓았더니 첫날부터 효과가 나타나기 시작하였다.

* 눈 전체가 붓는 경우

　-상하안검이 동시에 붓는 경우는 비허(脾虛)로 수습(水濕)이 정체된 경우이므로 비정격(脾正格)을 사용할 수 있다.

* 흰자가 충혈(充血)된 경우

−눈의 흰자는 폐(肺)에 속하며 충혈은 폐열(肺熱)이므로 폐정격(肺正格) 또는 폐한격(肺寒格)을 사용할 수 있다.

* 눈곱이 끼는데 덩어리져서 굳어지지 않는 경우

−폐허(肺虛)로 폐정격(肺正格)을 사용할 수 있다.

* 눈곱이 껴서 덩어리지면서 굳어지는 경우

−폐실(肺實)로 폐승격(肺勝格)을 사용할 수 있다.

* 눈 전체의 충혈(充血) 또는 결막염의 경우

−간화(肝火)가 치밀어 발생하는 경우에 간정격(肝正格) 또는 간한격(肝寒格)을 사용할 수 있다.

−사암치험례: 20세의 한 부인이 여러 해 동안 안질로 두 눈과 상하안검이 다 붉어져서 잠깐은 덜했다가 잠시 후에 심해지며. 검은자와 흰자에 거미줄같이 핏발이 서는지라 간정격(肝正格)으로 치료하여 효과가 있었다.

30세의 한 남자가 두 분의 검은자와 흰자에 붉고 흰 줄이 번져서 구분이 잘 되지 않을 정도였다. 폐정격(肺正格)을 사용해도 효과가 없는지라 다시 간정격(肝正格)을 사용하니 數度에 겨우 물체가 보이면서 검은자와 흰자의 구분이 분명해졌다.

−유기견 시추 수컷으로 2−3년령 추정. 좌측 안구 전체의 충혈과 눈동자 가운데에 각막궤양 후에 반흔이 생긴 상태로 폐정격(肺正格)

을 세 차례 시술 중에 안구 충혈이 회복되지 않아서 간한격(肝寒格)을 동시에 적용하고 두 차례의 치료 후에 충혈이 소실되었다.

* 안구건조증의 경우

－위(胃)에 열(熱)이 맺혀 정상적인 소화기능을 발휘하지 못하면 진액(津液)의 생성도 이뤄지지 않으므로 위승격(胃勝格) 또는 간(肝)의 액(液)은 눈물이므로 간정격(肝正格)을 사용할 수 있다.

－사암침법체계적연구: 매일 오는 환자 중에서 신경을 쓰면 소화가 잘 되지 않고 머리가 어지러우며 가슴이 답답하고 유산성 산후빈혈이 많고 첫째 눈이 메마른 것 같고 눈에 피로가 오며 눈까지 흐린 여성에게 간보침(肝補鍼, 肝正格)을 놓으면 많은 환자가 머리가 개운하고 눈이 시원하며 잠이 잘 온다고 하면서 침 꽂은 채로 잠드는 경우를 많이 본다.

* 각막백탁의 경우

－위정격(胃正格) 또는 폐정격(肺正格)을 사용할 수 있다.

－월오사암오행침법: 60대 초반 여자 우측 한쪽 눈을 백내장 수술. 다른 한쪽 눈에도 백내장이 있어서 사물을 보는데 어려움을 오랫동안 겪었는데 폐정격(肺正格) 1회로 유효하고 2회로 많이 호전되었다. 20회 치료로 거의 정상에 가깝게 치료되었다.

* 타박 등으로 안구출혈이 있는 경우

－외자(外眥)는 위(胃)에 속하므로 외자(外眥) 쪽으로의 출혈이나 충혈은 위정격(胃正格)을 사용하고 내자(內眥)는 심(心)에 속하므로

내자(內眥) 쪽으로의 출혈이나 충혈은 심정격(心正格)을 사용할 수 있다.

－사암치험례: 한 남자가 임년(壬年)을 당하여 전염성 안질로 고통하고 눈곱이 많으며 경결되는 증이 수개월 되어도 낫지 않았는데, 내가 보기에 왼쪽은 내자(內眥)가 심하게 붉고 오른쪽은 외자(外眥)가 심하게 붉었다. 심(心)으로 치료할 것인가? 위(胃)로 치료할 것인가? 이해의 운기(運氣)가 목관(木官)이 범토(犯土)하므로 위정격(胃正格)으로 치료하니 1度에 효과를 보았다.

나이 50세가 된 한 남자가 두 눈이 짓무르고 검은 눈동자 위에 희고 붉은 이끼가 번져 들어가 경계가 불확실하고 눈 안쪽이 심한 것 같으므로 심정격(心正格)을 사용했더니 단번에 치료되었다.

* 제삼안검선 비대의 경우

－내자(內眥)는 심(心)에 속하며 내자(內眥)에 붉은 살이 돋아 올라오는 경우는 심열(心熱)이라 하였으므로 심승격(心勝格), 심한격(心寒格) 또는 방광정격(膀胱正格)을 사용할 수 있다.

－2년 6개월령의 중성화한 잡종견 수컷. 집에서 주인 팔을 잡고 승가행위를 한 이후에 우측 제삼안검선이 비대되어 내원. 오염이 없는 상태여서 좌측에 방광정격(膀胱正格) 20분간 유침한 후 다음날 원상태로 돌아감.

눈은 오장(五臟)이 모이는 곳이므로 망진(望診)에서 언급했듯이 그 부위에 따라 적절한 처방(處方)을 적용할 수 있을 것이다.

이상과 같이 몇 가지 질환에 대한 처방(處方)들에 대해 알아보았다. 앞에도 언급했듯이 이 처방(處方)들은 참고로 사용하고, 절대적인 것은 아니며, 항상 그 처방(處方)을 사용할 때는 그 처방(處方)에 맞는 다른 증후(證候)들이 있는지를 따져 보고 결정해야 한다.

이 외에도 증후(證候)에 따른 수많은 처방(處方)들이 존재하고 또, 상황에 따라서 수많은 변화된 처방(處方)들이 발생될 수 있기 때문에 그 나머지를 채우는 것은 우리 모두의 몫이리라 생각된다.

아무쪼록, 수의임상에서 사암침(舍岩鍼)이 보편화되어 난치(難治)의 질환들을 치료하는 데 큰 비중을 차지하는 날이 오기를 바라며 짧은 공부로 욕심내어 엮어본 이야기들을 접겠다.

허즉보기모(虛則補己母) 실즉사기자(實則瀉己子)

🍂 주요참고서적

外經 노영균 주민출판사 2004.

類編黃帝內經 전국한의과대학 원전학교실 편찬위원회 주민출판사 2005.

國文譯註 舍岩道人鍼灸要訣 李泰浩 杏林書院 1959.

東洋醫學革命 總論 김홍경 神農百草 1989.

東洋醫學革命 各論 김홍경 神農百草 1994.

總論 舍岩鍼灸正傳 鄭昊泳 石林出版社 2001.

各論 舍岩鍼灸正傳 鄭昊泳 石林出版社 2003.

月悟 舍岩五行鍼 金經組 一中社 2005.

舍岩五行鍼灸總論 金亨寬 圖書出版 現代鍼灸院 1999.

舍岩鍼法體系的硏究 趙世衡 成輔社 1986.

圖解校勘 舍嚴道人鍼法 金達鎬 2001.

사암침법 임상강좌 1, 2 주현욱 대성의학사 2005.

東洋醫藥原理 李正來 圖書出版 東洋學術院 1977.

辨證診斷學 朴英培 金泰熙 成輔社 1995.

한의학원론 金完熙 成輔社 1993.

활투 舍岩침법 김홍경 神農百草 2001.

통속 한의학원론 조헌영 학원사 1999.

오운육기학해설 權依經 李民聽 법인문화사 1996.

사암오행침비방 이병국 (주)침코리아 1990.

알기쉬운침구학 노윤혁 열린책들 1991.

月悟舍岩鍼學會治驗例 조영은 박황종 一中社 2006.

개의 경혈학총서 김희영 심인섭 함대현 서강문 남치주 이혜정 코벳 2004.

수의침구학 장칠봉 영지문화사 2004.

✦ 부록: 용어해설

가신(假神): 가짜 신(神)으로 득신(得神)한 것으로 보일 정도로 정신
이 또렷해지지만 죽기 직전에 나타난다.

가실(假實): 허증(虛證)이지만 겉으로 표현되는 것은 실증(實證)인
것처럼 보이는 상태.

가열(假熱): 한증(寒證)이지만 열증(熱證)의 표현을 나타내는 경우
진한가열(眞寒假熱).

가한(假寒): 열증(熱證)이지만 한증(寒證)의 표현을 나타내는 경우
진열가한(眞熱假寒).

가허(假虛): 실증(實證)이지만 겉으로 표현되는 것은 허증(虛證)인
것처럼 보이는 상태.

각궁반장(角弓反張): 다리가 등으로 올라가고 손과 머리가 들리며 뒤
집어지는 증세.

간양(肝陽): 간음(肝陰)과 함께 간(肝)의 생리, 병리적 변화를 이야기
할 때 사용하는 상대적인 표현으로 간양(肝陽)과 간음(肝陰)은
정상상황에서는 평형상태를 유지한다.

개합(開闔): 열고 닫는다는 의미로 주리(腠理)의 개합(開闔), 신(腎)
의 개합(開闔) 등으로 표현된다.

격통(膈痛): 흉격(胸膈)의 통증(痛症).

견배통(肩背痛): 어깨의 등 쪽 부분과 흉부(胸部)의 등 쪽이 동시에
아픈 상태.

결분(缺盆): 가슴 위 양측에 위치한 쇄골(鎖骨) 위쪽의 함요부(陷凹部).

경계(驚悸): 심기(心氣)가 허(虛)할 때에 주로 두려움이나 놀람으로

인해서 심박동이 증가하는 상태.

경중(頸重): 목덜미가 묵지근한 상태.

고섭(固攝): 주로 비기(脾氣)에 의해 혈(血)이 맥관(脈管) 밖으로 넘치지 않게 유지되는 작용.

공규(孔竅): 몸에서 밖으로 연결되는 구멍

구갈(口渴): 갈증.

구건(口乾): 입이 마르는 상태.

구고(口苦): 입이 쓴 상태.

구규(九竅): 몸에서 밖으로 연결되는 아홉 개의 구멍으로 눈, 코, 입, 귀, 이음(二陰).

구중생창(口中生瘡): 입속에 황백색(黃白色)의 좁쌀크기에서 콩크기만 한 부스럼이 생기는 상태.

기급(氣急): 호흡(呼吸)이 가쁜 상태.

기단(氣短): 호흡(呼吸)이 짧은 상태.

기부(肌膚): 살과 피부(皮膚).

기천(氣喘): 숨을 헐떡거리거나 호흡(呼吸) 시에 기침이 나는 상태.

기화(氣化): 기기(氣機)의 모든 변화와 움직임.

내자(內眥): 눈의 안쪽 초리 내안각(內眼角).

납소(納少): 먹는 것이 적은 상태.

다몽(多夢): 꿈이 많은 상태.

담설(淡泄): 묽은 변.

당설(溏泄): 맑고 묽고 지저분한 변.

대하(帶下): 암컷의 생식기 이상으로 인해 흘러나오는 분비물.

도한(盜汗): 밤에 잠든 사이에 자기도 모르게 흘리는 땀.

두중(頭重): 머리가 무거운 상태.

두항강통(頭項强痛)：머리와 목이 뻣뻣하며 아픈 상태.

득신(得神)：정신이 있는 상태 눈이 총명하고 안색이 빛나며 언어가 또렷하다.

만통(彎痛)：당기면서 아픈 상태.

망행(妄行)：길을 잃고 제멋대로 돌아다니는 상태.

목삽(目澁)：눈이 편하지 않고 까끌거리는 상태.

목적(目赤)：눈자위가 벌겋게 충혈(充血)된 상태.

목현(目眩)：눈이 침침하고 눈앞이 어질어질한 상태.

반진(斑疹)：붉거나 보라색의 판상(板像)의 피부병변.

백정(白睛)：눈의 흰자위, 기륜(氣輪).

번광(煩狂)：불안하여 미친 듯이 날뛰는 상태.

번열(煩熱)：발열(發熱)과 함께 번조(煩躁)하거나 심번(心煩)하는 상태.

번조(煩躁)：가슴이 울렁거리고 불안하며 손발이 제 것 같지 않은 상태.

봉장(封藏)：틀어막아 저장하는 것.

붕루(崩漏)：생리 때가 아닌데도 다량의 출혈(出血)이 있거나 지속적인 출혈(出血)이 있는 상태.

비뉵(鼻衄)：코피, 비혈(鼻血)은 피가 콸콸 나오는 상태이고 비뉵(鼻衄)은 콧물에 피가 조금씩 묻어나는 상태.

비만(痞滿)：막힌 듯하면서 부른 느낌이 같이 있는 상태.

비색(鼻塞)：코막힘.

비연(鼻淵)：콧물, 주로 농성(膿性)의 콧물을 가리킴.

비체(鼻涕)：콧물, 주로 맑은 콧물을 가리킴.

사지궐냉(四肢厥冷)：팔다리가 차가워지면서 맘대로 쓰지 못하는 상태.

산기(疝氣)：허니아, 생식기질환, 극심한 소복(小腹)과 생식기 주위의 통증.

설색(舌色): 설진(舌診) 중에서 혀의 색깔을 가리킴.

설질(舌質): 설진(舌診) 중에서 혀의 단단하고 무른 정도와 건조하고 촉촉한 정도를 가리킴.

설태(舌苔): 설진(舌診) 중에서 혀 위에 생기는 물질의 색과 상태를 가리킴.

섬어(譫語): 헛소리.

소변단적(小便短赤): 오줌량이 적고 붉은 상태.

소변불리(小便不利): 오줌이 쉽게 소통되지 않는 상태.

소변장청(小便長清): 오줌량이 많고 맑은 상태.

손설(飧泄): 소화되지 않은 설사(泄瀉).

신중(身重): 몸이 무거운 상태.

실신(失神): 병증(病證)이 깊어 신(神)을 잃어버린 경우로 눈에 초점이 없고, 얼굴에도 광택이 없으며 정신이 없는 상태.

심계(心悸): 심장의 두근거림이 심하여 불안한 상태.

심번(心煩): 주로 내열(內熱)로 인해 심장이 두근거리고 답답한 상태.

아관긴급(牙關緊急): 어금니를 꽉 물고 입을 벌리지 못하는 상태.

양위(陽萎): 발기가 되지 않는 상태.

언어건삽(言語乾澁): 말이 정상적이지 못하며 더듬거리고 편하지 않은 상태.

오경설(五更泄): 새벽설사로 5-7시 사이에 하는 설사.

오관(五官): 오장(五臟)이 열리는 다섯 개의 통로로 눈, 귀, 입, 혀, 코.

오열(惡熱): 더운 것을 싫어하는 상태.

오지(五志): 오장(五臟)에 배속되어 있는 정지(情志)로 노(怒), 희(喜), 사(思), 우(憂), 공(恐).

오풍(惡風): 바람을 싫어하는 상태.

오한(惡寒): 추운 것을 싫어하는 상태.

오화(五華): 오장(五臟)의 정화(精華)로 손발톱, 얼굴, 입술, 솜털, 머리털.

완민(脘悶): 완복부(脘腹部)가 답답하고 편하지 않은 상태.

외자(外眥): 눈의 바깥쪽 초리, 외안각(外眼角).

외한(畏寒): 차가운 것을 두려워하는 상태.

요슬산연(腰膝酸軟): 허리와 무릎이 연해져서 힘이 없는 상태.

유뇨(遺尿): 자기도 모르는 사이에 오줌이 흘러나오는 상태.

유정(遺精): 자기도 모르는 사이에 정액이 흘러나오는 상태.

융폐(癃閉): 오줌이 잘 나오지 않으면서 아랫배가 부르고 아픈 상태.

이농(耳聾): 귀머거리의 상태, 귀가 잘 들리지 않는 상태.

이명(耳鳴): 귀에서 이상한 소리가 들리는 상태.

인건(咽乾): 목구멍이 마르는 상태.

인후담성(咽喉痰聲): 목에서 가래 끓는 소리가 끄르륵거리면서 나는 상태.

자반(紫斑): 보라색의 반진(斑疹).

자한(自汗): 저절로 나는 땀.

장궁노현(長弓弩弦): 머리가 땅에 닿을 듯이 허리를 구부리는 상태.

장심열(掌心熱): 손바닥 가운데에 나는 열(熱).

장열(壯熱): 지속적으로 이어지는 고열(高熱).

정충(怔忡): 심박이 고조되어 자각할 수 있는 상태로 심계(心悸)는 급히 발작적으로 나타나고 정충(怔忡)은 지속적으로 나타난다.

조시(燥屎): 말라서 딱딱해진 분변.

조열(潮熱): 매일 일정한 시간에 열(熱)이 발생하는 것으로 주로 오후에 나타난다.

조잡(嘈雜): 위완부(胃脘部)가 아픈 듯하면서 아프지 않고, 배고픈 듯
　　하면서 고프지 않은 상태.

주리(腠理): 피부(皮膚)와 근육(筋肉)이 만나는 곳.

창만(脹滿): 배가 불러서 빵빵한 상태.

창명(脹鳴): 배에서 꼬르륵거리며 소리가 나는 상태.

촌구(寸口): 손의 요골경상돌기 안쪽으로 진맥(診脈)을 하는 부위.

추동(推動): 기(氣)의 작용 중 하나로 혈맥(血脈)의 흐름과 장부(臟
　　腑)의 대사를 촉진하는 기능.

태식(太息): 한숨.

통리(通利): 소통(疏通)하여 빠져나가게 하다.

항강(項强): 목이 뻣뻣한 상태.

현훈(眩暈): 눈과 머리가 어지럽고 아찔한 상태.

활태(滑胎): 임신기간을 채우지 못하고 유산(遺産)하는 상태.

후비(喉痺): 인후부(咽喉部)가 막혀 통하지 않는 상태.

흉민(胸悶): 가슴이 답답하고 요란(擾亂)한 상태.

흑정(黑睛): 검은 동자, 풍륜(風輪).

· 편저자 ·

김종수 ·약 력·
대성고등학교 졸업
충남대학교 수의과대학 수의학 학사
충남대학교 임상수의사교우회 회장
한국전통수의학회
한방수의연구회
수류한방 강사
현) 수의사암침연구회 회장
현) 전민동물병원 원장
a9103819@hanmail.net

김지연 ·약 력·
창덕여자고등학교 졸업
건국대학교 축산대학 영양자원학 학사
건국대학교 수의과대학 수의학 학사
건국대학교 수의과대학 병리학 석사취득
건국대학교 수의과대학 병리학 박사과정
현) 우송정보대학 애완동물계열 교수
현) 솔펫동물병원 원장

수의사가 쓴
개의 사암침

· 초판 인쇄   2007년 8월 31일
· 초판 발행   2007년 8월 31일

· 지 은 이   김종수 · 김지연
· 펴 낸 이   채종준
· 펴 낸 곳   한국학술정보㈜
경기도 파주시 교하읍 문발리 526−2
파주출판문화정보산업단지
전화   031) 908−3181(대표) · 팩스   031) 908−3189
홈페이지   http://www.kstudy.com
e−mail(출판사업부)   publish@kstudy.com
· 등   록   제일산−115호(2000. 6. 19)
· 가   격   19,000원

ISBN 978-89-534-7393-5 93510 (Paper Book)
      978-89-534-7394-2 98510 (e−Book)